高等学校计算机教育"十二五"规划教材

C 语言程序设计基础教程

周艳芳　主　编

任化敏　王润华　刘晓辉
钟　铮　李彩玲　副主编

赵姝菊　冯淑杰　参　编

中国铁道出版社
CHINA RAILWAY PUBLISHING HOUSE

内 容 简 介

本书内容的组织采取"案例驱动"+"课后实训"的方式,一方面通过大量的实例和实例间的反复对比,使学生掌握C语言的基础知识、基本概念、程序设计的思想和编程技巧;另一方面通过实验,使学生逐步提高阅读程序、调试程序、分析问题和解决问题的能力。

本书共分10章:第1章 C语言概述;第2章 C程序的基础知识;第3章 顺序结构程序设计;第4章 选择结构程序设计;第5章 循环结构程序设计;第6章 函数与预处理命令;第7章 数组与字符串;第8章 指针;第9章 结构体与其他数据类型;第10章 文件。另外,附录中介绍了C语言关键字等内容。每章中除了具体内容的讲解和例题的详细解析外,还包括"小结"、"实验"和"习题"。

本书适合作为高等学校计算机相关专业的教材,也可作为计算机等级考试(二级)以及C语言程序设计爱好者的参考用书。

图书在版编目(CIP)数据

C语言程序设计基础教程/周艳芳主编. —北京:
中国铁道出版社,2012.9
高等学校计算机教育"十二五"规划教材
ISBN 978-7-113-14905-5

Ⅰ. ①C⋯ Ⅱ. ①周⋯ Ⅲ. ①C语言—程序设计—高等
学校—教材 Ⅳ.①TP312

中国版本图书馆CIP数据核字(2012)第191423号

书 名:C语言程序设计基础教程
作 者:周艳芳 主编

策 划:秦绪好 　　　　　　　　读者热线:400-668-0820
责任编辑:赵 鑫
编辑助理:赵 迎
封面设计:刘 颖
责任印制:李 佳

出版发行:中国铁道出版社(100054,北京市西城区右安门西街8号)
网 址:http://www.51eds.com
印 刷:北京鑫正大印刷有限公司
版 次:2012年9月第1版 　　2012年9月第1次印刷
开 本:787mm×1092mm 1/16 印张:20.25 字数:490千
印 数:1~3 000册
书 号:ISBN 978-7-113-14905-5
定 价:38.00元

高等学校计算机教育"十二五"规划教材

序 言
PREFACE

随着计算机科学与技术的飞速发展，现代计算机系统的功能越来越强大、应用也越来越广泛，尤其是快速发展的计算机网络。它不仅是连接计算机的桥梁，而且已成为扩展计算能力、提供公共计算服务的平台，计算机科学对人类社会的发展做出了卓越的贡献。

计算机科学与技术的广泛应用是推动计算机学科发展的原动力。计算机科学是一门应用科学。因此，计算机学科的优秀创新人才不仅应具有坚实的理论基础，还应具有将理论与实践相结合来解决实际问题的能力。培养计算机学科的创新人才是社会的需要，是国民经济发展的需要。

计算机学科的发展呈现出学科内涵宽泛化、分支相对独立化、社会需求多样化、专业规模巨大化和计算教育大众化等特点。一方面，使得计算机企业成为朝阳企业，软件公司、网络公司等 IT 企业的数量和规模越来越大，另一方面，对计算机人才的需求规格也发生了巨大变化。在大学中，单一计算机精英型教育培养的人才已不能满足实际需要，社会需要大量的具有职业特征的计算机应用型人才。

计算机应用型教育的培养目标可以利用知识、能力和素质三个基本要素来描述。知识是基础、载体和表现形式，从根本上影响着能力和素质。学习知识的目的是为了获得能力和不断地提升能力。能力和素质的培养必须通过知识传授来实现，能力和素质也必须通过知识来表现。能力是核心，是人才特征的最突出的表现。计算机学科人才应具备计算思维能力、算法设计与分析能力、程序设计能力和系统能力（系统的认知、设计、开发和应用）。计算机应用型教育对人才培养的能力要求主要包括应用能力和通用能力。应用能力主要是指用所学知识解决专业实际问题的能力；通用能力表现为跨职业能力，并不是具体的专业能力和职业技能，而是对不同职业的适应能力。计算机应用型教育培养的人才所应具备的三种通用能力是学习能力、工作能力、创新能力。基本素质是指具有良好的公民道德和职业道德，具有合格的政治思想素养，遵守计算机法规和法律，具有人文、科学素养和良好的职业素质等。计算机应用型人才素质主要是指工作的基本素质，且要求在从业中必须具备责任意识，能够对自己职责范围内的工作认真负责地完成。

计算机应用型教育课程类型分为通用课程、专业基础课程、专业核心课程、专业选修课程、应用课程、实验课程、实践课程。课程是载体，是实现培养目标的重要手段。教育理念的实现必须借助于课程来完成。本系列规划教材的特点是重点突出、理论够用、注重应用，内容先进、实用。

　　本系列教材的不足之处，敬请各位专家、老师和广大同学指正。

陈明

2012 年 3 月

前言
FOREWORD

　　C 语言是国内外广泛流行的程序设计语言，它功能强大，数据类型丰富，使用灵活，兼具面向硬件编程的低级语言特性及通用性强、可移植性好等语言特性。但是对于高等职业技术学校的学生来说，大多数从未接触过程序设计语言，根据笔者多年的教学经验，学生以 C 语言作为入门语言有一定的难度；另外，C 语言是"全国计算机等级考试（二级）"的科目之一，但是多数学生无法获得有针对性的辅导。鉴于这样的情况，本书采取"案例驱动"＋"课后实训"的方式，一方面通过大量的实例和实例间的反复对比，使学生掌握 C 语言的基础知识、基本概念、程序设计的思想和编程技巧；另一方面通过实验部分，使学生逐步提高阅读程序、调试程序、提高分析问题和解决问题的能力。

　　本书具有如下特色：

　　(1) 通过实例来讲解语法知识，使难懂的语法易于理解掌握。

　　(2) 程序解析详细，既点拨了重点难点，又引导了程序设计的思路。

　　(3) 实验部分包括程序改错、程序填空和程序设计，通过这三类实验达到提高阅读程序、调试程序和设计程序的能力。

　　(4) 习题部分紧扣每章的重点内容，精选了历年"全国计算机等级考试二级"的试题，使学生在消化语法的同时也能进行实战。

　　全书共分 10 章：第 1 章 C 语言概述；第 2 章 C 程序的基础知识；第 3 章 顺序结构程序设计；第 4 章 选择结构程序设计；第 5 章 循环结构程序设计；第 6 章 函数与预处理命令；第 7 章 数组与字符串；第 8 章 指针；第 9 章 结构体与其他数据类型；第 10 章 文件。另外，附录中介绍了 C 语言关键字等内容。每章除了具体内容的讲解和例题的详细解析外，还包括"小结"、"实验"和"习题"。"小结"归纳了本章的要点和重点；"实验"给出了有针对性的"程序填空"、"程序改错"和"程序设计"题目，另外还配有"实验评价表"，可从不同方面对所学知识进行实践与检验；"习题"部分包括"选择题"和"填空题"，这些题目全部针对本章的重点和难点，精选自历年的"全国计算机等级考试（二级）"试题，通过"习题"的解答，既巩固和应用了所学的基本知识，又进行了二级的实战，可谓"一举多得"。

　　本书由周艳芳主编，任化敏、王润华、刘晓辉、钟铮、李彩玲任副主编，赵姝菊、冯淑杰参与编写工作。本书在编写过程中得到了陈明教授的帮助和支持，并给予了指导和把关；另外，还得到了中国铁道出版社编辑的指导和支持，在此一并表示诚挚的谢意。

由于时间仓促，编者水平有限，书中难免有疏漏和不足之处，敬请广大读者批评指正。

编　者
2012 年 3 月

目录
CONTENTS

第1章

C语言概述

C 语言是由贝尔实验室的 Brian.W.Fernighan 和 Dennis.M.Ritchie 于 1972 年推出的。它是一种通用的程序设计语言，具有丰富的运算符和表达式以及先进的控制结构和数据结构。它具有表达能力强、编译目标文件质量高、语言简单灵活、容易移植、容易实现等特点，是学习和掌握更高层语言的开发工具，是 C++/C#、Visual C++和 Java 语言程序设计的基础。

1.1　C 语言的发展和主要特点

1.1.1　C 语言的起源

美国的贝尔实验室（Bell Laboratory）成立至今，成果极其丰硕且造就了不少人才，C 语言即是在这个实验室里由 Dennis Ritchie 于 1972 年开发出来的。C 语言的前身为 B 语言，最早是用来编写 DEC PDP-11 计算机的系统程序。这个系统程序与人们熟悉的 UNIX 操作系统有着密不可分的关系。原本 C 语言只能在大型计算机里执行，现在已成功地移植到个人计算机里，而且有不同的版本出现，其中，人们比较熟悉的有 Turbo C、Microsoft C、Quick C 与 Lattice C 等。

1.1.2　C 语言的特点

任何一种计算机语言的发展均有其目的。在 C 语言诞生之前，已经有很多程序设计语言产生，例如 BASIC 语言，其主要的目的是要让计算机的初学者可以很容易地编写程序，其语法近似英文，而且浅显易懂；此外，应科学计算与商业用途的需要，FORTRAN 与 COBOL 语言也应运而生；其他高级语言如 Pascal 等也有其特定的用途，但这些语言常因发展背景与语言本身的限制而无法兼顾实用与性能。C 语言的诞生恰恰可以弥补上述的缺憾。一般而言，C 具有如下列几个特点：

1. 高性能的编译式语言

一般来说，当源程序代码编写完成后，必须转换成机器所能理解的语言，才能正确地执行。所有的程序语言中都附有这种转换程序，而转换程序可以大致分为两种，即解释器（Interpreter）与编译器（Compiler）。

所谓解释器，就是当人们要执行程序时，它会逐行地检查程序的语法，如果没有错误，再直接执行该行程序（如果碰到错误就会立刻中断执行），直到程序完毕，如图 1-1 所示。利用这种方式完成的程序语言，最著名的就属 BASIC。由于解释器只需要将程序逐行翻译并访问源程序即可，所以所占用的内存较少，但是每一行程序在执行前才被翻译，将导致翻译时间会延迟执行时间，因此执行的速度会变慢，效率也较低。

　　然而编译器则会将整个程序都检查完成，先产生一个目标文件（OBJ 文件），将其他要连接进来的程序连接后，再执行该程序（见图 1-2）。源程序每修改一次，就必须重新编译，才能保持其可执行文件为最新的状况，同时，在执行的过程中也不需要因为等待程序的编译而中断。经过编译器所编译出来的程序，在执行时不需要再翻译，因此，执行效率与速度远高于解释程序。但是，由于编译器会产生诸如目标文件等的相关文件，也较占用内存空间。常见的编译式程序语言有 C、COBOL、Pascal 等。其中，C 的执行效率与使用的普遍性远远超过其他的程序语言。

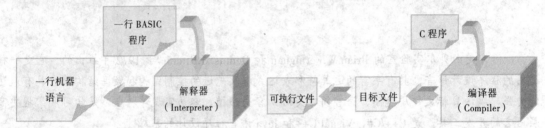

图 1-1　解释器会逐行检查程序的语法，　　　　图 1-2　编译器先产生目标文件，再执行该程序
　　　　再直接执行该行程序，直到程序完毕

2．介于高级语言与低级语言之间的一种语言

　　程序语言按其特点可大致分为两类：低级语言与高级语言。

　　低级语言在计算机里的执行效率相当高，而且对于硬件（如鼠标、键盘等）控制的程度相当好，但对用户而言，它却生涩难懂，不容易编写、阅读与维护。

　　高级语言为叙述性语言，它与人类所惯用的语法比较接近，所以容易编写、排错，但是相对的，它对硬件的控制能力却比较差，执行效率也远不及低级语言。常见的高级语言有 BASIC、FORTRAN、Pascal、COBOL 等。

　　C 语言不但具有低级语言的优点（对硬件的控制能力强），同时也兼顾了高级语言的特点（易于排错、编写），所以有人称之为"中级语言"。此外，C 语言还可以很容易地与汇编语言连接，利用低级语言的特点来提高程序代码的执行效率。

3．灵活的控制流程与结构化的格式

　　C 语言是性能高、语法清晰的语言。它融合了计算机语言里流程控制的特点，使得程序员可以很容易地设计出具有结构化及模块化的程序语言，如图 1-3 所示。

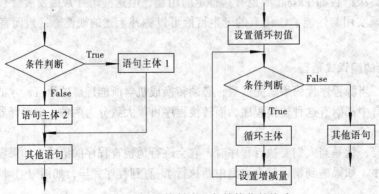

图 1-3　灵活的控制流程与结构化的格式

由于 C 语言的高性能与灵活性，许多操作系统（如 UNIX、MS-Windows 等）均由它编写。此外，许多高级语言的编译器（Compiler）或解释器（Interpreter）也是 C 语言的杰作。

4．可移植性好

程序语言的可移植性（Portability）就像硬件的兼容性（Compatibility）一样。例如，一块声卡，如果在各家厂商的主板上都能顺利地安装，或者是只需要调整一下设置（如 Jumper、IRQ 等）即可安装，那么这块声卡的兼容性就好；但如果仅可在特定的主板上使用，那么这块声卡的兼容性就差。

同样，程序语言的可移植性好，意味着在某一操作系统编写的语言可以在少量修改或完全不修改的情况下即可在另一个操作系统里执行。C 语言可以说是一个可移植性极好的语言，当跨平台执行 C 语言时（如将 UNIX 里的 C 程序代码移植到 Windows 的环境里执行），通常只要修改极少部分的程序代码，再重新编译即可执行。此外，提供 C 编译器的系统近 50 种，从早期的 Apple II 到超级计算机 Cray，均可找到 C 编译器的踪迹。

5．为程序员所设计的语言

C 语言可以说是专为程序员所设计的语言。它可以直接按照内存的地址来存取变量，以提高程序执行的效率。此外，C 语言也提供了丰富的运算符（Operator），使得 C 语言的语法更为简洁、有力。更方便的是，在大多数的 C 语言环境里都提供了已编写好的函数库（Library），包含了许多 C 语言函数，以供程序员使用而不需要重新编写程序代码。

任何事物都不是十全十美的，C 语言也有一定的缺陷，C 语言的语法严谨、简洁，相对的用户就必须花更多的心思在学习 C 语言的语法上，尤其是指针（Pointer）的应用，常常让初学者摸不着边际。但一旦熟悉了 C 语言的语法，它将十分便利、快速。

1.2　第一个 C 程序的规划、设计和运行

1.2.1　程序的规划与操作

一般来说，程序的设计分为自顶向下法（Top-down Approach）与自底向上法（Bottom-up Approach）。在程序设计的过程中，如果将问题分解成多个模块（Modules），再将这些模块分别分解成更小的模块，依此类推，直到分解成最容易编写的最小模块为止，这种程序设计的方式称为自顶向下法（Top-down Approach）。利用"自顶向下"方式编写的程序，其结构有层次，容易看懂和维护，同时可以降低开发的成本，但是在程序分解成模块的过程中可能因此占用较多的内存空间，造成执行时间过长。

如果在程序设计时，先将整个问题里最简单的部分编写出来，再一一结合各个部分以完成整个程序，这种设计的方式称为自底向上法（Bottom-up Approach）。利用"自底向上"方式编写的程序不太容易看懂和维护，造成程序设计者的负担，反而容易增加开发的成本。

因此，在编写程序前的规划就显得相当重要。如果程序的内容很简单，可以容易地将程序写出来；但是当程序很大或很复杂时，规划的工作就很重要，它可以让程序设计有明确的方向，尤其是程序的逻辑不清楚时，有了事前的规划流程，就可以根据这个流程来一步一步设计出理想的程序。

除了容易实现外，还可以养成规划程序的习惯，会使程序简洁许多。这也意味着程序执行的速度将会更快、更有效率。程序规划很重要，下面来看程序设计的六大步骤。

1．规划程序

首先，必须明确编写程序的目的、程序的用户对象及需求度，如计算员工每个月的工资、绘制图表、数据排序等，再根据这些数据及程序语言的特性选择一个合适的程序语言，达到设计程序的目的。设计者可以在纸上先绘制出简单的流程图，将程序的起始到结束的过程写出，这样，一方面便于理清程序的思路；另一方面可以根据这个流程图进行编写程序的工作。表1-1是绘制流程图时常会用到的流程图符号介绍。

表1-1　常用的流程图符号介绍

符　　号	介　　绍	符　　号	介　　绍	符　　号	介　　绍
⬭	开始/结束符号	◇	判断	▱	输入/输出
↑↓⇄	程序前进的方向	▭	预定函数的执行	○	连接点
▭	设置/过程	▱	文件		

下面以一个日常生活中的例子"出门时如果下雨就带伞，否则戴太阳眼镜"，简单地说明如何绘制程序流程图。

在流程图 1-4 里，在选择方块中输入"下雨"，如果"下雨"这件事为真，即执行"带伞"的动作，否则执行"戴太阳眼镜"的动作。因此，在程序方块里分别输入"带伞"及"戴太阳眼镜"，不管执行哪一个动作，都必须"出门"，最后再根据程序的流向，用箭头表示清楚。

其实不管是程序设计还是日常生活的过程，都可以用流程图来表示，因此，学习绘制流程图是十分有意思的事。

2．编写程序代码及注释

程序经过先前的规划之后，便可以根据所绘制的流程图来编写程序内容。这种方式会比边写边想下一步该怎么做要快得多。如果事先没有规划程序，在边写边想时，往往会写了改，改了又写。此外，笔者认为编写程序时应把注释加上，这样在长时间放置或者是设计者之外的人维护程序时，可以增加这个程序的可读性，相对也会增加程序维护的容易程度。

```
01    #include<stdio.h>
02    #include<stdlib.h>
03    int main(void)
04    {
05        int num=2;        /*定义整型变量 num，并赋值为 2*/
06        printf("I have %d cats.\n",num); /*调用 printf()*/
07        return 0;
08    }
```

加上注释可增加程序的可读性

3．编译程序代码

程序编写完毕，必须要将程序代码转换成计算机能够识别的语言。这样就需要转换程序，其实就是所谓的编译器（或编译程序）。通过编译程序的转换，只有在没有错误的时候，源程序才会变成可以执行的程序。若是编译器在转换的过程中碰到不认识的语法、未定义的变量等，则必须先把这些错误纠正过来，再重新编译完成，没有错误后，才可以执行所设计的程序。

4．执行程序

通常编译完程序，没有错误后，编译程序会制作一个可执行文件，在 DOS 或 UNIX 的环境下，只要输入文件名即可执行程序。而在 Turbo C、Visual C++的环境中，通常只要按下某些快捷键或者选择某个菜单即可执行程序。

所编写的程序经过编译与连接（Link），变成可以执行的程序后，即可马上看到执行的结果。

5．排错与测试

如果所编写的程序能一次就顺利通过当然很好，但是有的时候，执行后会发现不是期望的结果。此时，可能是因为"语义错误"（Semantic Error），也就是说，程序本身的语法没有问题，但在逻辑上可能有些错误，所以会造成非预期性的结果。这时必须逐一确定每一行程序的逻辑是否有误，再将错误改正。若程序的错误是一般的"语法错误"（Syntax Error），就显得简单得多，只要把编译程序所指出的错误纠正后，再重新编译，即可将源程序变成可执行的程序。除了排错之外，为程序输入不同的数据，以测试它是否正确，这也可以找出程序规划是否足够周详等问题。

以 VC++为例，VC++提供了可视化的排错功能，可以跟踪程序的执行流程并查看数值，非常方便。

6．程序代码的修饰与保存

当然，当程序的执行结果都没有问题时，可以再把源程序做一番修饰，将它修改得更容易阅读（如将变量命名为有意义的名称、把程序核心部分的逻辑重新简化等），以做到简单、易读。根据这个原则设计出来的程序就是一个非常好的程序。此外，要将源程序保存下来。

在图 1-5 中，作者将程序设计的六大步骤绘制成流程图的方式，可以参考上述步骤来查看程序设计的过程。

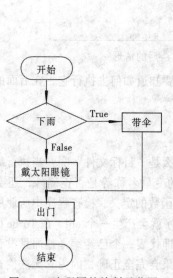

图 1-4　流程图的绘制示范图

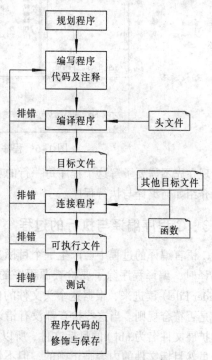

图 1-5　程序设计的基本流程

1.2.2　设计第一个 C 语言程序

在设计 C 程序时，可以使用任何编辑器来编写程序，编写完毕后，再移植到 C 的编译器中加以编译执行。不过一般来说，由于 C 都提供有编辑器供用户编辑程序，因此大部分用户都会选择在 C 的编辑器里编写程序。

接下来以 VC++ 的环境为例，来编写第一个 C 语言程序。如果不熟悉 VC++6.0 的操作，可以参考本章的实验或其他相关书籍。在 VC++6.0 的环境里来建立下面的 C 程序代码。

```
01  #include <stdio.h>
02  #include <stdlib.h>
03  int main(void)
04  {
05    printf("Hello Kitty!\n");    /*输出 Hello Kitty!*/
06    printf("Hello World!\n");    /*输出 Hello World!*/
07    system("PAUSE");
08    return 0;
09  }
```

图 1-6 所示为输入程序代码之后的情形。

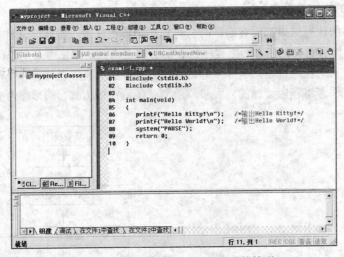

图 1-6　程序代码输入到 VC++ 后的情形

现在先不需要了解这个程序每一行的功能，也不需要知道如何去执行它，在后面的内容中，将会介绍如何编译与执行程序。

1.2.3　C 程序编译与执行的过程

C 语言编译的过程中会产生一个目标文件，到底什么是"目标文件"呢？当执行编译程序进行编译时，编译程序除了要检查源程序的语法、定义的变量名称等是否正确外，还要将头文件（Header File）读进来，根据这个头文件的内容所记载的函数的定义，检查程序中所使用到的函数用法是否符合规则。当这些检查都没有错误时，编译程序就会产生一个 .obj（在 Turbo C 中目标文件的扩展文件名为 .obj）的目标文件，所以"目标文件"即代表一个已经编译过而且没有错误的程序。虽然目标文件的内容是正确的，但不代表执行的结果会完全正确，因为它无法检查出逻辑上的错误。

目标文件产生后，连接程序（Linker）会将其他目标文件及所要使用到的函数库（Library）连接在一起后，成为一个.exe 可执行文件。当 C 程序变成可执行文件后，它就是一个独立的个体，不需要 VC++的环境即可执行，因为连接程序已经将所有需要的函数库及目标文件连接在一起了。

那么，什么又是"函数库"呢？函数为 C 语言的基本单位，也就是说，C 语言是由函数所组成的。C 语言已经将许多常用的函数写好，并将这些函数分门别类（如数学函数、标准输入/输出函数等），当想要使用这些函数时，只要在程序中加载它所属的头文件就可以使用了。这些不同的函数集合在一起称为"函数库"。图 1-7 所示为源程序编译及连接的过程。

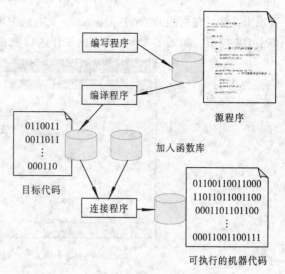

图 1-7　源程序编译及连接的过程

小　结

本章主要讲解了 C 语言的由来、特点和怎样设计一个 C 程序，在此过程中人们主要学习 C 语言的编译与执行的过程。只有明白了程序的编译和执行过程，在程序的调试和运行过程中才能做到心中有数，才能更好地编辑和编译 C 程序。

实验　C 语言运行环境的介绍和使用

一、实验目的

通过实验熟悉 C 语言集成编辑环境，掌握运行一个 C 程序的基本步骤，包括编辑、编译、连接和运行。通过运行简单的 C 程序，初步了解 C 程序的特点，理解一些最基本的 C 语句。

二、实验内容

编写一个 C 程序，输出以下信息：

```
*******************************
          Hello，World！
*******************************
```

Visual C++6.0 是全屏幕编辑环境，编辑、编译、连接、运行都可以在其中完成。

1. 启动 Visual C++6.0

在 Windows 环境下，单击"开始"按钮，选择"程序"→Microsoft Visual Studio 6.0→Microsoft Visual C++6.0 命令。

2. 建立一个新的工作空间

选择 File→New 命令（或按【Ctrl+N】组合键），弹出 New 对话框，在该对话框中选择 Workspaces

选项卡，然后在右侧的 Workspace name 文本框中输入要建立的工作区名字（如 New Workspaces），单击 OK 按钮，如图 1-8 所示。新的工作区被建立以后，就作为用户当前的工作区。

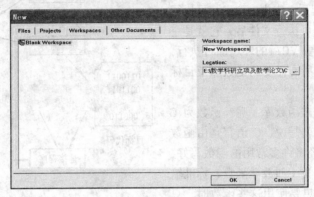

图 1-8　Workspaces 选项卡

3. 建立一个新工程

选择 File→New 命令，弹出 New 对话框，在该对话框中选择 Projects 选项卡，在所列出的若干类型的工程中选择 Win32 Console Application 选项，然后在右侧的 Project name 文本框中输入要建立的工程名（如 NewProject），选择 Add to current workspace 单选按钮，如图 1-9 所示，单击 OK 按钮，弹出图 1-10 所示的对话框，在该对话框中选择 An empty project 单选按钮，表示选择空工程，单击 Finish 按钮，弹出"新建工程信息"对话框，在确认工程建立的信息后，单击"确定"按钮，从而完成新工程的建立。

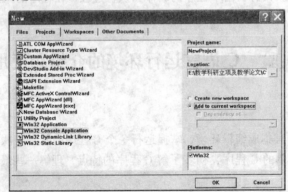

图 1-9　Projects 选项卡

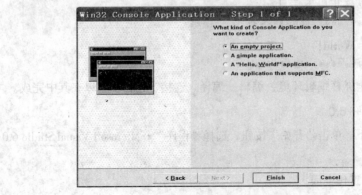

图 1-10　选择工程类型对话框

4．建立源文件

新建的工程是空的，其中没有任何具体内容。在新工程中创建一个 C++源程序文件的方式是：选择 File→New 命令，弹出 New 对话框。在该对话框下选择 Files 选项卡，如图 1–11 所示，并在该选项卡中选择 C++ Source File 选项，同时在右侧的 File 文本框中输入源文件名 Hello，单击 OK 按钮。

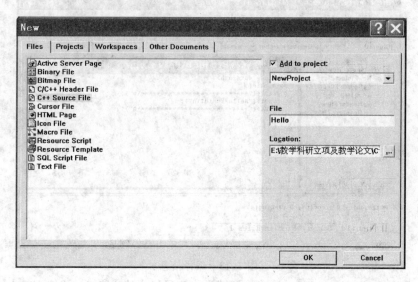

图 1–11 Files 选项卡

5．编辑源文件

现在就可以在系统提供的编辑区中，向 Hello.cpp 文件中输入程序内容了。编辑第一个程序以后的情况，如图 1–12 所示。结束编辑时一定要单击 Save 按钮（形状像软盘的按钮），以保存源程序文件。

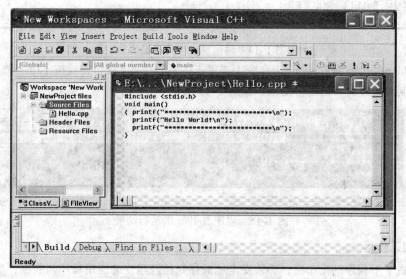

图 1–12 编辑 Hello 源文件

6．编译、连接、运行源程序

选择 Build→Compile Hello.CPP 命令（或单击工具栏中的 按钮，或按【Ctrl+F7】组合键）。

这时系统开始对当前的源程序进行编译。在编译过程中，将所发现的错误显示在"输出区"窗口中，错误信息中指出错误所在行号和错误的原因。当程序出现错误时，根据提示信息修改源程序代码，再进行编译直至编译正确。当输出窗口中的信息提示为 Hello.obj – 0 error(s), 0 warning(s)时，则表示编译正确，如图 1–13 所示。

图 1–13　编译信息

选择 Build→Build NewProject.exe 命令（或单击工具栏中的 按钮，或按【F7】键），连接正确时，生成可执行文件 NewProject.exe，如图 1–14 所示。该文件保存在 Hello.c 同一文件夹下的 Debug 文件夹中。

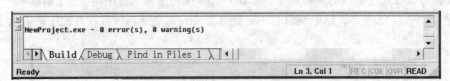

图 1–14　输出窗口中的连接信息

选择 Build→Build NewProject.exe 命令（或单击工具栏中的！按钮，或按【Ctrl+F5】组合键）。即可看到控制台程序窗口的运行结果，如图 1–15 所示。

图 1–15　程序 Hello.c 的运行结果

7．关闭工作区

每次完成了对程序的操作后，必须安全地保存好已经建立的应用程序与数据，应正确地使用关闭工作区来终止工程。

三、实验评价

完成表 1-2 所示的实验评价表的填写。

表 1-2 实验评价表

能力分类	内 容		评 价				
	学习目标	评 价 项 目	5	4	3	2	1
职业能力	C运行环境的基本使用	掌握 C 程序的基本结构					
		熟悉 VC++6.0 的操作界面					
		掌握在 VC++6.0 中新建、运行、修改、保存和运行程序的方法					
通用能力		阅读能力					
		设计能力					
		调试能力					
		沟通能力					
		相互合作能力					
		解决问题能力					
		自主学习能力					
		创新能力					
综合评价							

习 题

1. 试比较解释器（Interpreter）与编译器（Compiler）的不同，它们各有何优点？
2. 要编写一个好的程序，必须经历哪六大步骤？
3. 试说明源文件、目标文件与可执行文件的差别。
4. 连接器可以为人们做哪些事？
5. 试说明程序的可移植性（Portability）是什么意思？

第 ② 章

C程序的基础知识

本章介绍的知识是编写 C 程序的基础。程序设计的核心是数据运算。在 C 语言中，变量是利用声明的方式将内存中的某个区域保留下来供程序使用。可以声明这个区域记载的数据类型为整型、字符型、浮点数或者是其他种类的形式，每个数据都属于一个确定的、具体的数据类型。而运算符是程序中完成各种操作的操作码，C 语言中运算符的种类非常多。本章将重点介绍 C 程序中最常用的算术运算符、赋值运算符、关系运算符及逗号运算符等。

2.1　一个简单 C 程序的解析

首先来学习一个简单的 C 程序。在介绍程序的内容之前，先浏览一下程序本身：

【例2-1】简单的C语言程序。

```
01    /*Exam2-1，简单的C语言*/
02    #include <stdio.h>          /*将Stdio.h这个文件包含进来*/
03    int main(void)              /*主函数名称，函数从这里开始*/
04    {
05        int num;                /*定义一个名为num的整型*/
06        num=2;                  /*把num的值赋为2*/
07        printf("I have %d cats\n",num);   /*调用printf()函数*/
08        printf("you have %d cats,too\n",num);
09        return 0;
10    }
```

如果不懂这个程序也没关系。逐字地将它输入 C 语言程序编辑器里，将它存盘、编译与运行。当然，如果是 C 语言的初学者，要学习程序的调试过程。在 Turbo C 的环境里按【Ctrl + F9】组合键来编译并运行它，如果没有编译错误，可以得到下面两行输出：

```
I have 2 cats
you have 2 cats,too
```

程序解析

（1）第 1 行 /*Exam 2-1，简单的 C 语言*/ 为注释，C 语言的注释是以 "/*" 与 "*/" 记号来包围注释的文字，注释有助于程序的阅读与调试。然而注释仅供程序员阅读，所以当编译器读到 "/*" 后，会继续找到结束注释的记号 "*/"，而直接跳过这两个记号中间的注释文字，并不作编译的工作。

（2）第 2 行 #include<stdio.h> 则告诉计算机把 stdio.h 这个文件"包含"（include）进来。stdio 为 standard input/output 的缩写，其意为标准输入与输出，凡是 C 语言里有关输入与输出函数的格式均定义在这个文件里。stdio.h 包含了有关输入与输出函数的信息以供 C 的编译器使用。使用 #include 命令将头文件包含进来的最大好处是，可以使程序代码简洁，而且因为这个头文件都已经标准化了（通常会随着 C 语言的程序包一起提供），所以程序员不需要花费时间编写头文件，这样可以节省很多时间。

通常，性质相近的函数提供给编译器使用的信息都收集在同一个头文件里。例如，stdio.h 提供了标准输入/输出的相关信息；而有关数学函数（如 $\sin x$、$\cos x$ 等）的使用格式及相关信息则定义在 math.h 里，而有关时间的函数信息则定义在 time.h 里等。

那么，包含了不必要的头文件是否会增加编译后程序的大小呢？答案是否定的。编译器会按照编写的程序内容自己到包含进来的头文件里去获取所需要的信息，而没有使用到的信息则不属于这个程序的范围，故不会增加程序代码的长度。当然，也没有必要包含一些无用的头文件到程序里来，因为这只会增加程序阅读的困难。

include 为 C 语言预处理器（Pre Processor Directive）里的其中一个命令，以后的例子中会用到一些以#开头的命令，这些都是属于预处理器中的一部分。

（3）第 3 行 int main()为程序执行的起点，而 main()函数的主体（Body）从第 4 行的左花括号 "{"到第 10 行的右花括号 "}"为止。函数（Function）是 C 语言的基本模块（Module），也即 C 程序是由一个或多个函数所组成的。在此不妨把 main()函数称为主函数，因为它是程序开始执行的起点，且每一个独立的 C 程序一定要有 main()这个主函数才能执行。

（4）在 C 语言里，函数与一般的变量一样都有其类型，如整型、字符、浮点数、无（Void）等类型，因此在第 3 行的 main()前面加上 int，表示 main()函数为整型类型，也就是说，main()函数的返回值要为整型。而 main(void)即代表函数没有任何的返回值。

（5）第 5 行 int num; 的目的是声明 num 为一个整型类型的变量。C 语言有别于其他解释语言（如 Visual BASIC），使用变量之前必须先声明其类型。声明变量的好处相当多，本章稍后将会介绍声明变量的好处与用途。

（6）第 6 行 num=2; 为一个赋值语句，即把整数 2 赋给存放整型的变量 num。

（7）第 7 行的语句为 "printf("I have %d cats\n",num);"。程序执行时，会把%d 这个位置以 num 的数据来取代，而在屏幕上输出引号内所包含的 "I have 2 cats" 这个字符串。\n 是换行符号，它是属于无法输出在屏幕上（不可输出）的字符。\n 告诉计算机 printf()函数必须在输出"I have 2 cats"后换行，也就是把光标移到下一行的开端。如果没有写上\n 这个换行符号，则下一个语句的输出会紧接在 "I have 2 cats" 之后。

（8）第 8 行的语句 printf("you have %d cats too\n",num); 的语法与第 7 行相同，只是输出不同的字符串而已。注意，由于第 7 行换行符号的关系，"you have 2 cats, too" 会从 "I have 2 cats" 的下一行的第一个字开始输出，而不会紧接在 "I have 2 cats" 的后面。

（9）第 9 行为 main()主函数结束时的返回值（Return Value），由于 main()的类型为整型（int），因此返回值必须为一整型值，而 0 代表函数执行无误。以 main()函数为例，图 2-1 可以看到函数的返回类型及参数说明。

（10）第 10 行的右花括号则告诉编译器 main()这个主函数到这里结束。

在例 2-1 中介绍了 Exam 2-1 这个简单程序之后，相信读者对 C 语言已有了初步的了解。Exam 2-1 虽然只有短短的 10 行，却是一个相当完整的 C 程序。在 2.2 节里，会针对 C 语言的细节部分，再作一个详细的讨论。

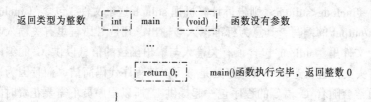

图 2-1　函数的返回类型及参数说明

2.2　变量与常量

C 语言中，常量和变量都可以用来表示数据。常量的值在程序执行过程中是不可改变的，而变量的值是可变的。本节将介绍常量和变量的概念，并通过范例的讲解来学习两者的区别。

2.2.1　变量的定义

变量在程序语言中扮演了最基本的角色。变量可以用来存放数据，而使用变量之前必须先声明它所要保存的数据类型。下面，学习在 C 语言中变量使用的规则。

1．变量的声明

举例来说，要在程序中声明一个可以存放整数的变量，这个变量的名称为 num，在程序中即可写出如下面的语句：

```
int num; /*声明 num 为整型变量*/
```

int 为 C 语言的关键字（Key Word），代表整数（Integer）的声明。若是同时想声明数个整型变量时，可以像上面的语句一样分别声明它们，或者也可以把它们都写在同一个语句中，每个变量之间以逗号分开，如下面的写法：

```
int num,num1,num2; /*同时声明 num, num1, num2 为整型变量*/
```

除了整型类型之外，C 语言还提供了其他不同的数据类型，如浮点数与字符类型等。下面将介绍这些不同的数据类型。

2．变量的数据类型

C 语言中变量的数据类型，可以是整型（Int）、长整型（Long）、短整型（Short）、浮点数（Float）、双精度浮点数（Double）等。除了这些数据类型的变量之外，还有字符类型（Char）的变量。此外，还可以决定变量为"有符号"（Sign）或是"无符号"（Unsigned）。一般来说，当声明变量时，若是没有特别指定变量为"无符号"，则 C 的编译程序都视这些变量为"有符号"。关于这些数据类型，后面将作详细的介绍。

3．变量名称

读者可以按个人的习惯来决定变量的名称，而这些变量的名称不能使用到 C 语言的关键字里。通常，会以变量所代表的意义来命名（如 num 代表数字）。当然，也可以使用 a、b、c 等简单的英文字母代表变量，但是当程序越大、所声明的变量数量越多时，这些简单的变量名称所代表的意义会较容易忘记，也会增加阅读及调试的困难。

4．变量名称的限制

一般来说，虽然程序设计员所选取的变量名称相当完整，但是由于大部分的编译程序只会将变量名称的前八个字符当成有效字符，所以，在决定变量名称时，也要注意变量名称的长度。此外，变量名称的字符可以是英文字母、数字或下画线，但要注意的是，名称中不能有空格符，且第一个字符不能是数字。

2.2.2　变量的赋值

为声明的变量赋值，可用等号运算符（=）来赋值，也可以通过下面三种方式进行赋值。

方法 1：在声明时赋值

举例来说，在程序中声明一个整型变量 num，并直接赋这个变量的值为 2，在程序中写出如下语句：

```
int num=2;          /*声明变量，并直接赋值*/
```

方法 2：声明后再赋值

可以在声明后再将变量赋值。举例来说，在程序中声明整型变量 num1、num2 及字符变量 ch，并且为它们分别赋值，在程序中即可写出如下语句：

```
int num1,num2;    /*声明变量*/
char ch;
num1=2;             /*赋值给变量*/
num2=30;
ch ='m';
```

方法 3：在程序中直接赋值

以声明一个整型变量 num 为例，可以等到要使用这个变量时，再赋值。

```
int num;             /*声明变量*/
num=2;               /*需要用到变量时再赋值*/
```

【例2-2】声明并使用变量。

在程序中声明三种 C 语言中经常使用到的数据类型的变量 i（整型变量）、ch（字符变量）及 f（浮点数变量），并将它们分别显示在屏幕上。

```
01   /*Exam2-2，简单的实例*/
02   #include <stdio.h>
03   int main(void)
04   {
05      int i=3;              /*声明 i 为整型，并赋值为 3*/
06      char ch='A';         /*声明 ch 为字符型，并赋值为 A*/
07      float f=5.2;         /*声明 f 为浮点数，并赋值为 5.2*/
08      printf("%c is a character\n",ch); /*调用 printf()*/
09      printf("%d is an integer\n",i);
10      printf("%f is a float\n",f);
11      return 0;
12   }
/*Exam2-2 OUTPUT---
A is a character
3 is an integer
5.200000 is a float
--------------------*/
```

2.2.3　常量

常量（Constant）是不同于变量的另一种类型，它的值是固定的，如整型常量、字符常量等。通常变量赋值时，会将常量赋给变量，在例 2-2 中，可以看到第 5 行中，定义了一个整型变量 i，并将常量 3 赋给这个变量 i；第 6 行中，定义了一个字符型变量 ch，并将字符常量 A 赋给这个变量 ch；第 7 行中，定义了一个浮点型变量 f，并将浮点型常量 5.2 赋给它。当然，在程序执行的过程中，可以重新赋值及使用这些已经声明过的变量。

如此一来，用户在使用及系统维护上能够更方便地阅读程序的内容，增加系统维护的效率。

2.3　C 语言的基本数据类型

通过上面简单程序的设计，知道如果想在程序中使用一个变量，就必须先经过声明，此时编译程序会在未使用的内存空间中，寻找一块足够容纳这个变量的空间供这个变量使用。那么编译程序到底寻找多大的空间呢？除了上面所介绍的整型变量外，还有字符、浮点数与双精度浮点数等变量，它们关键字分别为：int、char、float 及 double。表 2-1 中列出了在 VC++ 中各种基本的数据类型所占的内存空间及范围，用户可以在使用时选择适合的数据类型。

表 2-1　VC++ 的基本数据类型

数 据 类 型	字　节	表 示 范 围
long int	4	−2 147 483 648～2 147 483 647
int	2	−32 768～32 767
unsigned int	2	0～65 535
short int	2	−32 768～32 767
unsigned short int	2	0～65 535
char	1	0～255（256 个字符）
float	4	1.2e-38～3.4e38
double	8	2.2e-308～1.8e308

注意：在不同的编译程序里，整型变量的长度会有些不同。

2.3.1　整型数据

VC++ 中，整型数据类型为 16 bit（位），也就是 2 B（字节）。当数值不带有小数或者是分数时，即可以声明为整型变量，如 3、−147 等即为整型。整型的表示范围为 −32 768～32 767。例如：一个整型变量 sum，在程序中作出如下的声明：

int sum; /*声明 sum 为整型*/

如此，C 语言即会在可使用的内存空间中寻找一个占有 2 B 的区域供 sum 变量使用，同时这个变量的范围只能在 −32 768～32 767 之间。

在整型数据类型中，还有一种为"无符号"数，当数值绝对不会出现负数时，就可以声明为无符号的整型变量，无符号整型变量的正数表示范围即可加大。例如，一个无符号的整型变量 num，在程序中声明如下：

unsigned int num; /*声明 sum 为无符号整型*/

此时，在可使用的内存空间中，就会有 2 B 的区域供这个变量 num 使用，而这个变量的范围只能在 $0～2^{16}$（65 536）之间。

【例2-3】编写程序，在VC++中输出各种基本数据类型所占的二进制位的长度。

在 printf() 函数的参数中，有一个 sizeof() 函数，这个函数的返回值就是数据类型的长度。函数 sizeof() 的参数，可以是变量名称，也可以是数据类型，在程序中可以看到这两种不同的使用方式。

```
01    /*Exam2-3，输出各种数据类型的长度*/
02    #include <stdio.h>
03    int main(void)
04    {
          /*定义各种数据类型的变量*/
05        unsigned int i;
06        unsigned short int j;
07        char ch;
08        float f;
09        double d;
          /*输出各种数据类型的长度*/
10        printf("sizeof(int)=%d\n",sizeof(int));
11        printf("sizeof(long int)=%d\n",sizeof(long int));
12        printf("sizeof(unsigned int)=%d\n",sizeof(i));
13        printf("sizeof(short int)=%d\n",sizeof(short int));
14        printf("sizeof(unsigned short int)=%d\n",sizeof(j));
15        printf("sizeof(char)=%d\n",sizeof(ch));
16        printf("sizeof(float)=%d\n",sizeof(f));
17        printf("sizeof(double)=%d\n",sizeof(d));
18        return 0;
19    }
/*Exam2-3 OUTPUT----------
sizeof(int)=2
sizeof(long int)=4
sizeof(unsigned int)=2
sizeof(short int)=2
sizeof(unsigned short int)=2
sizeof(char)=1
sizeof(float)=4
sizeof(double)=8
-------------------------*/
```

📖 **说 明**

当整数的数值范围超过可以表示的范围，而程序中又没有做数值范围的检查时，这个整型变量所输出的值将发生紊乱，而不是预期中的运行结果。

【例2-4】 在下面的程序中定义了一个短整型，并将它赋值为它所可以表示范围的最大值，然后将它分别加1及加2。

```
01    /*Exam2-4，短整型数据类型的溢出*/
02    #include <stdio.h>
03    int main(void)
04    {
05        short int i=32767;        /*声明 i 为短整型，并赋值为 32767*/
06        printf("i=%d\n",i);       /*输出 i 的值*/
07        printf("i+1=%hd\n",i+1);  /*输出 i+1 的值*/
08        printf("i+2=%hd\n",i+2);  /*输出 i+2 的值*/
09        return 0;
10    }
/*Exam2-4 OUTPUT---
i=32767
i+1=-32768
i+2=-32767
--------------------*/
```

　　值得注意的是，程序第 7 行、第 8 行中的输出格式%hd，为 printf()函数的修饰符，表示要输出的十进制数值为短整型（short int）或是无符号短整型（unsigned short int）类型。关于 printf()函数的修饰符，可以参阅 3.3 节的说明。

　　当最大值加上 1 时，结果反而变成表示范围中最小的值；当最大值加上 2 时，结果变成表示范围中次小的值，……，这就是数据类型的溢出（Overflow）。若是想避免这种情况的发生，在程序中就必须加上数值范围的检查功能，或者使用较大的表示范围的数据类型，如长整型。

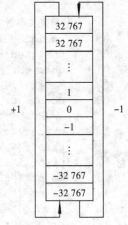

　　声明了一个短整型 i，其表示的范围为-32 768～32 767，当 i 设为最大值 32 767 时，仍在短整数的范围内，但是当 i 加 1 及加 2 时，短整型 i 的值反而成为-32 768 及-32 767，成为可表示范围的最小及次小值。

　　上述的情况就像计数器的内容到最大时，会自动归零（零在计数器中是最小值）一样，而在短整型中最小值为-32 768，所以当短整型 i 的值最大时，加上 1 就会变成最小值-32 768，这也就是溢出。参考图 2-2 即可了解数据类型的溢出问题。

图 2-2　数据类型的溢出

2.3.2　字符型数据

　　字符类型占有 1 B，可以用来保存英文字母及 ASCII 码等字符。计算机处理字符类型时，把这些字符当成不同的整数来看待，所以严格说来，字符类型也算是一种整型类型。

【例2-5】编写程序，声明一个字符类型的变量，分别以字符类型及十进制整型类型来输出此变量。

　　声明一个字符类型的变量 ch，将变量 ch 的值设为 a。ASCII 码中，小写 a 是以 97 为代表，所以 a 这个字符在计算机中实际的保存值为 97。

```
01   /*Exam2-5,字符类型的输出*/
02   #include <stdio.h>
03   int main(void)
04   {
05       char ch='a';              /*定义一个名为 ch 的字符型，其值为 a*/
06       printf("ch=%c\n",ch);  /*输出 ch 的值*/
07       printf("ch=%d\n",ch);  /*输出 ch 的十进制值*/
08       return 0;
09   }
/*Exam2-5 OUTPUT---
ch=a
ch=97
-------------------*/
```

📖 **说　明**

　　字符类型和整型类型的声明方式相同，但赋初值的部分有些不同。将字符常量赋值给字符变量时，字符常量要以两个单引号（'）包围，如 ch= 'a'。字符串常量则是以一对双引号（"）包围，用以和字符常量区别，如"holiday"即为一字符串常量。当然，"a"可看成是只包含了一个字符的字符串，但字符串"a"和字符'a'所代表的意义并不相同，C 语言里处理字符和字符串的方式也不一样。此外，如果想要输出一些特殊的字符，如数学符号的∑，但是键盘中又没有这个符号，则可以把字符变量设为它所对应的 ASCII 码的值，再将字符输出。

【例2-6】字符的输出。

```
01   /*Exam2-6，字符的输出*/
02   #include <stdio.h>
03   int main(void)
04   {
05       char ch=228;           /*将整数228赋给字符变量ch*/
06       printf("ch=%c\n",ch);  /*输出ch的值*/
07       return 0;
08   }
/*Exam2-6 OUTPUT---
ch=Σ
--------------------*/
```

 说　明

在例2-6中，使用ASCII码时，要注意的是，字符变量的值和数字本身是不同的。

【例2-7】字符的输出。

声明一个字符变量ch，其值为2（2是一个字符），它的ASCII码为50，而不是整数2这个值。

```
01   /*Exam2-7，字符的输出*/
02   #include <stdio.h>
03   int main(void)
04   {
05       char ch='2';           /*定义字符变量ch，并赋值为'2'*/
06       printf("ch=%c\n",ch);
07       printf("the ascii of ch is %d\n",ch);
08       return 0;
09   }
/*Exam2-7OUTPUT----
ch=2
the ascii of ch is 50
---------------------*/
```

 说　明

此外，对于有些无法输出的字符（这些无法输出的字符可能代表着某些操作），如警告声、换页、倒退一格等，可以使用上述的方式将字符输出，在屏幕上可能不会有变化，但是这些字符所代表的动作仍会执行。

如果要在程序中发出一个警告声（ASCII码为7）时，可以声明一个字符类型变量beep，然后把beep赋值为7（char beep=7），再进行输出的操作。或者，也可以利用将字符变量赋值为转义字符（Escape Character），再将它输出。表2-2为常用的转义字符。

表2-2　常用的转义字符

转义字符	所　代　表　的　意　义	转义字符	所　代　表　的　意　义
\a	警告声（Alert）	\t	制表（Tab）
\b	倒退一格（Backspace）	\/	斜线（Slash）
\n	换行（New line）	\\	反斜线（Backslash）
\r	回车（Carriage return）	\'	单引号（Single quote）
\0	字符串终止字符（Null character）	\"	双引号（Double quote）

【例2-8】编写程序输出警告音。

将 beep 赋值为\a（要以单引号包围），并将字符变量 beep 所代表的十进制值输出在屏幕上，当程序执行到 printf 这行指令时，会听到"哔"一声警告声。

```
01   /*Exam2-8, 转义字符的输出*/
02   #include <stdio.h>
03   int main(void)
04   {
05       char beep='\a';    /*定义字符变量beep, 其值为'\a'*/
06       printf("beep=%d%c\n",beep,beep);  /*输出beep的ASCII值, 并响一声*/
07       return 0;
08   }
/*Exam2-8 OUTPUT---
beep=7
--------------------*/
```

> 还会有一声警告音

不管是赋"char beep='\a'"或者是"char beep=7"，都可以听到警告声，但最好使用将字符变量赋值为转义字符的方式；因为并不是每种编译程序都使用 ASCII 码，若是使用转义字符，将可以提高程序的可移植性。

【例2-9】 编写程序输出"\We are the World\"。

由于反斜线'\'在 C 语言中为控制字符，在程序中直接使用时会产生错误，此时即可声明字符变量 ch，并赋值为'\\'，再将字符变量输出，程序的编写如下所示：

```
01   /*Exam2-9, 转义字符的输出*/
02   #include <stdio.h>
03   int main(void)
04   {
05       char ch='\\';
06       printf("%cWe are the World%c\n",ch,ch);  /*输出字符串*/
07       return 0;
08   }
/*Exam2-9 OUTPUT---
\We are the World\
--------------------*/
```

如果在程序中加上太多的转义字符而造成混淆及不易阅读时，另外还有利用声明字符变量的方式也可以实现，将转义字符以整型或者是字符类型输出。这种方法在此不再赘述，读者可以查阅相关资料。

2.3.3 浮点型数据

1. 浮点数类型（Float）

在日常生活中经常会使用到小数类型的数值，如里程数、身高、体重等需要更精确的数值时，整型不能满足这些需要。在数学中，这些带有小数点的数据称为实数（Real Number），在 C 语言里，这种数据类型称为浮点数（Floating Point Number）类型。在 VC++中，浮点数类型的长度为 4 B，有效范围为 $1.0e-37 \sim 1.0e+38$。

浮点数的表示方式，除了一般带有小数点的形式外，还可用指数的形式表示。

【例2-10】声明一个浮点数变量f并赋值为97 842.0，并将它以指数及浮点数的形式将变量f的值输出在屏幕上。

其程序写法如下：

```
01    /*Exam2-10，浮点数的输出*/
02    #include <stdio.h>
03    int main(void)
04    {
05        float f=97842.0;        /*声明 f 为浮点数，并赋值为 97842.0*/
06        printf("f=%e\n",f);     /*以指数类型输出 f 的值*/
07        printf("f=%f\n",f);     /*以浮点数类型输出 f 的值*/
08        return 0;
09    }
/*Exam2-10 OUTPUT---
f=9.784200e+004
f=97842.000000
--------------------*/
```

2．双精度浮点数类型（Double）

当浮点数的表示范围不够大的时候，还有一种双精度浮点数可以使用。在 VC++中，双精度浮点数类型的长度为 8 B，有效范围为 1.0e-307～1.0e3+08。同样，双精度浮点数的表示方式，除了一般带有小数点的形式外，还可以以指数的形式表示。

【例2-11】声明一个双精度浮点数变量d并赋值为14 784 978.42，并将它以指数及浮点数的形式将变量f的值输出在屏幕上。

其程序编写如下：

```
01    /*Exam2-11，双精度浮点数的输出*/
02    #include <stdio.h>
03    int main(void)
04    {
05        double d=14784978.42; /*声明 d 为双精度浮点数*/
06        printf("d=%e\n",d);    /*以指数的类型输出 d 的值*/
07        printf("d=%f\n",d);    /*以浮点数的类型输出 d 的值*/
08        return 0;
09    }
/*Exam2-11 OUTPUT---
d=1.478498e+007
d=14784978.420000
--------------------*/
```

2.4　基本数据类型间的转换

C 语言是一个很有灵活性的程序语言，它允许上述情况的发生，但是在"各人都说自己好"的情况下，C 语言于定下了一个大的原则"以不流失数据为前提，即可做不同的类型转换"，让人们在不守规矩的程序编写之下，使这些不同类型的数据、表达式都能继续存活。

2.4.1　自动转换

当 C 语言发现程序的表达式中有类型不符的情况时，会依据下列的规则来处理类型转换的工作：

（1）占用字节较少的转换成字节较多的类型。

（2）字符类型会转换成 int 类型。

（3）int 类型会转换成 float 类型。

（4）在表达式中，若某个操作数的类型为 unsigned（无号类型只在 char 及 int 类型出现），则另一个操作数也会转换成 unsigned 类型。

（5）若表达式中的某个操作数的类型为 double，则另一个操作数也会转换成 double 类型。

【例2-12】 分别声明五个不同类型的变量并加以运算。

```
01    /*Exam2-12，表达式的类型转换*/
02    #include <stdio.h>
03    int main(void)
04    {
05        char ch='a';
06        int a=-2;
07        unsigned int b=3;
08        float f=5.3f;
09        double d=6.28;
10        double c;
11        c=(ch/a)-(d/f)-(a+b);          /*计算*/
12        printf("c=%.3f\n",c);          /*输出结果*/
13        printf("sizeof(c)=%d\n",sizeof(c));
14        return 0;
15    }
/*Exam2-12 OUTPUT---
c=-50.185
sizeof(c)=8
---------------------*/
```

不要急着看结果，在程序执行之前先思考一下，这个复杂的表达式 c=(ch/a)-(d/f)-(b+a)最后的输出类型是什么？它又如何将不同的数据类型转换成相同的呢？可以参考图 2-3 所示的解说。

在程序的结果中，利用 sizeof()函数求出变量 c 的长度为 8，即为双精度浮点数类型的长度。了解了转换类型的过程后，下面来学习表达式的运算过程，如图 2-4 所示。

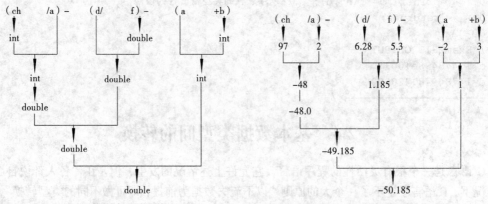

图 2-3　数据类型的转换过程　　　　图 2-4　数据的运算过程

以后在 C 程序中使用到类型的转换时，若是不清楚表达式的类型，就可以利用上面绘制图表的方法进行类型的跟踪。

2.4.2　强制类型转换

此外，C 语言还可以强制性地转换类型。数据类型的强制性转换的格式如下：

(欲转换的数据类型)变量名称；

当然，这个方法也可以应用在表达式中，格式如下：

(欲转换的数据类型)表达式；

【例2-13】在程序中声明了两个整型类型的变量a、b，执行除法运算（a/b）后的输出为浮点数类型（因为小数点后面可能会有值）。

```
01    /*Exam2-13，强制转换表达式类型*/
02    #include <stdio.h>
03    int main(void)
04    {
05       int a=12;
06       int b=-7;
07       printf("a/b=%.2f\n",(float)a/b);
08       return 0;
09    }
/*Exam2-13 OUTPUT---
a/b=-1.71
---------------------*/
```

虽然 a、b 都为整数，但当遇到强制性类型转换格式时，只能按照强制转换。借用不同的类型处理后，原先变量的类型还是可以还原成本来的面目，这样可以节省一些内存空间。

当为两个整数的运算（如除法）时，运算的结果也会是整数。例如，整数除法 10/3，其运算的结果为整数 3，并不是预期的 3.3333…，所以如果计算结果是浮点数时，就必须将数据类型做强制性的转换。

转换的语法如下：

(欲转换的数据类型)变量名称；

【例2-14】整数与浮点数的相互转换。

```
01    /*Exam2-14，数据类型的转换*/
02    #include <stdio.h>
03    int main(void)
04    {
05       int a=155,b=9;
06       float f;
07       f=a/b;
08       printf("a=%d,b=%d\n",a,b);        /*输出 a、b 的值*/
09       printf("a/b=%f\n",a/b);           /*输出 a/b 的值*/
10       printf("f=%f\n",f);
11       printf("a/b=%f\n",(float)a/b);
12       return 0;
13    }
/*Exam2-14 OUTPUT---
a=155,b=9
a/b=0.000000
f=17.000000
a/b=17.222222
---------------------*/
```

说明

当两个整数相除时，小数点以后的数会被截断，使得运算的结果保持为整数。但由于这并不是预期的计算结果，因此要想得到运算的结果为浮点数，就必须将两个整数中的其中一个（或是两个）强制转换为浮点数类型，如下面的写法：

```
(float)a/b
```
或
```
a/(float)b
```
或
```
(float)a/(float)b
```

【例2-15】 当两个数中有一个为浮点数时，求运算的结果。

```
01    /*Exam2-15，数据类型的转换*/
02    #include <stdio.h>
03    int main(void)
04    {
05        int a=155;
06        float b=21.0;
07        printf("a=%d,b=%f\n",a,b);        /*输出 a、b 的值*/
08        printf("a/b=%f\n",a/b);           /*以浮点数类型输出 a/b 的值*/
09        return 0;
10    }
/*Exam2-15 OUTPUT---
a=155,b=21.000000
a/b=7.380952
--------------------*/
```

由执行的结果可以看到，当两个数中有一个为浮点数时，其运算的结果会直接转换为浮点数。

 说明

当表达式中变量的类型不同时，C语言会自动将较小的内存空间转换成较大的内存空间后，再作运算。也就是说，假设有一个整数和双精度浮点数作运算时，C语言会把整数转换成双精度浮点数后再作运算，运算结果也会变成双精度浮点数。

2.4.3 赋值表达式的类型转换

前面讨论的自动转换和强制转换都是针对一般表达式的，根据自动转换和强制转换的规则，可以知道一个表达式计算以后的数据类型。现在要讨论的问题是：表达式计算完以后要赋值给一个变量，如何进行数据类型的转换。

当赋值运算符左边的变量与赋值运算符右边的表达式的数据类型相同时，不需要进行数据类型的转换。

当赋值运算符左边的变量与赋值运算符右边的表达式的数据类型不相同时，系统负责将右边的数据类型转换成左边的数据类型。此时，会有两种情况产生，一种是安全的，即转换以后不会丢失数据；另一种则是不安全的，即转换以后可能丢失数据。这与赋值号两边的表达式的数据类型所占的字节数及数据的存储表示方式有关。

例如，两个整数是同种类的，如果赋值号左边为长整型 long，右边为整型 short int，相当于由短整型向长整型转换，由于整型所占字节数小于长整型，并且整数的表示方法相同，所以由整型向长整型转换，由于整型所占字节数小于长整型，并且整数的表示方法相同，所以由整型向长整型转换时在高位补符号位即可，不会丢失数据。但是，如果反过来，赋值号左边为短整型，右边为长整型，相当于长整型向短整型转换，还是由于短整型所占字节数小于长整型，则长整型的高 16 位不能复制到短整型数据中，因此可能丢失数据。

若赋值号的两边的数据类型是双精度与单精度浮点数，情况与上面类似。双精度向单精度转换会丢失数据，而单精度向双精度转换则不会丢失数据。

如果赋值号的左边是整型数据或字符型数据，而右边是浮点型数据，这时两个数据属于不同种类的数据，由于整型数据与浮点型数据的存储表示方式不同，即使长度相同，转换结果仍可能是不安全的，可能是一个无法理解的值。这与计算机的硬件有一定的关系。

【例2-16】同种类但长度不同的数据类型数据之间的安全转换。

```
01   /*Exam2-16，数据类型之间的安全转换*/
02   #include <stdio.h>
03   void main()
04   {
05       short int a=32767;
06       int b;
07       float c=123.4567
08       double d;
09       b=a;
10       b=b+3;
11       d=c;
12       d=d*1.0e17;
13       printf("b=%d\n",b);        /*输出 a、b 的值*/
14       printf("d=%le\n",d);       /*以浮点数类型输出 a/b 的值*/
}
/*Exam2-16 OUTPUT---
b=32770
d=1.23456e+019
--------------------*/
```

程序解析

编译本程序时，Visual C++6.0 编译给出了警告信息 "truncation from 'const double' to 'float'"，提醒程序员程序中出现了"从 double 类型的常量到 float 的切断"，这是因为 123.456 7 是一个 double 类型的常量，该常量的值存储到单精度变量中可能引起数据的丢失，只不过 123.456 7 明显是一个单精度变量能够正确存储的数据，所以本例的运行结果是正确的。在 Visual C++6.0 运行结果是正确的，并不意味着在其他编译环境下的运行结果也是正确的，因为相同数据类型的数据在不同的编译环境中所占位数有可能不同。因此，为了程序有很好的移植性，应该尽量避免在不同的数据类型之间进行赋值转换。

【例2-17】同种类但长度不同的数据类型数据之间的非安全转换。

```
01   /*Exam2-17，数据类型之间的非安全转换*/
02   #include <stdio.h>
03   void main()
04   {
05       short int a=32767;
06       char b;
07       double c=1.234567e39;
08       flaot d;
```

```
09    b=a;
10    d=c;
11    printf("b=%d\n",b);        /*输出 a、b 的值*/
12    printf("d=%le\n",d);       /*以浮点数类型输出 a/b 的值*/
}
/*Exam2-17 OUTPUT---
b=-1
d=1.#INF00E+000
--------------------*/
```

程序解析

编译本程序时，Visual C++ 6.0 编译给出了警告信息 "conversion from 'short' to 'char', possible loss of data" 和 "conversion from 'double' to 'float', possible loss of data"，提醒程序员从 char 类型到 short 类型的转换和从 float 类型到 double 类型的转换有可能丢失数据。程序在执行时也确实出现了丢失数据的情况。

2.5   C 语言中运算符和表达式的使用

C 语言中的语句有很多种形式，表达式是其中一种语句。表达式是由操作数（Operand）与运算符（Operator）所组成；操作数可以是常量、变量甚至是函数，而运算符就是数学上的运算符号，如+、−、*、/等。以图 2-5 的表达式 a+10 为例，a 与 10 都是操作数，而+则为运算符。

C 语言提供了许多运算符，这些运算除了可以处理一般的数学运算外，还可以做逻辑运算、地址运算等。这些运算符按照使用的类别，分为赋值、算术、关系、逻辑、自加与自减、条件、逗号运算符等。下面来学习具体的运算符和表达式。

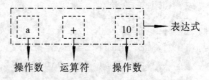

图 2-5   表达式由操作数与运算符所组成

2.5.1   算术运算符及其表达式

算术运算符（Mathematical Operator）在数学上经常会使用到，表 2-3 列出了常用的算术运算符。

表 2-3   算术运算符

算术运算符	意　义	算术运算符	意　义
+	加法	/	除法
−	减法	%	取余数
*	乘法		

1. 加法运算符

将加法运算符 "+" 的前后两个操作数相加，如例 2-16 程序中的第 10 行（b=b+3）。使用加法运算符时，除了前面所提到的方法（b=b+3）外，还可以在程序语句中加上一个表达式，如下面的程序段，可以直接在 printf()函数中输出表达式，printf()函数会先处理完 3+8 的值后，再放到 %d 的格式中进行输出。

```
printf("3+8=%d",3+8);        /*直接输出表达式的值*/
```

2. 减法运算符

将减法运算符 "−" 前面的操作数减去后面的操作数，如下面的语句所示：

```
age=age-1;                   /*将 age-1 运算之后赋值给 age 存放*/
```

```
a=b-c;                          /*将b-c运算之后赋值给a存放*/
100-8;                          /*运算100-8的值*/
```

3．乘法运算符

将乘法运算符"*"的前后两个操作数相乘，如下面的语句所示：

```
b=b*5;                          /*将b*5运算之后赋值给b存放*/
a=a*a;                          /*将a*a运算之后赋值给a存放*/
10*2;                           /*运算10*2的值*/
```

4．除法运算符

将除法运算符"/"前面的操作数除以后面的操作数，如下面的语句所示：

```
a=b/3;                          /*将b/3运算之后赋值给a存放*/
c=c/d;                          /*将c/d运算之后赋值给c存放*/
14/7;                           /*运算14/7的值*/
```

使用除法运算符时要特别注意一点，就是数据类型的问题，以上面的例子来说，当 a、b、c、d 的类型为整数，但运算的结果不是整数时，发现输出的结果与实际的值会有差异，这是因为整型类型的变量无法存储小数点后面的数据，所以在声明数据类型及输出时要特别注意。

【例2-18】 由键盘输入两个整数a、b，将a/b的结果输出。

```
01   /*Exam2-18，除法运算符*/
02   #include <stdio.h>
03   int main(void)
04   {
05       int a,b;                    /*声明变量*/
06       printf("first number: ");   /*由键盘输入数据*/
07       scanf("%d",&a);
08       printf("second number: ");
09       scanf("%d",&b);
10       printf("a/b=%d\n",a/b);      /*计算并输出*/
11       printf("a/b=%.2f\n",(float)a/(float)b);
12       return 0;
13   }
/*Exam2-18 OUTPUT----
first number: 13
second number: 4
a/b=3
a/b=3.25
---------------------*/
```

程序解析

在程序的第 10 行及第 11 行，分别做不同的输出：第 10 行中，因为 a、b 都为整型类型，在输出上也必须为整型类型，程序运行的结果与实际的值不同；在第 11 行中，为了预防除法的结果常会有小数的部分，所以使用了强制性的类型转换，即将整型类型（int）转换成浮点数类型（float），程序运行的结果才不会有问题。

5．取余运算符

将取余运算符"%"前面的操作数除以后面的操作数，取其所得到的余数。取余运算符仅适用于操作数为整数的情况，如果要取浮点数相除的余数时，可以使用 fmod()函数，关于这个函数的使用方法，请参阅附录 A 的说明。下面的语句是使用取余运算符的范例。

```
age=age%3;                              /*将age%3运算之后赋值给age存放*/
a=b%c;                                  /*将b%c运算之后赋值给a存放*/
100%8;                                  /*运算100%8的值*/
```

【例2-19】 输入两个整数a、b，将a%b的结果输出。

```
01   /*Exam2-19,取余运算符%*/
02   #include <stdio.h>
03   int main(void)
04   {
05      int a,b;                         /*声明变量*/
06      printf("first number: ");        /*由键盘输入数据*/
07      scanf("%d",&a);
08      printf("second number: ");
09      scanf("%d",&b);
10      printf("The remainder of a/b is %d\n",a%b);   /*计算并输出*/
11      return 0;
12   }
/*Exam2-19 OUTPUT----
first number: 14
second number: 5
The remainder of a/b is 4
--------------------*/
```

2.5.2 赋值运算符及其表达式

当需要为各种不同数据类型的变量赋值时，就必须使用赋值运算符（Assignment Operator），表 2-4 中所列出的赋值运算符虽然只有一个，但是编写 C 程序不可缺少的赋值运算符。

表 2-4　赋值运算符

赋值运算符	意　　义
=	赋值

等号（=）在 C 语言中并不是"等于"，而是"赋值"的意思。前面的程序中接触了很多为变量赋值的语句，如图 2-6 所示。

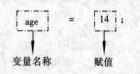

这是将整数 14 赋给 age 这个变量。再看看下面这个语句：

`age=age+1;` /* 将 age+1 的值运算之后再赋给变量 age 存放*/

如果把等号（=）当成"等于"，这种语句在数学上根本行不通，　　图 2-6　表达式的赋值范例
但是把它看成"赋值"时，这个语句就很容易解释了，把 age+1 的值运算之后再赋值给变量 age 存放，因为之前已经把变量 age 的值赋为 14，所以执行这个语句时，C 语言会先处理等号后面的部分 age+1（值为 15），再赋值给等号前面的变量 age，执行后，存放在变量 age 的值就变成 15 了。将上面的语句编写成下面这个程序。

【例2-20】 赋值运算符程序。

```
01   /*Exam2-20,赋值运算符=*/
02   #include <stdio.h>
03   int main(void)
04   {
05      int age;                         /*声明变量*/
06      printf("Input your age: ");      /*由键盘输入数据*/
07      scanf("%d",&age);
```

```
08      age=age+1;                                /*运算*/
09      printf("Next year,you'll be %d\n",age);   /*输出*/
10      return 0;
11  }
/*Exam2-20 OUTPUT----
Input your age: 14
Next year,you'll be 15
---------------------*/
```

当然，也可以将等号后面的值赋给其他的变量，如：

sum=num1+num2;　　/*将 num1 加上 num2 之后再赋值给变量 sum 存放*/

如此一来，num1 与 num2 的值经过运算后仍然不变，sum 会因为"赋值"的操作而更改内容。

2.5.3　关系运算符及其表达式

所谓"关系运算符"实际上就是"比较运算"。将两个值进行比较，判断其比较的结果是否符合给定条件。关系运算符如表 2-5 所示。

表 2-5　关系运算符

关系运算符	意　义	关系运算符	意　义
>	大于	<=	小于等于
<	小于	==	等于
>=	大于等于	!=	不等于

这些运算符在数学上也经常会使用到，但是由于赋值运算符为"="，为了避免混淆，当使用关系运算符"等于"（==）时，就必须用两个等号表示；而关系运算符"不等于"的写法较为特别，以"!="代表，这也是因为用户在键盘上想要取得数学上的不等于符号（≠）较为困难，所以就找了这个"!="当成不等于，初学 C 语言的用户通常较容易忘记这两个运算符，因此特别提出来以提醒。

当使用关系运算符去判断一个表达式的成立与否时，若是判断式成立会产生一个返回值 1，若是判断式不成立则会产生一个返回值 0。以下面的程序为例，利用 if 语句判断括号中的条件是否成立，若是成立则执行 if 后面的语句。

【例2-21】关系运算符。

```
01  /*Exam2-21，关系运算符*/
02  #include <stdio.h>
03  int main(void)
04  {
05      if(5>2)                           /*判断 5>2 是否成立*/
06        printf("return value=%d\n",(5>2));   /*输出返回值*/
07      if(1)                             /*判断 1 是否成立*/
08        printf("Happy Birthday!\n");    /*输出字符串*/
09      if(0)                             /*判断 0 是否成立*/
10        printf("You are so kind\n");    /*输出字符串*/
11      return 0;
12  }
/*Exam2-21 OUTPUT----
return value=1
Happy Birthday!
---------------------*/
```

程序解析

（1）在第 5 行中，由于 5>2 的条件成立，所以执行第 6 行的语句：输出返回值 1。

（2）程序第 7 行，若是 if 语句的参数为 1，判断也成立，所以接着执行第 8 行的语句：输出字符串 Happy Birthday!。

（3）程序第 9 行，if 语句的参数为 0，判断结果不成立，所以永远无法执行第 10 行的语句。

2.5.4　逻辑运算符及其表达式

逻辑运算符用来进行逻辑运算，逻辑运算也称布尔运算。运算符连接操作数组成的逻辑表达式称为逻辑表达式。逻辑表达式的值、或称逻辑运算的结果也只有真和假两个值。当逻辑运算的结果为真时，用 1 作为表达式的值；当逻辑运算的结果为假时，用 0 作为表达式的值。当判断一个逻辑表达式的结果时，则是根据逻辑表达式的值为非 0 时表示真；为 0 时表示假。逻辑运算符如表 2-6 所示。

表 2-6　逻辑运算符

逻辑运算符	意　义	逻辑运算符	意　义
!	非	||	OR，或
&&	AND，且		

当使用逻辑运算符"&&"时，运算符前后的两个操作数的返回值都为真，运算的结果才会为真；使用逻辑运算符"\|\|"时，运算符前后的两个操作数的返回值只要一个为真，运算的结果就会为真，如下面的语句：

```
a>0&&b>0                /*两个操作数都为真，运算结果才为真*/
a>0||b>0                /*两个操作数只要一个为真，运算结果就为真*/
```

在第 1 个例子中，a>0 而且 b>0 时，表达式的返回值为 1，即代表真（True）这两个条件都必须成立才行；在第 2 个例子中，只要 a>0 或者 b>0 时，表达式的返回值即为 1，这两个条件仅需要一个成立即可，读者可以参考表 2-7 所示的 AND 和 OR 的真值表。

表 2-7　AND 和 OR 真值

AND	T	F	OR	T	F
T	T	F	T	T	T
F	F	F	F	T	F

上面的真值表中，T 代表真（True），F 代表假（False）。在 AND 的情况下，两者都要为 T，其运算结果才会为 T；在 OR 的情况下，只要其中一个为 T，其运算结果就会为 T。这个真值表除了在逻辑判断时会用到外，在日常生活中其实也常会有相同的判断情形。

【例2-22】逻辑运算符如何应用在if语句中。

```
01  /*Exam2-22,逻辑运算符*/
02  #include <stdio.h>
03  int main(void)
04  {
05    int a,b;
06    printf("first number:");          /*由键盘输入两个数a, b*/
07    scanf("%d",&a);
08    printf("second number:");
09    scanf("%d",&b);
10    if(a>0 && b>0)
```

```
11       printf("a-b=%d\n",a-b);              /*判断成立，输出 a-b*/
12    if(a-b<0 || a+b<0)
13       printf("a+b=%d\n",a+b);              /*判断成立，输出 a+b*/
14    return 0;
15  }
/*Exam2-22 OUTPUT----
first number:6
second number:9
a-b=-3
a+b=15
---------------------*/
```

程序解析

（1）当程序执行到第 10 行时，if 会根据括号中 a 及 b 的值作判断，a>0 且 b>0 时，条件判断成立，即会执行第 11 行的语句：输出 a-b 的值；不管第 11 行是否被执行，都会接着执行第 12 行的程序，if 再根据括号中 a 及 b 的值作判断，a-b<0 或者 a+b<0 时，条件判断成立，即会执行第 13 行的语句：输出 a+b 的值。

（2）所以当输入的两个数为 6、9 时，符合第 10 行的判断（6、9 皆大于 0），即输出 a-b 的值-3，同时也符合第 12 行的 if 语句的其中一个判断 a-b<0（6-9=-3 小于 0），所以输出 a+b 的值 15。

2.5.5　运算符的优先级

表 2-8 列出了各个运算符优先级的排列，数字越小的表示优先级越高。在使用运算符时，可以作为参考。

表 2-8　运算符的优先级

优先级	运　算　符	类　别	结合方向
1	( )	括号运算符	由左至右
	[]	方括号运算符	由左至右
	->	箭头运算符	由左至右
2	!、+（正号）、-（负号）	一元运算符	由右至左
	~	位逻辑运算符	由右至左
	++、--	自增与自减运算符	由右至左
	*	指针运算符	由右至左
	&	地址运算符	由右至左
3	*、/、%	算术运算符	由左至右
4	+、-	算术运算符	由左至右
5	<<、>>	位左移、位右移运算符	由左至右
6	>、>=、<、<=	关系运算符	由左至右
7	==、!=	关系运算符	由左至右
8	&（位运算的 AND）	位逻辑运算符	由左至右
9	^（位运算的 XOR）	位逻辑运算符	由左至右
10	|（位运算的 OR）	位逻辑运算符	由左至右
11	&&	逻辑运算符	由左至右
12	||	逻辑运算符	由左至右
13	?:	条件运算符	由右至左
14	=	赋值运算符	由右至左

什么是结合性（associativity）呢？结合性可以了解到运算符与操作数的相对位置及其关系。举例来说，当使用同一优先级的运算符时，结合方向就非常重要了，它决定哪一个先处理，如下面的例子：

```
a=b+d/3*6;          /*结合方向可以决定运算符的处理顺序*/
```

这个表达式中有不同的运算符，优先级是 /和* 大于 + 大于 =，但人们发现，/与*的优先级是相同的，到底 d 该先除以 3 再乘以 6 呢？还是 3 乘以 6 处理完成后 d 再除以这个结果呢？经过结合性的定义后，就不会有这方面的困扰了，算术运算符的结合方向为"由左至右"，就是在相同优先级的运算符中，先由运算符左边的表达式开始处理，再处理右边的表达式。上面的表达式中，由于/、* 的优先级相同，所以 d 会先除以 3 再乘以 6 得到的结果加上 b 后，将整个值赋给 a 存放。

2.5.6 自加与自减运算符

自加与自减运算符在 C 语言中可是相当独特的，不过也因为这些特性，总让觉得比较陌生。表 2-9 列出了自加与自减运算符的成员。

表 2-9 自加与自减运算符

自加与自减运算符	意　　义	自加与自减运算符	意　　义
++	自加，变量值加 1	--	自减，变量值减 1

虽然这样的运算符不太常见，但使用起来比较好用，它可以提高程序的简洁程度。先来学习关于自加与自减运算符的使用。通常，人们声明了一个整型变量 i，在程序运行中想让它加上 1，程序的语句如下：

```
i=i+1;  /*i加1后再指定给i存放*/
```

将 i 的值加 1 后再赋值给 i 存放，也可以利用自加运算符"++"写出如下语句，这两个语句的意义是相同的：

```
i++;      /*i加1后再指定给i存放，i++为简洁写法*/
```

还可以看到另外一种自加运算符的用法，就是自加运算符在变量的前面，如"++i"，这和"i++"所代表的意义是不一样的。"i++"会先执行整个语句后再将 i 的值加 1，而"++i"则先把 i 的值加 1 后，再执行整个语句。

以下面的程序为例，将 i 的值赋为 3，将它在 printf() 函数中输出，参数分别为"i++"及"++i"，可以明确地比较出两者的区别。

【例2-23】自加运算符的使用。

```
01  /*Exam2-23，自加运算符*/
02  #include <stdio.h>
03  int main(void)
04  {
05      int i=3;
06      printf("i=%d\n",i++);          /*输出i的值*/
07      i=3;                           /*将i的值赋回原来的3*/
08      printf("i=%d\n",++i);          /*输出i的值*/
09      return 0;
10  }
/*Exam2-23 OUTPUT---
i=3
i=4
--------------------*/
```

程序解析

（1）在程序的第 6 行中，printf()函数的参数为 i++，所以执行完 printf()函数后，i 的值才会加 1，变成 4。

（2）程序的第 7 行中，人们为了便于比较，所以将 i 的值赋回原来的 3。

（3）程序的第 8 行中，printf()函数的参数为++i，所以会先把 i 的值加 1 后，再执行 printf()函数，输出的结果为 4。

同样，自减运算符"—"的使用方法和自加运算符"++"是相同的，自加运算符"++"用来将变量值加 1，而自减运算符"—"则是用来将变量值减 1。此外，自加与自减运算符只能将变量加 1 或减 1，如果想将变量加减非 1 的数时，还是得用原来的方法（如 i=i+2）。

小　　结

在本章中，重点学习了基本数据类型（包括整型、实型和字符型）的定义和使用方法，以及常用运算符（包括算术运算符、关系运算符、逻辑运算符、赋值运算符、逗号运算符）和其构成表达式的使用方法。其中，运算符的优先级与结合性是比较难掌握的。

看到这些复杂的运算符，读者也许要问：怎样才能记住它们呢？其实，完全没有必要去死机硬背，学习 C 语言的关键在于灵活使用它们来为人们特定的目的服务。无论 C 运算符的优先级与结合性多么复杂，也不管运算符的优先级高低，只要将需要先计算的表达式用圆括号括起来即可解决所有问题。另外，为了保证运算的正确性，提高程序的可读性，不要在程序中使用太复杂或多用途的复合表达式。

实验　常量、变量和数据类型的使用

一、实验目的

本上机实验目的是为了综合运用"数据类型、运算符与表达式"的知识点而设定的。考查变量的定义和引用。运算符的优先级和结合性及基本技能的掌握情况，要求能够独立完成并输出正确的程序结果，同时能够处理程序编译时出现的错误和警告。

二、实验内容

1. 改错题

（1）下列程序的功能为：输出两个字符"A"和"B"及它们的 ASCII 码。纠正程序中存在的错误，使程序实现其功能。

```
#include <stdio.h>
main()
{
    char c1,c2;
    c1="A";c2="B";
    printf("%c,%c\n",c1,c2);
    printf("%d,%d\n",c1,c2);
```

（2）下列程序的功能为：从键盘输入三门课程的成绩，求出平均分。纠正程序中存在的错误，使程序实现其功能。

```
#include <stdio.h>
#define num=3
main()
{    int c,vb,pas,sum;
     float ave;
     print("please input c,vb,pas: ");
     scanf("%d,%d,%d",c,vb,pas);
     sum=c+vb+pas;
     ave=float(sum)/NUM
     printf("ave=%f\n",ave);
}
```

2．程序填空题

（1）下面程序的功能是，交换变量 a 和 b 的值，填写完整程序，使程序实现其功能。

```
main()
{    int a=1,b=2,c;
     clrscr();
          /*输出交换前变量a和b的值*/
     c=_____ ;
     a=_____ ;
     b=_____ ;
          /*输出交换后变量a和b的值*/
}
```

运行结果：a=1,b=2

　　　　　A=2,b=1

（2）下面程序的功能是，输入一个三位正整数，要求逆序输出对应的数，如输入 456，则输出 654。

```
main()
{
    int n,I,j,k,m;
    printf("输入一个三位正整数:");
    scanf("%d",&n);
    i=_____;
    m=n%100;
    j=_____ ;
    k=_____ ;
    m=100*k+10*j+I;
    printf("%d==>%d\n",n,m);
}
```

3．编程题

（1）编写程序，从键盘上输入三个证书，求它们的和。

（2）编写程序，从键盘上输入半径和高，输出圆柱体的底面积和体积。（提示：圆柱体的底面积 $S=\pi r^2$；体积 $V=\pi r^2 h$）

三、实验评价

完成表 2-10 所示的实验评价表的填写。

表 2-10　实验评价表

能力分类	内　　　容		评　　　价				
	学习目标	评 价 项 目	5	4	3	2	1
职业能力	基本数据类型的定义和运用	掌握三种基本数据类型，即整型、浮点型和字符型数据的定义和使用方法					
		了解数据的基本存储形式及溢出问题					
		掌握程序的基本书写形式，并通过上机领会程序的调试方法					
	运算符和表达式的使用	掌握各种运算符的使用规则，区分其优先级和结合性					
		掌握算术表达式、赋值表达式、的使用方法					
		掌握各种数学函数的使用方法					
		了解语句的书写形式，注意表达式和语句的区别					
通用能力	阅读能力						
	设计能力						
	调试能力						
	沟通能力						
	相互合作能力						
	解决问题能力						
	自主学习能力						
	创新能力						
综合评价							

习　　题

一、选择题

1. 以下选项中不能做 C 程序合法常量的是（　　　）。

   A．1,234　　　　　　B．'\123'　　　　　　C．123　　　　　　D."\x7G"

2. 以下选项中可用做 C 程序合法实数的是（　　　）。

   A．.1e0　　　　　　B．3.0e0.2　　　　　　C．E9　　　　　　D．9.12E

3. 若定义语句"int a=3,b=2,c=1;"，以下选项中错误的赋值表达式是（　　　）。

   A．a=(b=4)=3;　　B．a=b=c+1　　　　　C．a=(b=4)+c;　　D．a=1+(b=c=4)

4. 有以下定义"int a;long b;double x,y;"，则以下选项中正确的表达式是（　　　）。

   A．a%(int)(x-y)　　B．a=x!=y　　　　　C．(a*y)%b　　　　D.y=x+y=a

5. 以下选项中能表示合法常量的是（　　　）。

   A．整数：1 200　　B．实数：1.5E2.0　　C．字符斜杠：'\'　　D．字符串"\007"

6. 表达式 a+=a-=a=9 的值是（　　　）。

   A．9　　　　　　　B．-9　　　　　　　　C．18　　　　　　D．0

7. 以下叙述正确的是（　　　）。

  A．C语言程序是由过程和函数组成的

  B．C语言函数可以嵌套调用，例如：fun(fun(x))

  C．C语言函数不可以单独编译

  D．C语言中除了main()函数，其他函数不能够以单独的文件形式存在

8．以下关于C语言的叙述中正确的是（   ）。

  A．C语言中的注释不可以夹在变量名或关键字的中间

  B．C语言中的变量可以再使用之前的任何位置进行定义

  C．在C语言算术表达式的书写中，运算符两侧的运算数类型必须一致

  D．C语言的数值常量中夹带空格不影响常量值的正确表示

9．以下C语言用户标识符中，不合法的是（   ）。

  A．_1   B．AaBc   C．a_b   D．a—b

10．若有定义"double a=22;int i=0,k=18;"，则不符合C语言规定的赋值语句是（   ）。

  A．a=a++,i++   B．i=(a+k)<=(i+k)   C．i=a%11   D．i=!a

二、填空题

1．以下程序运行后的输出结果是_____。

```
#include <stdio.h>
main()
{ int a;
  a=(int)((double)(3/2)+0.5+(int)1.99*2);
  printf("%d\n",a);
}
```

2．有以下程序（说明：字符0的ASCII码值为48）：

```
#include <stdio.h>
main()
{ char c1,c2;
  scanf("%d",&c1);
  c2=c1+9;
  printf("%c%c\n",c1,c2);
}
```

若运行时从键盘输入48，并按【Enter】键，则输出结果为_____。

3．以下程序运行后的输出结果是_____。

```
#include <stdio.h>
main()
{ int a=200,b=100;
  printf("%d%d\n",a,b);
}
```

4．有以下程序

```
#include <stdio.h>
main()
{ int x,y;
  scanf("%2d%1d",&x,&y);printf("%d\n",x+y);
}
```

程序运行时输入：1234567，运行后的输出结果是_____。

5．在C语言中，当表达式的值为0时，表示逻辑值"假"，当表达式值为_____时，表示逻辑值为"真"。

第**3**章

顺序结构程序设计

在进行复杂的程序设计之前，有必要了解什么是结构化程序设计的三种基本结构，以及如何用流程图表示这三种基本结构。结构化程序设计的三种基本结构是顺序结构、选择结构和循环结构。

事实上，人们在前两章已经看到了一些程序，这些程序大部分使用结构化程序设计思想的顺序结构，通过大量的实例，读者一定对顺序结构的程序设计有了认识。所以，本章将介绍编写简单程序所应掌握的程序设计基础、结构化程序设计的方法、字符输入/输出函数的使用、格式输入/输出函数的使用，以及顺序结构程序设计。

3.1 程序设计基础

通过前面章节的学习，大家已经掌握了一些基本命令和操作方法。通过这些命令和操作能够快速地获得运行结果，但可重复性差，要实现相同的功能需要多次输入相同的命令或做相同的操作。

一个程序应包括以下两方面内容：

（1）对数据的描述。在程序中要指定数据的类型和数据的组织形式，即数据结构（Data Structure）。

（2）对操作的描述。即操作步骤，也就是算法（Algorithm）。

数据是操作的对象，操作的目的是对数据进行加工处理，以得到期望的结果。作为程序设计人员，必须认证考虑和设计数据结构和操作步骤（即算法）。因此，著名计算机科学家沃思（Nikiklaus Wirth）提出一个公式：

数据结构+算法=程序

实际上，一个程序除了以上两方面外，还应采用结构化程序设计方法进行程序设计，并且用某一种计算机语言表示。因此，可以这样表示：

程序=算法+数据结构+程序设计方法+语言工具和环境

上述四方面是一个程序设计人员所应具备的知识，在设计一个程序时要综合运用这几方面的知识。

3.1.1 算法与数据结构

做任何事情都有一定的步骤。在日常生活中，由于人们已养成习惯，所以并没有意识到每件事都需要事先设计出"行动步骤"，如吃饭、上学、打球、做作业等，但事实上，这些活动都是按照一定的规律进行的，只是人们不必每次都重复考虑它。

不要认为只有"计算"的问题才有算法。广义地说，为解决一个问题而采取的方法和步骤统称为"算法"。一首歌曲的乐谱，也可以称为可歌曲的算法，因为它指定了演奏该歌曲的每个步骤，按照它的规定才能演奏出预定的曲子。

下面介绍一个简单的算法：求 $1 \times 2 \times 3 \times 4 \times 5$ 的结果。

可以用最原始的方法进行求解：

步骤 1：先求 1×2，得到结果 2。

步骤 2：将步骤 1 得到的结果 2 乘以 3，得到结果 6。

步骤 3：将步骤 2 得到的结果 6 乘以 4，得到结果 24。

步骤 4：将步骤 3 得到的结果 24 乘以 5，得到结果 120。这就是最后的结果。

这样的算法虽然是正确的，但太烦琐。如果要求 $1 \times 2 \times 3 \times \ldots \times 1\,000$，则要写 999 个步骤，这显然是不可取的。而且每次都直接使用上一步骤的数值结果（2、6、24、…），也不方便。应当找到一种方便可行的表示方法。

可以设两个变量，一个变量代表被乘数，一个变量代表乘数。不另设变量存放乘积结果，而直接将每一步骤的乘积放在被乘数变量中。这里设 p 为被乘数、i 为乘数。用循环算法来求解，可以将算法改写成：

步骤 1：使 p=1。

步骤 2：使 i=2。

步骤 3：使 $p \times i$，乘积仍放在变量 p 中，可表示为 $p \times i=p$。

步骤 4：使 i 的值加 1，即 $i+1=i$。

步骤 5：如果 i 不大于 5，返回重新执行步骤 3 以及其后的步骤 4 和步骤 5；否则，算法结束。最后得到 p 的值就是 5! 的值。

显然这个算法比前面的算法要简练得多。

如果题目改为求 $1 \times 3 \times 5 \times 7 \times 9 \times 11$，算法只需要做很少的改动即可：

步骤 1：使 p=1。

步骤 2：使 i=3。

步骤 3：$p \times i=p$。

步骤 4：$i+2=i$。

步骤 5：如果 i<=11，返回步骤 3；否则，结束。

可以看出，这种算法具有通用性、灵活性。步骤 3～步骤 5 组成一个循环，在现实算法时，要反复多次执行步骤 3、步骤 4、步骤 5，直到某一刻，执行步骤 5 时经过判断，乘数 i 已超过规定的数值从而返回步骤 3 停止。此时算法结束，变量 p 的值就是所求结果。

一个算法应该具有下列特性：

（1）有穷性。一个算法必须在有穷步之后结束，即必须在有限时间内完成。事实上"有穷性"往往指"在合理的范围之内"。如果让计算机执行一个历时 1\,000 年才结束的算法，这虽然是有穷的，但超过了合理的限度，人们不认为它是有效算法。

如下列代码就不合理，执行时会出现死循环：

```c
main()
{
    while(1>0)
    printf("无限循环");
}
```

（2）确定性。算法中的每一个步骤都应该是确定的，不应该是模糊、模棱两可的。算法的含义应当是唯一的，而不应当产生歧义性。

（3）有效性。算法中的每一步都可以通过已经实现的基本运算的有限次执行得以实现。每个语句必须有效地执行，并得到确定的结果。比如 a/b，当 b=0 时，则 a/b 是不能有效执行的。

（4）输入。一个算法具有 0 个或多个输入，这些输入取自特定的数据对象集合。

（5）输出。一个算法具有一个或多个输出，这些输出通输入之间存在着某种特定的关系。

对那些不熟悉计算机程序设计的人来说，可以只使用别人已设计好的算法，只需要根据算法的需求给以必要的输入，就能得到输出结果。对他们来说，算法如同一个"黑匣子"，可以不了解其中的结构，只是从外部特性上了解算法的作用，即方便地使用算法。

3.1.2　结构化程序设计方法

一个结构化程序就是用高级语言表示的结构化算法。这种程序便于编写、阅读、修改和维护，可以减少程序出错的机会，提高程序的可靠性，保证程序的质量。

结构化程序设计强调程序设计风格和程序结构的规范化，提倡清晰的结构。怎样才能得到一个结构化的程序呢？如果人们面临一个复杂的问题，是很难立刻写出一个层次分明、结构清晰、算法正确的程序的。结构化程序设计方法的基本思路是：把一个复杂问题的求解过程分阶段进行，每个阶段处理的问题都控制在人们容易理解和处理的范围内。

具体来说，应采取以下方法保证得到结构化的程序：

自顶向下；逐步细化；模块化设计；结构化编码。

在接受一个任务后应怎样着手进行呢？有两种不同份额方法：一种是"自顶而下，逐步细化"。以写文章为例，有的人胸有全局，先设想整个文章分成哪几部分，然后再进一步考虑每一部分分成哪几节，每一节分成哪几段，每一段应包含什么内容。用这种方法逐步分解，直到可以直接将各小段表达为文字语句为止。还有的人写文章时不拟提纲，如同写信一样提起笔就写，想到哪里就写到哪里，直到认为把想写的都写出来为止。这种方法称为"自下而上，逐步积累"。

显然，第一种方法考虑周全、结构清晰、层次分明，作者容易写、读者容易看。如果发现某一部分有一段内容不妥，需要修改，只需要找出该部分，修改有关段落即可，与其他部分无关。人们提倡用这种方法设计程序。这就是用工程的方法设计程序。

设计房屋就是用"自顶而下，逐步细化"的方法。先进行整体规划，然后确定建筑方案，再进行各部分的设计，最后进行细节的设计。有了图纸之后，在施工阶段则是自下而上进行实施，用一砖一瓦实现一个局部，然后由各部分组成一个建筑物。

人们应当掌握"自顶而下，逐步细化"的设计方法。这种设计方法的过程是将问题求解由抽象逐步具体化的过程。用这种方法便于验证算法的正确性，在向下一层展开设计之前应仔细检查本层设计是否正确，只有上一层是正确的才能向下细化。如果每一层设计都没有问题，则整个算法就是正确的。由于每一层向下细化时不太复杂，因此容易保证整个算法的正确性。检查时也是由上而下逐层检查，思路清楚、有条不紊地一步一步进行，既严谨又方便。

3.2　顺　序　结　构

顺序结构在程序中，是采取由上至下的语句方式，一行语句执行完毕后，再接着执行下一行语句。这种结构的流程图如图 3-1 所示。

顺序结构在人们所设计的程序中是最常使用到的。举例来说，想在程序中输入两个整数 a 及

b，在屏幕中输出计算(a+b)*(a-b)的结果，这个程序的逻辑很简单，由上而下的语句，一个执行完再接着执行另一个，直到程序结束为止。程序的流程图如图3-2所示。

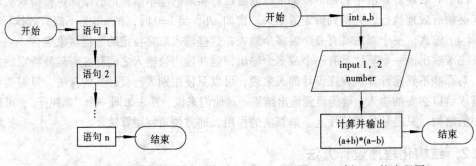

图 3-1 顺序结构的基本流程   图 3-2 例 3-1 的流程图

【例3-1】顺序结构的应用。

```
01  /*Exam3-1，顺序结构的程序*/
02  #include <stdio.h>
03  int main(void)
04  {
05      int a,b;
06      printf("first number:");              /*输入两个整数a，b*/
07      scanf("%d",&a);
08      printf("second number:");
09      scanf("%d",&b);
10      printf("(a+b)*(a-b)=%d\n",(a+b)*(a-b));  /*计算并输出结果*/
11      return 0;
12  }
/*Exam3-1 OUTPUT---
first number:8
second number:5
(a+b)*(a-b)=39
-------------------*/
```

虽然编写顺序结构的程序简单易懂，但是在程序中却扮演了非常重要的角色，因为所有程序基本上都是按照这种由上而下的流程来设计的。

3.3 输入和输出函数的使用

C语言本身不提供输入/输出语句，输入和输出操作是由函数来实现的。C语言的标准函数库中提供许多用于实现输入/输出操作的库函数，使用这些标准输入/输出函数时，只要在程序的开始位置加上如下编译预处理命令即可：

#include <stdio.h>

或

#include "stdio.h"

它的作用是：将输入/输出函数的头文件stdio.h包含到用户源文件中。其中，h 为 head 之意，std 为 standard 之意，i 为 input 之意，o 为 output 之意。

3.3.1 printf()函数

首先，来学习常用的 printf()格式化输出函数。利用 printf()函数，可以清楚地将想要表达的文字、概念、信息等呈现给用户。使用时，必须先知道函数的使用格式，看似很复杂的函数，其实比想象中简单得多。printf 这个字是由 print（输出）与 format（格式）两个英文单词所组成，也就是格式化的输出之意。printf()函数的格式如下：

```
printf("格式字符串",参数1,参数2,…);
```

在 printf()函数的格式中，"格式字符串"必须以双引号包围，内容为要输出的字符串与参数的格式，而"参数 1"、"参数 2"等则可以是常量、变量或者是表达式。下面的程序为一个典型的使用 printf()函数的范例。

【例3-2】printf()函数的使用。

```
01  /*Exam3-2，使用 printf()函数*/
02  #include <stdio.h>
03  int main(void)
04  {
05      int a=2;
06      int b=4;
07      printf("I have %d dogs and %d cats",a,b); /*调用 printf()函数*/
08      return 0;
09  }
/*Exam3-2 OUTPUT-----
I have 2 dogs and 4 cats
------------------------*/
```

在 printf()函数中，%d 为输出格式。printf()函数在处理"格式字符串"的过程中，遇到第一个特定的输出格式时，会把"参数 1"的内容替换到这个输出格式里，遇到第二个特定的输出格式时，会把"参数 2"的内容替换到第二个输出格式里，……，所以格式字符串里有几个输出格式，后面就应该有相同数目的参数内容，如图 3-3 所示。

图 3-3　printf()函数的使用范例

1. printf()函数的使用

要想在屏幕上输出一组字符串时，只要将字符串的外围用双引号（"）包围起来后，放在函数的括号中即可。例如，要输出 Have a nice day!!这个字符串时，在字符串外围用双引号（"）将字符串包围起来后（"Have a nice day!!"），放在函数的括号中即可当成参数传给 printf()函数，printf()函数即会输出双引号所包含的字符串内容。

【例3-3】利用printf()函数输出字符串。

```
01  /*Exam3-3，输出字符串*/
02  #include <stdio.h>
```

```
03    int main(void)
04    {
05        printf("Have a nice day!!");    /*输出字符串内容*/
06        return 0;
07    }
/*Exam3-3 OUTPUT---
Have a nice day!!
-------------------*/
```

在 printf()命令里，不同类型的数据内容，其输出也会不同。举例来说，输出整型变量的内容就用%d，输出字符变量的内容就用%c。表 3-1 列出了 printf()函数中常用的输出格式。

表 3-1　printf()函数中常用的输出格式

输出格式	输出语句	输出格式	输出语句
%c	字符	%%	输出百分号
%d	十进制整数	%p	指针
%e	浮点数，指数 e 的形式	%s	字符串
%E	浮点数，指数 E 的形式	%u	无符号十进制整数
%f	浮点数，小数点形式	%g	输出%f 与%e 较短者
%o	无符号八进制整数	%G	输出%f 与%E 较短者
%x	无符号十六进制整数，以 0~f 表示	%X	无符号十六进制整数，以 0~F 表示
%l	长整型，加在 d、o、u、x、X 之前，如%ld（注意%l 是英文字母 l，不是数字 1）		

同样，在 printf()函数中，有一些类似换行字符的转义字符可供使用，这些转义字符可以放在输出字符串中，以调整画面的美观及需要。表 3-2 列出 printf()函数中常用的转义字符。

表 3-2　printf()函数中常用的转义字符

转义字符	功　能	转义字符	功　能
\a	警告音	\'	输出单引号
\b	倒退	\"	输出双引号
\f	换页	\\	反斜线
\n	换行	\/	斜线
\r	回车	\d	ASCII 码（八进制）
\t	跳格	\x	ASCII 码（十六进制）

举例来说，在屏幕上输出字符串"Where do you want to go today?"（包括双引号），程序如下：

【例3-4】printf()函数中转义字符的使用。

```
01    /*Exam3-4, 使用 printf()函数*/
02    #include <stdio.h>
03    int main(void)
04    {
05        printf("\"Where do you want to go today?\"");
06        return 0;
07    }
```

　　　　　　　转义字符\"　　　　　　　　　　　　转义字符\"

```
/*Exam3-4 OUTPUT-------------
"Where do you want to go today?"
---------------------------------*/
```

可以看到，由于双引号在函数中有其特定用途，想要输出双引号就必须在格式字符串中加上转义字符 "\"，若是不使用转义字符，当编译程序读到成对的双引号后，就会误以为格式字符串已经结束，当编译程序再次读到双引号时，就会发生语法错误。

2. printf()函数的修饰符（Modifier）

在 printf()函数中，所有的输出格式都是以 "%" 百分号开始，再接一组有意义的字母。若是想让数据在输出时，能有固定的字段长度，可以在%后面加上长度的数值，如%3d，表示输出十进制整数时，需要三个字段长度；%6.3f 则表示输出浮点数时，包括小数点共有六个位数，小数点前占有两个长度，小数点后只要显示三位数即可。

要特别注意的是，若是整数部分超过可以显示的长度时，则以实际数据来显示。此外，在小数点部分，若是指定显示的位数比实际位数少的时候，会将小数部分四舍五入至指定显示的位数。以下面的程序为例，可以看到输出格式加上修饰后所执行的结果。

【例3-5】 printf()函数特定格式输出。

```
01  /*Exam3-5，输出特定格式*/
02  #include <stdio.h>
03  int main(void)
04  {
05      int i=32,j=15;
06      float f=12.3456;
07      printf("i=%-4d",i);          /*输出 i*/
08      printf("j=%4d\n",j);         /*输出 j*/
09      printf("f=%6.2f\n",f);       /*输出 f*/
10      return 0;
11  }
/*Exam3-5 OUTPUT---
i=32   j=15
f=12.35
--------------------*/
```

在程序第 7 行中的输出格式为%-4d，并不是写错了。一般说来，当规定字段长度时，如果数据内容小于字段的长度时，所有的数据会向右对齐（如例 3-5 中输出的变量 j 值），若是想让数据向左对齐，在百分号后面数字前面加上负号即可让数据向左对齐，因此 printf()函数在输出变量 i 的内容 32 后，会接着输出两个空格再继续执行其他的语句。图 3-4 为使用%4d 与%-4d 来输出整数 32 的比较。

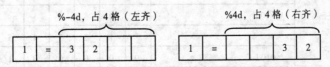

图 3-4　输出格式%-4d 与%4d 的使用比较

前面所提到的%-4d 就是属于 printf()函数的修饰符中的一种，printf()函数还包括其他修饰符，如表 3-3 所示。

表 3-3 printf()函数的修饰符

修 饰 符	功 能	举 例
–	向左对齐	%-3d
+	将数值的正负号显示出来	%+5d
空白	数值为正值时，留一格空白；为负值时，显示负号	% 6f
0	在固定字段长度的数值前空白处填上 0，与–同时使用时，此功能无效	%07.2f
数字	字段长度，当数值的位数大于所定的字段长度时，字段会自动加宽它的长度	%9d
	数值以%e，%E 及%f 形式表示时，可以决定小数点后所要显示的位数	%4.3f
h	表示 short int 或是 unsigned short int	%5h
l	表示 long int 或是 unsigned long int	%lu

下面再举一个例子来说明修饰符的使用。在程序中声明一个整型变量 i，赋值为 1 234，将这个变量的输出设置为八个字段长度，并且将变量 i 的空白处填上 0。

【例3-6】printf()函数特定格式输出。

```
01  /*Exam3-6，使用 printf()函数的修饰符*/
02  #include <stdio.h>
03  int main(void)
04  {
05      int i=1234;
06      printf("i=%08d\n",i);  /*调用 printf()函数*/
07      return 0;
08  }
/*Exam3-6 OUTPUT---
i=00001234
----------------------*/
```

因为整型变量 i 的值（为 1 234）只有四位数，而人们的输出设置为八个字段长度，所以前面的四个空格都会被填上 0。在日常生活中经常会有类似上面的例子，例如说银行的往来账户中的金额通常都很大，若是在金额前加上 0，一方面较容易阅读，另一方面可以防止被人修改内容。

表 3-4 中列出了 printf()函数的修饰符应用范例。通过下面的表格，这些看来复杂的格式，将会对读者的学习有帮助。

表 3-4 printf()函数修饰符的应用范例

数 据 内 容	格 式	执 行 结 果									
12345	%10d						1	2	3	4	5
	%+d	+	1	2	3	4	5				
	%-10d	1	2	3	4	5					
	% d		1	2	3	4	5				
	%010d	0	0	0	0	0	1	2	3	4	5
123.456	%7.2f		1	2	3	.	4	6			
	%010.3f	0	0	0	1	2	3	.	4	5	6
	%+10.4f		+	1	2	3	.	4	5	6	0

3. 不同类型的输出

事实上 C 语言也允许数据做不同类型的输出。以下面的程序为例，当人们声明一个整型变量 i 并赋值为 42，此时就可以直接以其他的类型显示在屏幕上。

【例3-7】 printf()函数的使用。

```
01  /*Exam3-7，使用 printf()函数*/
02  #include <stdio.h>
03  int main(void)
04  {
05    int i=42;
06    printf("Octal of i is %o\n",i);          /*输出 i 的八进制*/
07    printf("Decimal of i is %d\n",i);         /*输出 i 的十进制*/
08    printf("Hexadecimal of i is %x\n",i);     /*输出 i 的十六进制*/
09    printf("ASCII code in i(i=%d) is %c",i,i); /*输出 ASCII 码 i 的字符*/
10    return 0;
11  }
/*Exam3-7 OUTPUT-----------
Octal of i is 52
Decimal of i is 42
Hexadecimal of i is 2a
ASCII code in i(i=42) is *
---------------------------*/
```

在 C 语言的输出格式中，%o、%d 及%x 等格式（请参见表 3-1）都是以 int 整型类型为输出的参数，对计算机来说，这些不同的格式只是以不同的方式来解释数据的内容而已。同样，%e、%E、%f、%F 及%g、%G 等格式是以 float 或是 double 形式为输出的参数。

如果把整型变量以 float 或是 double 类型输出呢？以下面的程序为例，声明一个整型变量 a 并赋值为 15，分别以%d、%f 及%e 格式输出。

【例3-8】 以多种类型输出同一数据。

```
01  /*Exam3-8，数据以其他类型输出*/
02  #include <stdio.h>
03  int main(void)
04  {
05    int a=15;                          /*定义名为 a 的整数，其值为 15*/
06    printf("a=%d\n",a);                /*输出 a 的值*/
07    printf("a in float is %f\n",a);    /*输出 a 的浮点数形式值*/
08    printf("a in double is %e",a);     /*输出 a 的双精度浮点数形式值*/
09    return 0;
10  }
/*Exam3-8 OUTPUT----------------
a=15
a in float is 0.000000
a in double is 1.910519e-297
------------------------------------*/
```

因为 a 本身为整型类型，使用%d 格式当然没有问题，但是将 a 以%f 及%e 格式输出时可以看到，整数以浮点数及双精度浮点数的形式输出时，就不是所预期的结果，而屏幕上的输出值在不同的系统会有不同的结果。

C 语言为了要增加编译程序执行的效率，于是把 printf()函数中输出格式的检查权交给程序员处理。若是在输出上必须要用其他的输出格式，则需要用到前面讲过的"强制转换数据类型"的方式。下面的程序只要在变量 a 前面加上所要转换的类型，在输出时就不会出现问题了。

【例3-9】同一数据强制类型转换后以多种类型输出。

```
01  /*Exam3-9，修正 Exam3-8*/
02  #include <stdio.h>
03  int main(void)
04  {
05      int a=15;                              /*定义名为 a 的整数，其值为 15*/
06      printf("a=%d\n",a);                    /*输出 a 的值*/
07      printf("a in float is %f\n",(float)a); /*输出 a 的浮点数形式值*/
08      printf("a in double is %e",(double)a); /*输出 a 的双精度浮点数形式值*/
09      return 0;
10  }
/*Exam3-9 OUTPUT-----------------
a=15
a in float is 15.000000
a in double is 1.500000e+001
----------------------------------*/
```

程序第 7 行及第 8 行，在变量 a 前面加上所要转换的类型 float 及 double 后（即强制类型转换），就可以看到执行的结果是预期中的值了。

4．printf()函数的换行

当某一个语句很长，长到一行都容纳不下时，如果在需要的地方按【Enter】键，看起来好像已经换行了，但是编译程序可不会随意换行。在执行程序时，可以在格式字符串中使用 \n 换行，但是在编辑器中所编写的程序经过编译程序编译时，若是使用【Enter】键将语句随意换行，编译程序将无法判别语句是否结束，而会产生不正确的执行结果或错误信息。

以 VC++6.0 为例，printf()函数输出一个较长的字符串时，若是随意找个地方按【Enter】键，让语句换行，执行结果会是怎样呢？程序代码如例 3-10 所示。

【例3-10】错误的换行。

```
01  /*Exam3-10，错误的换行*/
02  #include <stdio.h>
03  int main(void)
04  {
05      int season=4;
06      int month=12;
07      printf("There are %d seasons and %d months
08          in the year\n",season,month);   /*输出字符串内容*/
09      return 0;
10  }
/*Exam3-10 OUTPUT------------------
There are 4 seasons and 12 months
        in the year
----------------------------------*/
```

原本是想输出一整行的字符串内容，但是执行结果却和预期的结果不同，VC++6.0 将这一长串的字符串内容输出成了两行，该如何正确地换行呢？下列几种方式可以将语句正确地完成换行。

方法 1：在格式字符串或者各个参数结束时，在逗号后面按【Enter】键。以例 3-10 为例，修改换行处之后，新的程序代码如下：

【例3-11】修正例3-10换行。

```
01  /*Exam3-11, 修正 Exam3-10 错误的换行*/
02  #include <stdio.h>
03  int main(void)
04  {
05      int season=4;
06      int month=12;
07      printf("There are %d seasons and %d months in the year\n",
08              season,month);  /*输出字符串内容*/
09      return 0;
10  }
/*Exam3-11 OUTPUT----------------------
There are 4 seasons and 12 months in the year
-------------------------------------------*/
```

方法 2：在程序中将想要输出的字符串用多个 printf()函数完成。也就是说，把字符串拆成多个部分，使用 printf()函数输出时，在格式字符串中不要用\n 将光标移到下一行的开头，当再次使用 printf()函数时，就会依次输出。利用这种方式修改例 3-10 后，新的程序段如下：

```
printf("There are %d seasons and ",season);  /*输出字符串内容*/
printf("%d months in the year\n",month);
```

方法 3：利用包围格式字符串的双引号（""）可以把一个完整的格式字符串分割成数个格式字符串，被分割的部分分别以双引号（""）包围即可达成语句换行的目的。利用这个方式修改例 3-10 后，新的程序代码如下：

```
printf("There are" "%d seasons and %d months"
        "in the year\n",season,month);         /*输出字符串内容*/
```

在每个格式字符串之间不论空了多远的距离，printf()函数都会将它们依次输出。

值得注意的是，其他编译程序对于语句的随意换行可能会有不同的处理方式，因此在使用其他编译程序编译及运行程序时，会发现编译程序将语句任意换行视为错误的语句，再发出一堆错误信息，等着程序员修改。

在 stdio.h 头文件中，除了 printf()输出函数以外，还有一些其他的输入/输出函数，如 scanf()、getchar()、putchar()、gets()及 put()等不同的输出/输入函数。

3.3.2　scanf()函数

到目前为止，人们一直都是单方面的输出，C 语言为了能够增加与用户的交互，在 stdio.h 头文件中定义了一个实用的 scanf()输入函数。scanf()函数的格式如下：

```
scanf("格式字符串",&变量1,&变量2,…);
```

"格式字符串"必须以双引号包围，内容为要输入的数据类型格式，而"&变量 1"、"&变量 2"等则是当用户由键盘上输入数据并按【Enter】键后，数据内容就会传送到变量。使用 scanf()函数时要注意的是，在变量名称前面必须加上"&"地址运算符，因为人们要把由键盘输入的值赋给某一个变量时，事实上是把这个值存到这个变量的地址里，所以 scanf()函数以变量的地址为参数。下面的程序为一个典型的范例，由键盘输入两个整数并求其平均值及总和。

【例3-12】scanf()函数的使用。

```
01  /*Exam3-12, 使用 scanf()函数*/
02  #include <stdio.h>
03  int main(void)
```

```
04   {
05       int a,b;
06       scanf("%d %d",&a,&b);                        /*由键盘输入两个数并赋给变量a, b*/
07       printf("a+b=%d\n",a+b);                       /*计算总和并输出内容*/
08       printf("(a+b)/2=%.1f\n",(float)(a+b)/2);     /*输出平均值*/
09       return 0;
10   }
/*Exam3-12 OUTPUT---
32
11
a+b=43
(a+b)/2=21.5
--------------------*/
```

在 scanf()函数中，%d 为输入格式，scanf()函数在处理"格式字符串"的过程中，遇到第一个特定的输入格式时，会把这个输入格式替换到变量 1 地址中的内容里；遇到第二个特定的输入格式时，会把第二个输入格式替换到变量 2 地址中的内容里，……，所以格式字符串里有几个输入格式，后面就应该有相同数目的变量地址。接下来学习如何使用 scanf()函数。

1. scanf()函数的使用

在 C 语言中，scanf()函数的使用频率是所有的输入函数里最高的，因为它可以接收各种不同形式的数据。举例来说，由键盘上输入一个整数 i，将整数的输入格式%d 以双引号包围后（"%d"），即成为格式字符串，等到数据输入后，再放到接收数据的变量地址中（&i），注意要在变量前加上一个地址运算符&，程序代码如下：

【例3-13】scanf()函数的使用。

```
01   /*Exam3-13, 使用 scanf()函数*/
02   #include <stdio.h>
03   int main(void)
04   {
05       int i;
06       scanf("%d",&i);          /*由键盘输入整数并赋给变量i*/
07       printf("i=%d\n",i);      /*输出 i 的内容*/
08       return 0;
09   }
/*Exam3-13 OUTPUT---
78
i=78
--------------------*/
```

在例 3-12、例 3-13 中，由于程序是由运行者编写的，所以知道运行程序时要输入整数，如果把同样的程序交由非编写者使用时，可能就会不知该如何是好，这就降低了程序的广泛适用性。下面这个程序，是根据例 3-12 所进行的修改。

【例3-14】例3-12程序的改进。

```
01   /*Exam3-14, 改进 Exam3-12*/
02   #include <stdio.h>
03   int main(void)
04   {
05       int a,b;
```

```
06      printf("Input 2 numbers to get the average and sum\n\n");
07      printf("First number:");
08      scanf("%d",&a);                    /*由键盘输入一个整数并赋给变量a*/
09      printf("Second number:");
10      scanf("%d",&b);                    /*由键盘输入一个整数并赋给变量b*/
11      printf("The sum is %d\n",a+b);   /*计算总和并输出内容*/
12      printf("The average is %.1f\n",(float)(a+b)/2);
13      return 0;
14  }
/*Exam3-14 OUTPUT----------------------
Input 2 numbers to get the average and sum
First number:17
Second number:22
The sum is 39
The average is 19.5
------------------------------------------*/
```

可以看到 scanf() 函数与 printf() 函数常常一起工作，因为 scanf() 函数并不能像 printf() 函数一样输出格式字符串的内容，所以当人们需要有提示字符串时，printf() 函数放在 scanf() 函数的前面，有了 printf() 函数，程序就可以较为友好地使用。

此外，scanf() 函数和 printf() 函数一样，并没有限制参数的个数，所以在格式字符串中，每个输入格式以空格或是逗号分开，即可将所有的数据一次性全部输入完毕。以空格分隔每个输入格式，在输入数据时，每个数据之间以"换行（【Enter】键）、跳格（【Tab】键）或空格键"作为分隔（字符类型%c例外，因为空格也算是一个字符）。若是在格式字符串中以逗号分隔每个输入格式时，在输入数据时也必须以逗号分开数据内容。以例 3-12 为例，只修改格式字符串，将原先输入格式的分隔字符空白改成逗号，程序如下所示。

【例3-15】使用逗号分隔。

```
01  /*Exam3-15，使用逗号分隔输入格式*/
02  #include <stdio.h>
03  int main(void)
04  {
05      int a,b;
06      scanf("%d,%d",&a,&b);            /*由键盘输入两个数并赋给变量a, b*/
07      printf("a+b=%d\n",a+b);          /*计算总和并输出内容*/
08      printf("(a+b)/2=%.1f\n",(float)(a+b)/2);
09      return 0;
10  }
/*Exam3-15 OUTPUT---
14,21
a+b=35
(a+b)/2=17.5
-----------------------*/
```

按照规定，在数据间以逗号分隔时，执行的结果就会如上面所预期的答案一样，若是一时忘记了，直接按【Enter】键（或是【Tab】键、空格键），就会发现第二项数据无法输入成功，而出现不可预期的答案（程序的执行如下所示）。

```
14                       /*输入 14 后按【Enter】键*/
a+b=4284690              /*由于第二项数据无法输入成功，而出现不可预期的答案*/
(a+b)/2=2142345.0
```

当然，也可以分开输入，如例 3-18 中的第 7 行~第 12 行，使用 printf()函数将提示字符串输出，再用 scanf()函数输入数据，一直重复到数据输入完成。scanf()函数所使用的输入格式和 printf()函数很像，表 3-5 中列出了 scanf()函数常用的输入格式，使用时可以选择合适的格式。

表 3-5　scanf()函数常用的输入格式

输入格式	输入语句	输入格式	输入语句
%c	字符	%p	指针
%d	十进制整数	%s	字符串
%e, %f, %g	浮点数	%u	无符号十进制整数
%E, %G	浮点数	%x, %X	十六进制整数
%o	八进制整数		

2. scanf()函数的使用方式

scanf()函数根据输入格式的不同而有不同的使用方式。在本节中将分别讨论 scanf()函数处理 %c、%d、%f 等输入格式的方法。

首先，来看%c 字符类型，不管输入的字符为何，%c 都会全部接收。要特别注意的是，在格式字符串中，若是%c 前面有空格时，%c 则会接收第一个非空白的字符。在下面两个程序中，分别使用"%c"及" %c"（%c 前面有一个空格）两种方式，执行程序时，先输入空格后再输入 R 字符，输出时输出字符及其 ASCII 值，可以比较一下执行结果的不同。例 3-16 为 scanf("%c",&ch)，%c 前面没有空格的程序。

【例3-16】输入字符。

```
01  /*Exam3-16, 输入字符*/
02  #include <stdio.h>
03  int main(void)
04  {
05    char ch;
06    printf("Input a character:");
07    scanf("%c",&ch);        /*由键盘输入字符并赋给变量 ch*/
08    printf("ch=%c,ASCII code is %d\n",ch,ch);
09    return 0;
10  }
/*Exam3-16 OUTPUT---
Input a character:   R
ch= ,ASCII code is 32
---------------------*/
```

在上面的程序中，空格键的 ASCII 值为 32，而 R 的 ASCII 为 82，由于%c 只能接收一个字符，若是%c 前面没有空格，则%c 会全部接收任何字符。

例 3-17 为 scanf(" %c",&ch)，%c 前面有空格的程序。

【例3-17】输入字符。

```
01  /*Exam3-17, 输入字符*/
02  #include <stdio.h>
03  int main(void)
04  {
05    char ch;
```

```
06     printf("Input a character:");
07     scanf(" %c",&ch);                    /*由键盘输入字符并赋给变量ch*/
08     printf("ch=%c,ASCII code is %d\n",ch,ch);
09     return 0;
10  }
/*Exam3-17 OUTPUT---
Input a character:  R
ch=R,ASCII code is 82
---------------------*/
```

可以看到，当%c前面有空格时，则%c会查找到第一个非空格的字符后再接收这个字符。

利用%d输入格式接收整数时，scanf()函数会找到第一个非空格的字符后，再一个字符一个字符地读进来，因为预期的数据类型为整型，正负符号（+、-）及数字字符即为合法的预期字符，读取的动作会持续到读进的字符是空格或是非法字符时，此时，scanf()函数会把这个非法的字符当作下一个数据类型的第一个字符。当读取整数的操作结束时，scanf()函数还得把这个数字字符串（含符号字符）转换成数值后，再放到所指定的变量地址中。

举例来说，在下面的程序中，先输入两个整数，再输入字符，接着将输入值输出，若是在程序执行时输入第一个数时，不小心输入了不合法的字符，可以观察一下执行的结果。

【例3-18】输入整数。

```
01  /*Exam3-18，输入整数*/
02  #include <stdio.h>
03  int main(void)
04  {
05     int a,b;
06     char ch;
07     printf("First integer:");
08     scanf("%d",&a);                      /*由键盘输入整数并赋给变量a*/
09     printf("Second integer:");
10     scanf("%d",&b);                      /*由键盘输入整数并赋给变量b*/
11     printf("Input a character:");
12     scanf("%c",&ch);                     /*由键盘输入字符并赋给变量ch*/
13     printf("\n\na=%d,b=%d\n",a,b);       /*输出a，b的内容*/
14     printf("ch=%c\n",ch);                /*输出字符ch的内容*/
15     return 0;
16  }
/*Exam3-18 OUTPUT--------------
First integer:159j14
Second integer:Input a character:
a=159,b=65536
ch=j
-----------------------------*/
```

程序解析

（1）当scanf()函数读到非法字符 j 时就停止读取的动作，而把 j 当成下一项数据的第一个字符。当不小心输入了非法的字符，若是后面仍有其他的数据要输入时，会发现 scanf()函数会以为用户都输入完毕而无法继续进行输入，直接把剩余的数据赋给其他变量。

（2）此例中，整型变量 a 所接收到的值为非法字符之前的数值 159，整型变量 b 无法接收到任何数据，输出的结果会是在这个变量地址中残留的数据。而字符变量 ch 自然接受了这个非法的字符 j。

如果输入的第一个非空格符就是非法字符时，结果会是什么？scanf()函数会停止输入，原先预定接收这个数值的整型变量无法接收任何的数据。若是程序中有其他可以接收字符类型的变量时，这个非法字符就会被字符变量接收；若是程序中没有再次使用到 scanf()函数，则这个非法字符就永远不会被任何字符变量接收。再以下面的程序为例，输入一个整数及字符，再将输入值输出。若是在程序执行时输入一个数值，却不小心输入了非法的字符 j 后，用户可以观察一下运行的结果。

【例3-19】输入错误的整数。

```
01   /*Exam3-19，输入错误的整数*/
02   #include <stdio.h>
03   int main(void)
04   {
05     int a;
06     char ch;
07     printf("Input an integer:");
08     scanf("%d",&a);                    /*由键盘输入整数并赋给变量a*/
09     printf("Input a character:");
10     scanf("%c",&ch);                   /*由键盘输入字符并赋给变量ch*/
11     printf("a=%d,ch=%c\n",a,ch);       /*输出 a，ch 的内容*/
12     return 0;
13   }
/*Exam3-19 OUTPUT-------------
Input an integer:j
Input a character:a=575,ch=j
--------------------------------*/
```

当 scanf()函数读到非法字符 j 时就停止读取的动作，并把 j 当成下一项数据的第一个字符。当用户不小心输入了不合法的字符，若是程序后面仍有其他数据要输入时，会发现 scanf()函数会以为已输入完毕而不让进行输入，直接把 j 赋给字符变量后，再执行其他语句（此例为输入输出值），若是将想要接收数值数据的整型变量内容输出，可以看到输出整型变量时，因为变量没有接收到正确的值，而输出原来的在这个变量地址中残留的数据。

此外，当格式字符串中的输入格式不止一个，当 scanf()函数读到非法字符时，就会停止这个函数中其他未读取的操作，若是将所接收的变量值输出，就会是原先残留在这个变量地址中的数据，如下面的程序及结果所示。

【例3-20】输入错误的整数。

```
01   /*Exam3-20，输入错误的整数*/
02   #include <stdio.h>
03   int main(void)
04   {
05     int a;
06     char ch;
07     printf("Input integer and character:");
08     scanf("%d %c",&a,&ch);
09     printf("a=%d,ch=%c\n",a,ch);    /*输出 a，ch 的内容*/
10     return 0;
11   }
/*Exam3-20 OUTPUT-------------
Input integer and character:j
```

```
a=575,ch=
--------------------------------*/
```

至于其他数值类型的使用方式大致是相同的，不同的是，每种输入格式对于合法字符的定义不同，如%f 可以输入小数点，%e 则可以输入小数点及指数 e 等。

3．字符串的输入

字符串（String）是由两个以上的字符所组成。字符串赋值给变量之前，必须先定义字符数组给字符串变量，其格式如下：

char 字符串变量[字符串长度];

当输入格式为%s 时，scanf()函数会找到第一个非空格的字符后，再一个字符一个字符地读进来，直到下一个空格为止，也就是说，使用%s 格式输入字符串时，这个字符串中不能有空格符。由于 scanf()函数并不会检查所输入的字符串长度是否小于所定义的字符串长度，所以若是超过所定义的字符串长度时，就会发生不可预期的错误，在使用上要特别注意。

举一个简单的范例来说明如何在程序中输入字符串，再将该字符串输出。

【例3-21】输入字符串。

```
01  /*Exam3-21，输入字符串*/
02  #include <stdio.h>
03  int main(void)
04  {
05     char name[10];
06     printf("What's your name:");
07     scanf("%s",name);                   /*输入姓名，并赋给变量 name*/
08     printf("Hi,%s,How are you?\n",name);   /*输出字符串*/
09     return 0;
10  }
/*Exam3-21 OUTPUT---
What's your name:Alice
Hi,Alice,How are you?
-----------------------*/
```

利用%s 读取字符串时还有一个问题，当输入完字符串内容并按【Enter】键后，若是后面再接着输入一个字符时，会发现这个字符并没有被输入到程序中就跳到下一个步骤了。在下面的程序中，分别输入姓名（字符串）及成绩（字符），观察输出结果。

【例3-22】输入字符串。

```
01  /*Exam3-22，输入字符串*/
02  #include <stdio.h>
03  int main(void)
04  {
05     char name[10],grade;
06     printf("name:");
07     scanf("%s",name);                 /*输入姓名，并赋给变量 name*/
08     printf("grade:");
09     scanf("%c",&grade);               /*输入成绩，并赋给变量 grade*/
10     printf("\n\nname=%s\n",name);     /*输出 name，grade 的内容*/
11     printf("garde=%c",grade);
12     return 0;
13  }
```

```
/*Exam3-22 OUTPUT----
name:david
grade:
name=david
grade=
--------------------*/
```

这种情况就是%c前面有没有空格的问题，解决的方法有两种。最简单的方法是在%c前面加上空格，下面的程序就是将例3-22第9行的%c前面加上空格。

【例3-23】输入字符串。

```
01  /*Exam3-23，输入字符串*/
02  #include <stdio.h>
03  int main(void)
04  {
05      char name[10],grade;
06      printf("name:");
07      scanf("%s",name);              /*输入姓名，并赋给变量name*/
08      printf("grade:");
09      scanf(" %c",&grade);           /*输入成绩，并赋给变量grade*/
10      printf("\n\nname=%s\n",name);
11      printf("grade=%c\n",grade);
12      return 0;
13  }
/*Exam3-23 OUTPUT---
name:david
grade:B
name=david
garde=B
--------------------*/
```

除此之外，也可以使用gets()函数来输入一个字符串。一般说来，较常利用gets()函数输入一个字符串，因为它在使用上比scanf更为简洁，且不容易出错。

3.3.3 getchar()与putchar()函数

利用getchar()函数可以从键盘上输入一个字符，输入的字符就会立即显示出来，并且当按【Enter】键后，这个字符才会被变量接收。若同时输入数个字符，getchar()函数会把第一个读取的字符放到指定的变量中，若是程序中有使用到其他getchar()函数，这些剩余的字符则会被其他getchar()函数陆续传送到其指定的变量中。getchar()函数的格式如下：

```
ch=getchar();
```

getchar()这个函数并不难记，它是get(获得)与character(字符)的组合。虽然函数名称getchar后面有"()"（这是函数规定的用法），但是使用getchar()函数时，并不需要传递参数到函数中，所以括号中没有参数，只要指定一个可以接收这个字符的变量即可。

若要将字符变量的内容输出在屏幕上，可以使用先前介绍过的printf()函数，也可以利用putchar()函数。putchar()函数会把字符变量、常量等当成参数，传递到函数后再输出，putchar()函数的格式如下：

```
putchar(ch);
```

下面的例子说明了getchar()函数及putchar()函数的使用方法。

【例3-24】用getchar()输入字符。

```
01  /*Exam3-24, 用 getchar()输入字符 */
02  #include <stdio.h>
03  int main(void)
04  {
05      char ch;
06      printf("Input a character:");
07      ch=getchar();              /*输入一个字符,并赋给变量 ch*/
08      printf("The character you input is ");
09      putchar(ch);
10      return 0;
11  }
/*Exam3-24 OUTPUT---------
Input a character:n
The character you input is n
----------------------------*/
```

可以发现,使用 getchar()函数和 putchar()函数时,也与 scanf()函数一样,都会使用到 printf() 函数。所以当需要给用户提示输入字符串时,就必须使用 printf()函数。

小　　结

本章首先介绍了程序设计的基础和简单的算法理论,然后重点讲解了 C 语言输入和输出操作是由函数 printf()、putchar()、scanf()、getchar()来实现的。

C 语言的格式输入/输出的规定比较烦琐,使用不对就得不到预期的结果,而输入/输出又是最基本的操作,几乎每一个程序都包含输入/输出,不少读者由于掌握不好而浪费了大量的调试程序的时间。虽然上面进行了比较仔细的介绍,但是在学习本书时不必花费许多精力去钻研每个细节,重点掌握最常用的一些使用规则即可,建议这章学习时以自己多上机练习为宜。

实验　顺序结构程序设计

一、实验目的

本章的实验目的是为了综合运用“程序设计的方法、输入/输出函数”的知识点而设定的。考查顺序结构程序设计的方法。输入函数和输出函数的基本使用技能,要求能够独立完成并输出正确的程序结果,同时能够处理程序编译时出现的错误和警告。

二、实验内容

1. 改错题

（1）下列程序的功能为：用 getchar()函数读入两个字符给 c1 和 c2,然后分别用 putchar()函数和 printf()函数输出这两个字符。纠正程序中存在的错误,使程序实现其功能。

```
#include <stdio.h>
main()
{  char c1,c2;
   c1=getchar;
```

```
   c2=getchar;
   putchar(c1);
   printf("%c",c2);
}
```

（2）下列程序的功能为：输入一个华氏温度 f，输出摄氏温度。公式为：c=5/9(f-32)，输出取两位小数。纠正程序中存在的错误，使程序实现其功能。

```
#include <stdio.h>
main()
{  float c,f;
   printf("Please Input f:\n");
   scanf("%f",f);
   c==(5/9)*(f-32);
   printf("C=%5.2f\n"c);
}
```

2. 程序填空题

（1）下列程序的功能是：按要求的格式输入 x 与 y 的值，按要求的格式输出 x 与 y 的和。填写完整程序，使程序实现其功能。

输入形式：enter x,y:2 3 4

要求输出：x+y=5.4

```
#include <stdio.h>
main()
{  int x;
   float y;
   printf("enter x,y:");
   _____
   _____
   _____ }
```

（2）下面程序的功能是：设圆半径 r=3.5，圆柱体 h=5，求圆球表面积、圆球体积、圆柱体积。用 scanf 输入数据 r 和 h，输出计算结果，取小数点后两位数字。填写完整程序，使程序实现其功能（圆球表面积 $sq=4\pi r^2$，圆球体积 $vq=4/3\pi r^3$，圆柱体积 $vz=\pi hr^2$）。

```
#include <stdio.h>
main()
{ float pi,h,r,sq,vq,vz;
   pi=3.1415926;
   printf("please input r,h:\n");
   _____;
   sq=_____;
   vq=_____;
   vz=_____;
   printf("r=_____);
   printf("h= _____);
   printf("sq= _____);
   printf("vq= _____);
   printf("vz= _____);
}
```

3. 编程题

（1）编写程序，试计算某人考试的总分和平均分（如已知物理、数学、化学、英语成绩）。

（2）若 a=1,b=2,x=1.2,y=2.1,n=128 765,c1='a'，想得到以下的输出格式和结果，请写出程序（包括定义变量类型和输出）。

三、实验评价

完成表 3-6 所示的实验评价表的填写。

表 3-6　实验评价表

能力分类	内　　　　容		评　　价				
	学习目标	评 价 项 目	5	4	3	2	1
职业能力	字符输入/输出函数的使用	掌握 getchar()和 putchar()函数的格式与功能					
		掌握 getchar()和 putchar()函数的使用方法					
	能掌握数据的基本输入/输出函数	设计顺序结构程序					
通用能力	阅读能力						
	设计能力						
	调试能力						
	沟通能力						
	相互合作能力						
	解决问题能力						
	自主学习能力						
	创新能力						
综合评价							

习　　题

一、选择题

1. 有以下程序段

```
char name[20];int num;
scanf("name=%s num=%d,"name,&num);
```

当执行上述程序段，并从键盘输入：name=Lili num=1001，并按【Enter】后，name 的值为（　　）。

  A. Lili   B. name='Lili C. Lili num=   D.name=Lili num=1001

2. 有以下程序

```
#include<stdio.h>
main()
{ char s[]="rstuv";
  printf("%c \n",*s+2);
}
```

程序运行后的输出结果是（　　）。

  A. tuv   B. 字符 t 的 ASCII 码值

  C. t   D. 出错

3. 有以下程序

```
#include<stdio.h>
#include <string.h>
main()
{ char x[]="STRING;
  x[0]=0;x[1]='\0';x[2]='0';
  printf("%d %d\n",sizeof(x),strlen(x));
}
```

程序运行后的输出结果时（　　）。

  A. 6 1   B. 7 0   C. 6 3   D. 7 1

4. 有以下程序

```c
#include<stdio.h>
#include <string.h>
main()
{ int *a,*b,*c;
  a=b=c=(int *)malloc(sizeof(int));
  *a=1;*b=2;*c=3;
  a=b;
  printf("%d,%d,%d\n"*a,*b,*c);
}
```

运行后的输出结果是（　　　）。

  A. 3,3,3   B. 2,2,3   C. 1,2,3   D. 1,1,3

5. 有以下程序

```c
#include<stdio.h>
main()
{ short  c=124;
  c=c_____;
  printf("%d\n",c);
}
```

若要使程序的运行结果为 248，应在下画线处填入的是（　　　）。

  A. >>2   B. |248   C. &0248   D. <<1

6. 有以下定义和语句

```c
#include<stdio.h>
main()
{ int s,t,a=10;double b=6;
  s=sizeof(a);t=sizeof(b);
  printf("%d,%d\n",s,t);
}
```

在 VC++6.0 平台上编译运行，程序运行后的输出结果是（　　　）。

  A. 3,4   B. 4,4   C. 4,8   D. 10,6

7. 有以下程序

```c
#include<stdio.h>
main()
{ char a,b,c,d;
  scanf(%c%c,&a,&b);
  c=getchar();d=getchar();
  printf("%c%c%c%c\n",a,b,c,d);
}
```

当执行程序时，按下列方式输入数据（从第一列开始，<CR>代表按【Enter】键，注意：回车是一个字符）

```
12<CR>
34<CR>
```

则输出结果是（　　　）。

  A. 1234   B. 12   C. 12   D. 12
                                 3   34

8. 若 a 是数值类型，则逻辑表达式(a==1)||(a!=1)的值是（　　　）。

  A. 1   B. 0   C. 2   D. 不能确定

9. 有以下程序，其中 k 的初值为八进制数

```
#include <stdio.h>
main()
{ int k=011;
  printf("%d\n",k++);
}
```

程序运行后的输出结果是（　　）。

    A. 12　　　　　　　B. 11　　　　　　　C. 10　　　　　　　D. 9

10. 有以下程序

```
#include <stdio.h>
main()
{ int a=2,b=2,c=2;
  printf("%d\n"a/b&c);
}
```

程序运行后的结果是（　　）。

    A. 0　　　　　　　B. 1　　　　　　　C. 2　　　　　　　D. 3

二、填空题

1. 以下程序运行后的输出结果是_____。

```
#include <stdio.h>
main()
{ int x=20;
  printf("%d",0<x<20);
  printf("%d\n",0<x&&x<20);
}
```

2. 有以下程序

```
#include <stdio.h>
main()
{ char a[20]="How are you?",b[20];
  scanf("%s",b);printf("%s %s\n",a,b);
}
```

程序运行时从键盘输入：How are you?<回车>

则输出结果为_____。

3. 表达式(int)((double)(5/2)+2.5)的值是_____。

4. 若变量 x,y 已定义为 int 类型且 x 的值为 99，y 的值为 9，请将输出语句

printf (_____,x/y);

补充完整，使其输出的计算结果形式为：x/y=11。

5. 若整型变量 a 和 b 中的值分别为 7 和 9，要求按以下格式输出 a 和 b 的值：

a=7

b=9

请完成输出语句：printf("_____",a,b);

第4章

选择结构程序设计

C 语言是一种结构化的程序设计语言，选择结构是其三种基本结构之一，必须牢固掌握。在大多数结构化程序设计问题中读者都将会遇到选择问题，因此熟练运用选择结构进行程序设计是人们必须具备的能力。

4.1 选 择 结 构

选择结构是根据条件的成立与否，再决定要执行哪些语句的结构。如在第 2 章中曾经简单介绍过的 if 语句，就是一种典型的选择结构，其流程图如图 4-1 所示。

这种结构可以依据条件判断的结果，来决定执行的语句。当条件判断的值为真时，则执行"语句 1"；条件判断的值为假时，则执行"语句 2"，不论执行哪一个语句，最后都会再回到"语句 3"继续执行。举例来说，在程序中输入两个整数 a 及 b，如果 a 大于 b，在屏幕上输出计算 a-b 的结果；无论 a 是否大于 b，最后均输出 a*b 的值，程序的流程图如图 4-2 所示。

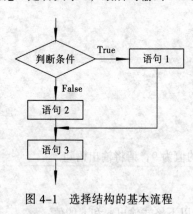

图 4-1 选择结构的基本流程

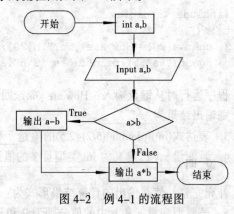

图 4-2 例 4-1 的流程图

【例4-1】选择结构。

```
01  /*Exam4-1,选择结构*/
02  #include <stdio.h>
03  int main(void)
04  {
05      int a,b;
06      printf("first number:");              /*输入两个整数a, b*/
07      scanf("%d",&a);
```

```
08     printf("second number:");
09     scanf("%d",&b);
10     if(a>b)
11        printf("a-b=%d\n",a-b);          /*a>b 时计算并输出结果*/
12     printf("a*b=%d\n",a*b);             /*计算并输出结果*/
13     return 0;
14  }
/*Exam4-1 OUTPUT 当 a>b 时 ---
first number:6
second number:5
a-b=1
a*b=30
-----------------------------*/
/*Exam4-1 OUTPUT 当 a<=b 时 ---
first number:3
second number:8
a*b=24
-----------------------------*/
```

在 C 程序中通常需要用关系和逻辑运算符来构成条件判断表达式。再举一个简单的例子。

【例4-2】求三个数中的最大值。

程序如下：

```
01  Main()
02  {
03     float  x,y,z,max;
04     scanf("%f%f%f",&x,&y,&z);
05     max=x>y?x:y;
06     max=z>max?z:max;
07     printf("max=%.2f  \n",max);
08  }
```

程序解析

（1）将三个数存于 x,y,z 变量中，其中的最大数用 max 标识。通过比较输出最大值。由于一次只能比较两个数，三个数比较大小应比较两次。

（2）第一次：x 和 y 比较，把其中的大数送入 max 变量中。

（3）第二次：z 和 max 比较，将大数送入 max。此时，max 中将是三个数中的最大数。

运行时输入：10 20 30

输出：max=30.00

说 明

（1）条件表达式用法小结：

① 条件表达式的值可以用在复制语句中，如上例。

② 可以是条件表达式加分号构成 C 语句的方式。

③ 可以用在 printf() 中使用，如 "printf("%f",x>y?x:y);"。

（2）条件运算符可以实现简单的选择作用。

4.2 if 语句

当人们想要根据判断的结果来执行不同的语句时，if 语句会是一个很实用的选择，它先测试判断条件的值，再决定是否要执行后面的语句，if 语句的格式如下：

```
if(判断条件)
    语句;
```

若在 if 语句主体中要处理的语句不止一个，或者要使 if 语句更为清楚时，可以用花括号将所有的语句包围，格式如下：

```
if(判断条件)
{
    输出语句 1;
        语句 2;
            ⋮
        语句 n;
}
```

所以，当判断条件的值不为 0 时，就会逐一执行花括号里面所包含的语句，if 语句的流程图如图 4-3 所示。

举例来说，输入两个整数，利用 if 语句，判断当 a>b 时输出 a+b 及 a-b 的值，无论判断条件是否成立，都输出 a*b 的结果，图 4-4 为例 4-3 的流程图。

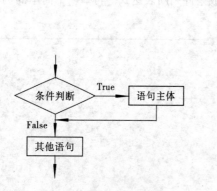

图 4-3　if 语句的流程图

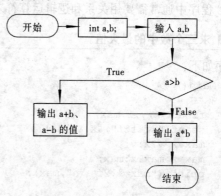

图 4-4　例 4-3 的流程图

【例4-3】选择结构 if 语句一。

```
01  /*Exam4-3,选择结构 if 语句一*/
02  #include <stdio.h>
03  int main(void)
04  {
05      int a,b;
06      printf("first number:");        /*输入两个整数 a, b*/
07      scanf("%d",&a);
08      printf("second number:");
09      scanf("%d",&b);
10      if(a>b)
11      {
12          printf("a+b=%d\n",a+b);      /*a>b 时计算并输出结果*/
13          printf("a-b=%d\n",a-b);
14      }
15      printf("a*b=%d\n",a*b);          /*计算并输出结果*/
16      return 0;
17  }
/*Exam4-3 OUTPUT---
first number:6
```

```
second number:3
a+b=9
a-b=3
a*b=18
---------------------*/
```

程序解析

（1）程序第 10 行～第 14 行，当 if 语句的判断条件成立（a>b）时，即执行语句主体（第 12、第 13 行），因语句主体超过两个语句，所以必须要用花括号包围起来。

（2）程序第 15 行，无论 if 语句主体是否执行，都会执行输出 a*b 的结果。

若要在判断条件不成立时执行其他的操作时，可以如同下面的程序一样，利用 if 语句重复判断 a 与 b 的大小，再来做不同的事情。图 4-5 为例 4-4 的流程图。

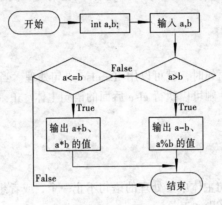

图 4-5　例 4-4 的流程图

【例4-4】选择结构if语句二。

```
01  /*Exam4-4，选择结构if语句二*/
02  #include <stdio.h>
03  int main(void)
04  {
05    int a,b;
06    printf("first number:");            /*输入两个整数a，b*/
07    scanf("%d",&a);
08    printf("second number:");
09    scanf("%d",&b);
10    if(a>b)
11    {
12      printf("a-b=%d\n",a-b);           /*a>b时计算并输出结果*/
13      printf("a%%b=%d\n",a%b);
14    }
15    if(a<=b)
16    {
17      printf("a+b=%d\n",a+b);           /*a<=b时计算并输出结果*/
18      printf("a*b=%d\n",a*b);
19    }
20    return 0;
21  }
/*Exam4-4 OUTPUT---
first number:12
```

```
second number:5
a-b=7
a%b=2
--------------------*/
```

虽然可以使用这种方式测试判断条件的值，但是一直不断地重复类似的工作，似乎又有些烦琐，C语言提供了不止一种的选择结构，从这些选择结构中可以找到最适合的语句。

4.3 其 他 选 择

选择结构中除了 if 语句之外，还有 if...else 语句。在 if 语句中如果判断条件成立，即可执行语句主体内的语句，若想在判断条件不成立时，执行其他语句，使用 if...else 语句就可以节省重复判断的时间。

4.3.1 if...else 语句

当程序中有选择的判断语句时，就可以用 if...else 语句处理。当判断条件成立，即执行 if 语句主体，判断条件不成立时，则可以执行 else 后面的语句主体。if...else 语句的格式如下：

```
if(判断条件)
    语句;
else
    语句;
```

若是在 if 语句或 else 语句主体中要处理的语句不止一个，或者想让语句更为清楚时，可以用花括号将所有的语句包围。格式如下：

```
if(判断条件)
{
    语句主体1;
}
else
{
    语句主体2;
}
```

if...else 语句的流程图如图 4-6 所示。

因此，例 4-4 的程序也可以用 if...else 语句完成，在例 4-5 中对它进行适当更改，并绘制出流程，如图 4-7 所示。

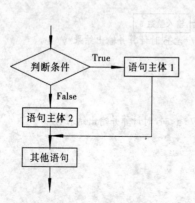

图 4-6 if...else 语句的基本流程

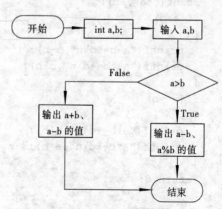

图 4-7 例 4-5 的流程图

【例4-5】选择结构if语句三。

```
01  /*Exam4-5，选择结构if语句三*/
02  #include <stdio.h>
03  int main(void)
04  {
05    int a,b;
06    printf("first number:");        /*输入两个整数a, b*/
07    scanf("%d",&a);
08    printf("second number:");
09    scanf("%d",&b);
10    if(a>b)
11    {
12      printf("a-b=%d\n",a-b);        /*a>b时计算并输出结果*/
13      printf("a%%b=%d\n",a%b);
14    }
15    else
16    {
17      printf("a+b=%d\n",a+b);        /*a<=b时计算并输出结果*/
18      printf("a*b=%d\n",a*b);
19    }
20    return 0;
21  }
/*Exam4-5 OUTPUT---
first number:10
second number:3
a-b=7
a%b=1
--------------------*/
```

程序解析

（1）程序第 10 行～第 19 行为 if...else 语句。当 a>b，执行 if 语句主体（程序第 12 行、第 13 行），输出 a-b 及 a%b 的值；否则执行 else 语句主体（程序第 17、第 18 行），输出 a+b 及 a*b 的值。

（2）利用 if...else 语句，在执行速度上，会比重复使用 if 语句快些，因为在同样的情况下（如例 4-4 及例 4-5），if...else 只需要判断一次，而 if 语句则必须要测试判断条件两次。

再举一个简单的例子，输入一个整数 a，判断 a 是奇数还是偶数，再将判断的结果输出，流程图如图 4-8 所示。

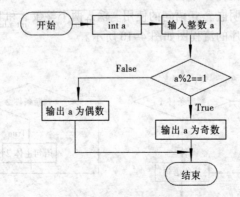

图 4-8　例 4-6 的流程图

【例4-6】if...else语句。

```
01  /*Exam4-6, if...else语句*/
02  #include <stdio.h>
03  int main(void)
04  {
05    int a;
06    printf("Input a number:");              /*输入整数a*/
07    scanf("%d",&a);
08    if(a%2==1)
09      printf("%d is a odd number\n",a);     /*输出a为奇数*/
10    else
11      printf("%d is a even number\n",a);    /*输出a为偶数*/
12    return 0;
13  }
/*Exam4-6 OUTPUT---
Input a number:5
5 is a odd number
--------------------*/
```

程序解析

（1）程序第8行～第11行为if...else语句。在第8行中，if的判断条件为a%2==1，当a除以2取余数，若得到的结果为1，表示a为奇数，若a除以2取余数为0，则a为偶数。

（2）当a除以2取余数的结果为1时，即执行第9行的语句，输出a为奇数；否则执行程序第11行，输出a为偶数。

4.3.2 嵌套if语句

当if语句主体中又包含了if语句时，就称这个语句为嵌套if（Nested if）语句，其格式如下：

```
if(条件判断1)
{
    if(条件判断2)
    {
        语句主体2;
    }
        ⋮
        其他语句;
}
```

嵌套if语句可以用流程图4-9来表示。

举一个简单的例子来说明嵌套if语句的使用。输入两个整数a和b，根据a和b的值，来决定输出不同的计算结果，程序的流程图如图4-10所示。

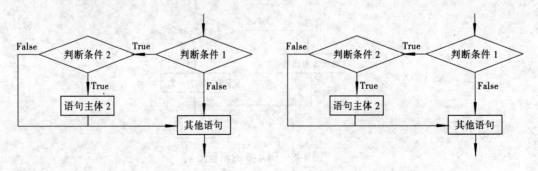

图4-9　嵌套if语句的基本流程　　　　　图4-10　例4-7的流程图

【例4-7】嵌套if语句。

```
01  /*Exam4-7，嵌套if语句*/
02  #include <stdio.h>
03  int main(void)
04  {
05    int a,b;
06    printf("First number(a):");          /*输入两个整数a，b*/
07    scanf("%d",&a);
08    printf("Second number(b):");
09    scanf("%d",&b);
10    if(a>0)
11      if(b>0)
12        printf("a-b=%d\n",a-b);           /*输出a-b的结果*/
13      else
14        printf("a+b=%d\n",a+b);           /*输出a+b的结果*/
15    return 0;
16  }
/*Exam4-7 OUTPUT---
First number(a):8
Second number(b):-2
a+b=6
--------------------*/
```

程序解析

（1）程序第10行～第14行为嵌套if语句。第10行的if语句判断条件a>0成立时，才会执行第11行的if…else语句；若判断条件a>0不成立，即离开if语句，继续执行其他的语句（在此例中会结束程序的执行）。

（2）当第10行的if语句判断条件a>0成立时，第11行的if语句才会开始测试其判断条件是否成立，若b>0，输出a-b的结果；否则输出a+b的结果。

4.3.3 if…else if 语句

if语句在else语句主体中紧接着else出现，为了简化if语句，可以将else及下一个if语句合写在一起，其格式如下：

```
if(判断条件)
{
    语句主体1;
}
else if(判断条件)
{
    语句主体2;
}
```

if…else if语句可以用流程图4-11表示。

举一个简单的例子来说明else if语句的使用。根据所输入的成绩判断等级：80分以上为A，70～79分为B，60～69分为C，59分以下就不及格了，其流程图如图4-12所示程序代码如下。

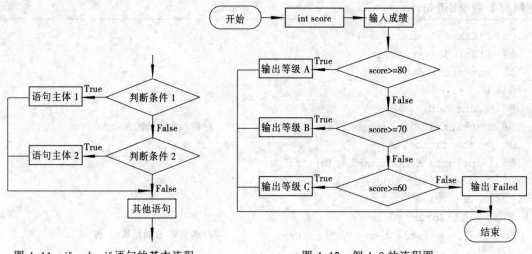

图 4-11 if...else if 语句的基本流程   图 4-12 例 4-8 的流程图

【例4-8】if...else if语句。

```
01  /*Exam4-8, if...else if 语句*/
02  #include <stdio.h>
03  int main(void)
04  {
05     int score;
06     printf("Your score:");              /*输入成绩 score*/
07     scanf("%d",&score);
08     if(score>=80)
09        printf("%d is A\n",score);        /*输出 A*/
10     else if(score>=70)
11           printf("%d is B\n",score);    /*输出 B*/
12     else if(score>=60)
13           printf("%d is C\n",score);    /*输出 C*/
14     else
15           printf("Failed!!\n");          /*输出字符串*/
16     return 0;
17  }
/*Exam4-8 OUTPUT---
Your score:58
Failed!!
----------------------*/
```

程序解析

（1）当输入的成绩符合某一个判断条件时，即会执行其后的语句，离开嵌套 if...else 语句。

（2）程序第 10 行～第 13 行为嵌套 else if 语句。以输入成绩（变量名称为 score）58 分为例，第 8 行的 if 判断条件为 score>=80，判断条件的结果不成立，即执行第 10 行的 else if 语句，判断条件 score>=70 的结果仍不成立，执行第 12 行的 else if 语句，判断条件 score>=60 的结果不成立，执行第 14 行的 else 语句，输出 Failed!!字符串。

由上面的程序可以发现，程序的缩进在这种嵌套结构中非常重要，它可以帮助人们容易看清楚程序中不同的层次，在维护上也就比较简单，而程序员在编写程序时也不容易混淆，因此平常在编写程序时就要养成缩进的好习惯。

4.3.4 if 与 else 的配对问题

在例 4-8 中,可以看到许多的 if 与 else,else 怎么知道它该和哪一个 if 配对呢?除非某个 if 语句用了花括号将所有语句主体包围起来,否则,else 会去找一个与它最接近的上一个 if 配成一对。将例 4-8 的程序摘取一部分下来,方便阅读,可以看到图 4-13 中,else 和它所属的 if 语句配对的情况,在程序缩进时,可以将同一层次的 if 与 else 语句排在同一行,就不会配错对。

```
 ┌if(score>=80)
 │    printf("%d is A\n",score);
 └else┌if(score>=70)
      │    printf("%d is B\n",score);
      └else┌if(score>=60)
           │    printf("%d is C\n",score);
           └else
                printf("Failed!!\n");
```

图 4-13 if 与 else 的配对

以例 4-7 和例 4-8 为例,程序编写的内容大致相同,但是在 if 语句中加上花括号分隔 else 语句后,执行的结果就会不同。例 4-7 和例 4-8 都是输入两个整数,在程序中判断 a 与 b 的值,再根据不同的判断结果输出不同的计算结果。

【例4-9】嵌套if...else语句一。

```
01  /*Exam4-9,嵌套if...else 语句一*/
02  #include <stdio.h>
03  int main(void)
04  {
05      int a,b;
06      printf("First number:");            /*输入两个整数a, b*/
07      scanf("%d",&a);
08      printf("Second number:");
09      scanf("%d",&b);
10      if(a>b)
11        if(a-b>6)
12          printf("%d%%%d=%d\n",a,b,a%b);/*输出 a%b*/
13        else
14          printf("%d*%d=%d\n",a,b,a*b); /*输出 a*b*/
15      return 0;
16  }
/*Exam4-9 OUTPUT---
First number:5
Second number:9
---------------------*/
```

程序解析

(1)程序第 10 行~第 14 行为 if 语句。当第 10 行 if 语句的判断条件 a>b 成立,即会执行第 11 行~第 14 行的 if...else 语句,若是第 10 行 if 语句的判断条件 a>b 不成立,则结束 if 语句,继续执行下一个语句。

(2)第 11 行~第 14 行的 if...else 语句中,else 会与离它最近的上一个 if 语句配对,所以当 a-b>6 成立时,即会执行第 12 行的语句:输出 a%b 的值;当 a-b>6 不成立时,即会执行第 14 行的语句:输出 a*b 的值。

接下来,再看看例 4-10。

【例4-10】嵌套if...else语句二。

```
01  /*Exam4-10，嵌套if...else语句二*/
02  #include <stdio.h>
03  int main(void)
04  {
05      int a,b;
06      printf("First number:");              /*输入两个整数a，b*/
07      scanf("%d",&a);
08      printf("Second number:");
09      scanf("%d",&b);
10      if (a>b)
11      {
12          if (a-b>6)
13              printf("%d%%%d=%d\n",a,b,a%b);/* 输出a%b */
14      }
15      else
16          printf("%d*%d=%d\n",a,b,a*b); /* 输出a*b */
17      return 0;
18  }
/*Exam4-10 OUTPUT---
First number:5
Second number:9
5*9=45
---------------------*/
```

程序解析

（1）程序第10行～第16行为if...else输出语句。当第10行if语句的判断条件a>b成立，即会执行第11行～第14行的if语句，若是第10行if语句的判断条件a>b不成立，即会执行第16行的语句：输出a*b的值。

（2）第11行～第14行的if语句中，有花括号包围起来，是第一个if语句的主体，所以else会与离它最近的上一个if语句配对（第10行中的if），因此当a-b>6成立时，即会执行第13行的语句：输出a%b的值；当a-b>6不成立时，即会离开if语句，继续执行下一个语句。

虽然程序编写的内容都相同，但由于else配对的if不同，会有不同的结果，在例4-10中，虽然在第15行中的else语句使用缩进，但是编译程序并不会理会这些空白，所以人们在使用缩进的时候要用对地方，否则这些缩进也只是混淆人们阅读程序的视线。

4.4 条件运算符

有一种条件运算符可以代替if...else语句，即条件运算符，如表4-1所示。

表4-1 条件运算符

条件运算符	意　　　　义
?:	根据条件的成立与否，来决定结果为?或:后的表达式

使用条件运算符时，操作数有三个，分别在两个运算符"?"及":"之间，格式如下：

条件判断 ？ 表达式1 ： 表达式2

将上面的格式以if语句解释，就是当条件成立时执行表达式1，否则执行表达式2。通常人们会将这两个表达式之一的运算结果赋值给某个变量，也就相当于下面的if...else语句。

```
if(条件判断)
    变量x=表达式1;
else
    变量x=表达式2;
```

接下来，试着练习用条件运算符编写程序。根据所输入的数求出最大值及最小值，程序的流程图如图 4-14 所示。

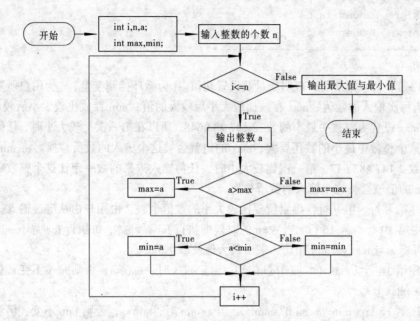

图 4-14　例 4-11 的流程图

【例4-11】条件运算符?:的使用。

```
01  /*Exam4-11,条件运算符?:的使用*/
02  #include <stdio.h>
03  int main(void)
04  {
05    int i,n,a,max,min;
06    max=-2147483648;
07    min=2147483647;
08    printf("How many numbers do you want to input: ");
09    scanf("%d",&n);
10    for(i=1;i<=n;i++)
11    {
12      printf("Input number %d: ",i);   /*输入整数*/
13      scanf("%d",&a);
14      max=(a>max)?a:max;   /*a>max 时, max=a, 否则 max=max*/
15      min=(a<min)?a:min;   /*a<min 时, min=a, 否则 min=min*/
16    }
17    printf("The maximum number is %d\n",max);
18    printf("The minimum number is %d\n",min);
19    return 0;
20  }
```

```
/*Exam4-11 OUTPUT-------------------
How many numbers do you want input:4
Input number 1:5
Input number 2:9
Input number 3:54
Input number 4:22
The maximum number is 54
The minimum number is 5
------------------------------------*/
```

程序解析

（1）程序第5行～第7行，声明变量及设置初值。i为循环控制变量；n为用户所要输入数值的个数；a为每次输入的数值；max存放比较大小后较大的值；min存放比较大小后较小的值。

（2）将max设置为整数中最小的数–2 147 483 648，所以在第一次比较大小时，任何输入进来的数一定比这个整数中最小的数还要大，max的值就会被这个输入的数所替换。将min设置为整数中最大的数2 147 483 647，第一次比较大小时，任何输入进来的数一定比这个整数中最大的数还要小，min的值就会被这个输入的数所替换。

（3）程序第8行～第9行，确定所要比较大小的数值个数，由用户由从键盘输入。

（4）程序第10行～第16行，当i<=n的时候即执行for循环体，每执行for循环一次即输入一个整数a，再将a与max及min相比，求出最大值及最小值。

（5）程序第14行（max=(a>max)?a:max; ），当a>max时，max=a；否则max不变，仍然保持最大的数（max=max）。

（6）程序第15行（min=(a<min)?a:min; ），当a<min时，min=a；否则min不变，仍然保持最小的数（min=min）。

（7）第17行～第18行，离开for循环后输出最大值及最小值。

可以看出，使用条件运算符编写程序时较为简洁，它可以仅用一个语句替代一长串的if…else语句，所以条件运算符的执行速度也较有效率。

值得注意的是，在某些编译程序如Turbo C中，由于整数为2 B，表示范围在–32 768～32 767之间，因此min的初值要设置为–32 768，而max的初值则要设置为32 767。

4.5　switch语句

switch语句可以将多选一的情况简化，而使程序简洁易读。在本节中，要介绍如何使用switch语句，以及与它搭配使用的另一语句——break语句；此外，也要讨论在switch语句中不使用break语句时会发生的问题。首先，来了解switch语句如何使用。

4.5.1　switch语句与break语句

当人们要在许多的选择条件中找到并执行其中一个符合条件判断的语句时，除了可以使用if…else if不断地判断之外，也可以使用另一种更方便好用的多重选择——switch语句。使用嵌套if…else if语句最常发生的状况，就是容易将if与else配对混淆而造成阅读及执行上的错误，而使用switch语句时则可以避免这种错误，switch语句的格式如下：

```
switch(表达式)
{
```

```
    case 选择值 1:
        语句主体 1;
        break;
    case 选择值 2:
        语句主体 2;
        break;
            ⋮
    case 选择值 n:
        语句主体 n;
        break;
    default:
        语句主体;n+1
}
```

要特别注意的是，在 switch 语句里的选择值只能是字符或是常量。接下来看看 switch 语句执行的流程。

（1）switch 语句计算括号中表达式的结果。

（2）根据表达式的值检查是否符合执行 case 后面的选择值，若是所有 case 的选择值都不适合，则执行 default 所包含的语句，执行完毕即离开 switch 语句。

（3）如果某个 case 选择值符合表达式的结果，就会执行该 case 所包含的语句，直到 break 语句后才离开 switch 语句。

（4）若是没有在 case 语句结尾处加上 break 语句，则会一直执行到 switch 语句的尾端才会离开 switch 语句。

（5）若是没有定义 default 所执行的语句，则什么也不会执行，直接离开 switch 语句。

根据上述的程序，绘制出的 switch 语句流程图如图 4-15 所示。

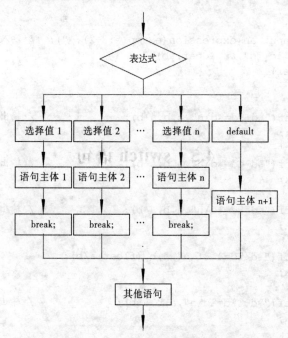

图 4-15　switch 语句的基本流程

以输入一个表达式为例，利用 switch 语句处理此表达式的结果，其程序代码如下，流程图如图 4-16 所示。

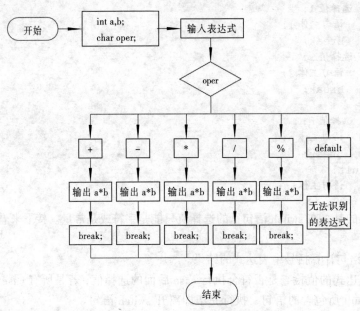

图 4-16 例 4-12 的流程图

【例4-12】switch语句。

```
01  /*Exam4-12, switch语句*/
02  #include <stdio.h>
03  int main(void)
04  {
05      int a,b;
06      char oper;
07      printf("Input an expression(example:3+2): ");   /*输入表达式*/
08      scanf("%d %c %d",&a,&oper,&b);
09      switch(oper)
10      {
11        case '+':
12          printf("%d+%d=%d\n",a,b,a+b);                /*输出 a+b*/
13          break;
14          case '-':
15          printf("%d-%d=%d\n",a,b,a-b);                /*输出 a-b*/
16          break;
17        case '*':
18          printf("%d*%d=%d\n",a,b,a*b);                /*输出 a*b*/
19          break;
20        case '/':
21          printf("%d/%d=%.3f\n",a,b,(float)a/b);
22          break;
23        case '%':
24          printf("%d%%%d=%d\n",a,b,a%b);               /*输出 a%b*/
25          break;
26        default:
27          printf("Unknown expression!!\n");            /*输出字符串*/
28      }
29      return 0;
30  }
```

```
/*Exam4-12 OUTPUT--------------------
Input an expression(example:3+2):100/7
100/7=14.286
------------------------------------*/
```

程序解析

（1）程序第 7 行～第 8 行，由键盘输入一个表达式，如 3+2，5×7 等。输入的第一个数值为 a，第二个数值为 b，而两个数值中间的运算符为 oper。

（2）程序第 9 行～第 28 行为 switch 语句。当 oper 为字符+、-、*、/、%时，输出运算的结果后离开 switch 语句；若是所输入的运算符都不在这些范围时，即执行 default 所包含的语句，输出无法识别的表达式，再离开 switch 语句。

（3）选择值为字符时，必须用单引号将字符包围起来。

下面再举一个掷骰子的例子，掷出 10 000 次骰子，分别计算掷到的点数 1～6 有多少次，很明显，利用 switch 语句会比使用 if...else if 语句要简单，程序的流程图如图 4-17 所示。

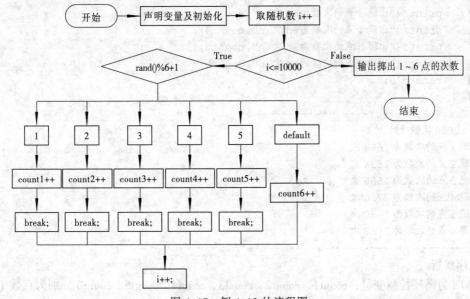

图 4-17　例 4-13 的流程图

【例4-13】使用switch语句计算掷出不同点数的次数一。

```
01   /*Exam4-13，使用 switch 语句计算掷出不同点数的次数一*/
02   #include <stdio.h>
03   #include <stdlib.h>
04   #include <time.h>
05   int main(void)
06   {
07       int i,count1,count2,count3,count4,count5,count6;
08       count1=count2=count3=count4=count5=count6=0;
09       srand((unsigned)time(NULL));           /*取随机数种子*/
10       for(i=1;i<=10000;i++)                  /*掷 10000 次骰子*/
11       {
12           switch((rand()%6+1))
13           {
14               case 1: count1++;              /*点数为 1 时，count1 加 1*/
```

```
15              break;
16      case 2: count2++;                /*点数为 2 时，count2 加 1*/
17              break;
18      case 3: count3++;                /*点数为 3 时，count3 加 1*/
19              break;
20      case 4: count4++;                /*点数为 4 时，count4 加 1*/
21              break;
22      case 5: count5++;                /*点数为 5 时，count5 加 1*/
23              break;
24      case 6: count6++;                /*点数为 6 时，count6 加 1*/
25          }
26      }
27      printf("掷 10000 次骰子时\n");
28      printf("出现 1 点的次数为%d 次\n",count1);
29      printf("出现 2 点的次数为%d 次\n",count2);
30      printf("出现 3 点的次数为%d 次\n",count3);
31      printf("出现 4 点的次数为%d 次\n",count4);
32      printf("出现 5 点的次数为%d 次\n",count5);
33      printf("出现 6 点的次数为%d 次\n",count6);
34      return 0;
35  }
/*Exam4-13 OUTPUT------------------
掷 10000 次骰子时
出现 1 点的次数为 1667 次
出现 2 点的次数为 1634 次
出现 3 点的次数为 1656 次
出现 4 点的次数为 1710 次
出现 5 点的次数为 1680 次
出现 6 点的次数为 1653 次
------------------------------------*/
```

程序解析

（1）i 为循环控制变量，count1、count2、count3、count4、count5、count6 分别为点数 1～6 的计数器。

（2）程序第 9 行，使用了取随机数的函数 srand()，因为利用 rand()函数取随机数时，会取到相同的种子数，所以以时间函数 time()当成 srand()函数的参数，改变每次执行 rand()函数所取的种子序列，有关函数的使用，可以参阅附录 B 的说明。在程序中使用到 srand()、rand()及 time()函数，而这几个函数分别放在 stdlib.h 及 time.h 头文件中，所以，在程序一开始的时候，就将它们包括进来。

（3）程序第 10 行～第 26 行为 for 循环体。for 循环会执行 10 000 次，每执行一次就会掷一次骰子。

（4）程序第 12 行～第 25 行为 switch 语句。表达式（rand()%6+1）将 rand()函数随机取好的整数除以 6 后再取余数，所得到的余数值会在 0～5 之间，所以还要再加上 1，所掷出的骰子就会在 1～6 点之间。

（5）骰子掷好后，根据 case 后面的选择值，分别汇总计数器，再离开 switch 语句，回到 for 循环的起始处，再重复掷骰子，直到 i 的值大于 10 000（掷 10 000 次后），即跳离循环。

（6）程序第 28 行～第 33 行，掷完 10 000 次骰子后，将所掷到点数的次数输出。

（7）选择值为常量时，不需要像字符一样要用单引号包围，直接使用即可。

（8）case 6 为最后一个选择值，可以不加上 break 语句，它执行完 count6++后即会到 switch 语句的尾端。

（9）default 标记可有可无。若是有使用 default 标记，则前面所有的 case 标记都不符合表达式的值时，即会执行 default 标记中的语句；若是没有使用 default 标记，前面所有的 case 标记都不符合表达式的值时，即什么也不做，直接离开 switch 语句。

在上面的程序中，定义了六个功能相同的计数变量，来计算所掷出骰子的点数，利用这个方式会使得程序变得冗长。但是在目前所学的范围内，这个程序所表现的冗长是允许的，在后面的章节中会学到如何使用"数组"，即可解决这个问题。

人们也可以用不同的选择值共同处理相同的语句。举例来说，在键盘输入等级 A、B 及 C 后，根据所输入的字符输出不同的字符串，并且大小写都可以做处理，程序的流程图，如图 4-18 所示。

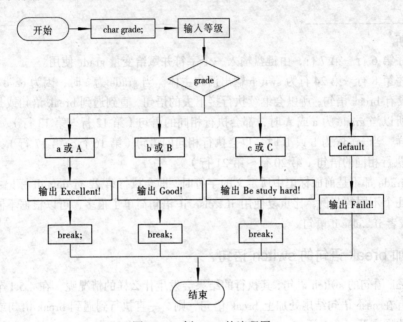

图 4-18　例 4-14 的流程图

【例4-14】在键盘输入等级A、B及C后，根据所输入的字符输出不同的字符串，并且大小写都可以做处理。

```c
01  /*Exam4-14, 使用 switch 语句*/
02  #include <stdio.h>
03  int main(void)
04  {
05      char grade;
06      printf("Input grade:");
07      scanf("%c",&grade);
08      switch(grade)
09      {
10        case 'a':                /*输入 a 或 A 时输出 Excellent!*/
11        case 'A':
12          printf("Excellent!\n");
13          break;
14        case 'b':                /*输入 b 或 B 时输出 Good!*/
15        case 'B':
```

```
16        printf("Good!\n");
17        break;
18    case 'c':                  /*输入c或C时输出Be study hard!*/
19    case 'C':
20        printf("Be study hard!\n");
21        break;
22    default:                   /*输入其他字符时输出Failed!*/
23        printf("Failed!\n");
24    }
25    return 0;
26 }
/*Exam4-14 OUTPUT---
Input grade:B
Good!
--------------------*/
```

程序解析

（1）程序第6行~第7行，由键盘输入一个字符并赋给变量 grade 使用。

（2）程序第8行~第24行为 switch 输出语句主体。当 grade 为 a 时，因为 case 'a' 标记后没有语句，也没有 break 语句，所以会继续执行接下去的语句，直到遇到 break 语句或是 switch 语句尾端为止，所以当 grade 为 a 或 A 时，都会执行相同的语句（第12行~第13行）。

（3）同样，当 grade 为 b 或 B 时，也会执行相同的语句（第16行~第17行），当 grade 为 c 或 C 时，会执行相同的语句（第20行~第21行）。

（4）当 grade 都不是前面标记中所定义的字符时，即会执行第22行 default 标记：输出 Failed!

练习了几个不同的范例，比重复使用 if...else if 语句简单了很多，可以根据不同的需要使用 switch 语句或者 if...else if 语句。

4.5.2　不加 break 语句的 switch 语句

不加 break 语句的 switch 语句，其执行的结果会发生什么样的情况呢？在 4.5.1 节中曾经提到过，若是没有在 case 语句结尾处加上 break 语句，则会一直执行到遇到 break 语句或者 switch 语句的尾端，才会离开 switch 语句。

当表达式的值为选择值1时，它会一直执行所有的语句直到遇到 break 语句或者 switch 语句的末尾，才会离开 switch 语句，若是在 switch 语句中都未加上 break 语句，就会一直执行语句直到 switch 语句的尾端。在某些状况下，可以利用这种不加 break 语句的方式来完成程序，但是在大部分的情况下，会造成程序执行的错误。以例 4-13 掷骰子的程序来说明不加 break 语句的执行结果，将例 4-13 程序中的 break 语句去掉后，可以看到如下面的程序及执行的结果。

【例4-15】使用switch语句计算掷出不同点数的次数二。

```
01 /*Exam4-15，使用 switch 语句计算掷出不同点数的次数二*/
02 #include <stdio.h>
03 #include <stdlib.h>
04 #include <time.h>
05 int main(void)
06 {
07   int i,count1,count2,count3,count4,count5,count6;
08   count1=count2=count3=count4=count5=count6=0;
09   srand((unsigned)time(NULL));        /*取随机数种子*/
10   for(i=1;i<=10000;i++)               /*掷10000次骰子*/
```

```
11    {
12        switch((rand()%6+1))
13        {
14           case 1:count1++;                    /*点数为1时, count1加1*/
15           case 2:count2++;                    /*点数为2时, count2加1*/
16           case 3:count3++;                    /*点数为3时, count3加1*/
17           case 4:count4++;                    /*点数为4时, count4加1*/
18           case 5:count5++;                    /*点数为5时, count5加1*/
19           case 6:count6++;                    /*点数为6时, count6加1*/
20        }
21    }
22    printf("掷10000次骰子时\n");
23    printf("出现1点的次数为%d次\n",count1);
24    printf("出现2点的次数为%d次\n",count2);
25    printf("出现3点的次数为%d次\n",count3);
26    printf("出现4点的次数为%d次\n",count4);
27    printf("出现5点的次数为%d次\n",count5);
28    printf("出现6点的次数为%d次\n",count6);
29    return 0;
30 }
/*Exam4-15 OUTPUT------------------
掷10000次骰子时
出现1点的次数为1711次
出现2点的次数为3378次
出现3点的次数为4993次
出现4点的次数为6670次
出现5点的次数为8313次
出现6点的次数为10000次
----------------------------------*/
```

程序解析

（1）掷出的点数为 1 时，count1 会加 1，但是因为没有 break 语句，所以会接着执行 case 2、case 3、case 4、case 5、case 6 的语句，count2、count3、count4、count5、count6 会分别加 1。掷出的点数为 2 时，count2 会加 1，但是因为没有 break 语句，所以会接着执行 case 3、case 4、case 5、case 6 的语句，count3、count4、count5、count6 也会分别加 1，依此类推。

（2）因此，变量 count2 就会变成 count1+count2 的结果，变量 count3 就变成 count1+count2+count3，……，而变量 count6 就会变成 count1+…+count6 的结果。

程序执行的结果因为没有加上 break 语句而出现错误，所以在使用 switch 语句时，要特别注意是否需要加上 break 语句。

小　结

选择结构程序设计时 C 语言中非常重要的一种程序设计方法。尽管 C 语言程序设计非常复杂，一个规模较大的 C 程序往往需要结合多种不同的程序设计方法才能解决，但选择结构本身却十分简单。本章分别对选择结构流程控制语句（if 语句、嵌套 if 语句、switch 语句）等进行了介绍。通过本章的学习，读者将能够了解选择结构程序设计的特点和一般规律，并最终能够灵活使用 if 语句和 switch 语句设计程序。

实验 选择结构程序设计应用

一、实验目的

本章的实验目的是通过程序的设计和调试，使学习者掌握选择结构的程序设计方法，学会灵活应用三种 if 语句和 switch 语句进行编程，并根据程序运行的结果分析程序的正确性。

二、实验题内容

1. 改错题

（1）下列程序的功能为：要求当 x>0 时 y=x*5，否则 y=x/5。纠正程序中的错误，使程序实现其功能。

```c
#include<stdio.h>
main()
{ float x,y;
  scanf("%f",x);
  if(x>0)
      y=x*5;
  printf("y=%f\n",y);
  else printf("y=%f\n",x/5);
}
```

（2）下列程序的功能为：从键盘输入一个字符，判断该字符的类型。若该字符是数字，则直接输出；若该字符是字母，则输出该字母的 ASCII 码值；若是其他字符，则输出"other character"。纠正程序中存在的错误，使程序实现其功能。

```c
#include<stdio.h>
main()
{ char ch;
  Printf("Input a character:");
  ch=putchar();
  if(ch>='0'||ch<='9') printf("%d\n",ch);
  else if((ch>='A'&&ch<='Z'||ch>='a'&&ch<='z') printf("%d\n",ch);
  printf("other character\n")
}
```

2. 程序填空题

（1）下面程序的功能是：输入一个数 x，要求不使用 abs()函数，输出其绝对值。

```c
#include<stdio.h>
main()
{ float x;
  printf("请输入一个数");
  scanf("%f",_____ );
  if(_____) printf("%f",-x)
  else printf("%f", _____);
}
```

（2）以下程序的功能是：设计一个简单的计算器，能进行加减乘除运算。

```c
#include<stdio.h>
main()
```

```
{ float x,y,result;
  char oper;
  printf("请输入两个数和一个运算符");
  scanf( _____ ,&x,&oper,&y);
  switch( _____ )
  { case '+':result=x+y;break;
    case '_____':result=x-y;_____;
    case '*':result=x*y; _____ ;
    case '/':result=_____;break;}
}
printf("%.2f%c%.2f=%.2f",x,oper,y,result);
```

3．编程题

（1）假设某商店的售货员的月工资，可以依照下列方式计算：

0～60 小时，每小时 75 元；

61～75 小时，以 1.25 倍计算；

76 小时以后，以 1.75 倍计算。

试编写一程序，输入某售货员该月的工作时数，然后计算其实领的工资。

（2）试利用 switch 语句，将输入的学生成绩依下列的分类方式分级。

00～59：E 级；

60～69：D 级；

70～79：C 级；

80～89：B 级；

90～100：A 级。

三、实验评价

完成表 4-2 所示的实验评价表的填写。

表 4-2　实验评价表

能力分类	内　　容		评　　　价				
	学习目标	评　价　项　目	5	4	3	2	1
职业能力	if 语句在选择结构程序中的应用	掌握条件运算符的使用					
		掌握逻辑上的真假值在 C 语言中的表示方法					
		将一个命题写成 C 语言的关系表达式或逻辑表达式					
	switch 语句在多路选择结构程序中的应用	掌握 switch 语句的格式、执行过程和作用					
		掌握用 switch 语句设计多分支程序的方法					
通用能力	阅读能力						
	设计能力						
	调试能力						
	沟通能力						
	相互合作能力						
	解决问题能力						
	自主学习能力						
	创新能力						
综合评价							

习　题

一、选择题

1. if语句的基本形式是：if（表达式）语句，以下关于"表达式"值的叙述中正确的是（　　　）。

　A. 必须是逻辑值　　　　　　　　　B. 必须是整数值

　C. 必须是正数　　　　　　　　　　D. 可以是任意合法的数值

2. 有以下程序

```
#include<stdio.h>
main()
{ int s;
  scanf("%d",&s);
  while(s>0)
  { switch(s)
    { case1:printf("%d",s+5);
      case2:printf("%d",s+4);break;
      case3:printf("%d",s+3);
      default:printf("%d",s+1);break;
    }
    scanf("%d,"&s);
  }
}
```

运行时，若输入 1 2 3 4 5 0，并按【Enter】键，则输出结果是（　　　）。

　A. 6566456　　　　B. 66656　　　　C. 66666　　　　D. 6666656

3. 有以下程序

```
#include<stdio.h>
main()
{ int x=1,y=0;
  if(!x) y++;
  else if(x==0)
      if(x) y+=2;
      else y+=3;
  printf("%d\n",y);
}
```

程序运行后的输出结果是（　　　）。

　A. 3　　　　　　B. 2　　　　　　C. 1　　　　　　D. 0

4. 有以下程序

```
#include<stdio.h>
main()
{ a=1,b=0;
  if(!a) b++;
  else if(a==0) if(a) b+=2;
  else b+=3;
  printf("%d\n",b)
}
```

程序运行后的输出结果是（　　　）

　A. 0　　　　　　B. 1　　　　　　C. 2　　　　　　D. 3

5. 若有定义语句"int a,b;double x;"，则下列选项中没有错误的是（　　　）。

```
A. switch(x%2)                         B. switch((int)x%2)
   { case 0:a++;break;                    { case 0:a++;break;
     case 1:b++;break;                      case 1:b++;break;
     default:a++;b++;                       default:a++;b++;
   }                                      }
C. switch((int)x%2)                    D. switch((int)x%2)
   { case 0:a++;break;                    { case 0.0:a++;break;
     case 1:b++;break;                      case 1.0:b++;break;
     default:a++;b++;                       default:a++;b++;
   }                                      }
```

6. 以下选项中与 if(a==1)a=b;else a++;语句功能不同的 switch 语句是（　　）。

```
A. switch(a)                           B. switch(a==1)
   { case 1:a=b;break;                    { case 0:a=b;break;
     default:a++;                           case 1:a++;
   }                                      }
C. switch(a)                           D. switch(a==1)
   { default:a++; break;                  { case 1:a=b;break;
     case 1:a=b; }                          case 0:a++;}
```

7. 有如下嵌套的 if 语句
```
if(a<b)
  if(a<c)    k=a;
  else k=c;
else
  if(b<c)    k=b;
  else k=c;
```
以下选项中与上述 if 语句等价的语句是（　　）。

```
A. k=(a<b)?a:b;k=(b<c)?b:c;          B. k=(a<b)?((b<c)?a:b):( (b<c)?b:c)
C. k=(a<b)?((a<c)?a:c):( (b<c)?b:c); D. k=(a<b)?a:b;k=(a<c)?a:c;
```

8. 设有定义:int a=1,b=2,c=3;,以下语句中执行效果与其他三个不同的是（　　）。

```
A. if(a>b)   c=a,a=b,b=c;            B. if(a>b)   {c=a,a=b,b=c;}
C. if(a>b)   c=a,a=b,b=c;            D. if(a>b)   {c=a;a=b;b=c;}
```

9. 有以下程序
```
#include<stdio.h>
main()
{ int c=0,k;
  for(k=1;k<3;k++)
  switch(k)
  { default:c+=k;
    case 2:c++;break;
    case 4:c+=2;break;
  }
  printf("%d\n",c);
}
```
程序运行后的输出是（　　）。

```
A. 3              B. 5              C. 7              D.9
```

10. 有以下程序段中，与语句：k=a>b?(b>c?1:0):0;功能相同的是＿＿＿＿＿＿。

```
A. if((a>b&&(b<c)) k=1;            B. if((a>b||(b<c)) k=1;
       else k=0;                         else k=0;
```

    C. if(a<=b) k=0;   D. if(a>b) k=1;

        else if(b<=c) k=1   else if(b>c) k=1;

                                       else k=0;

二、填空题

1. 有以下程序

```c
#include<stdio.h>
main()
{ int x,
  scanf("%d",&x);
  if(x>15) printf("%d",x-5);
  if(x>10) printf("%d",x);
  if(x>5) printf("%d\n",x+5);
}
```

若程序运行时从键盘输入 12 并按【Enter】键，则输出结果为_____。

2. 以下程序运行后的输出结果是_____。

```c
#include<stdio.h>
main()
{ int x=10,y=20,t=0;
  if(x==y) t=x;x=y;y=t;
  printf("%d %d\n",x,y);
}
```

3. 设 x 为 int 型变量，请写出一个关系表达式_____，用以判断 x 同时为 3 和 7 的倍数时，关系表达式的值为真。

4. 有以下程序

```c
#include<stdio.h>
main()
{ int a=1,b=2,c=3,d=0;
  if(a==1)
    if(b!=2)
      if(c!=3)  d=1;
      else   d=2;
    else if(c!=3) d=3;
    else   d=4;
  else  d=5;
  printf"%d\n",d);}
```

程序运行后的输出结果是_____。

5. 下程序的功能是：将值为三位正整数的变量 x 中的数值按照个位、十位、百位的顺序拆分并输出，请填空。

```c
#include<stdio.h>
main()
{ int x=256;
  printf("%d-%d-%d\n", _____,x/10%10,x/100);
}
```

第 5 章

循环结构程序设计

到目前为止，前面所编写的程序都是简单的顺序语句。当想处理重复性的工作时，"循环"就是一个很方便的选择，它可以执行相同的程序段，还可以让程序结构化。本章先来认识结构化的程序，再来学习如何利用这些不同的结构编写出实用的程序。

5.1 循 环 结 构

循环结构则是根据条件判断的成立与否决定程序段落的执行次数，这个程序段落就称为循环主体。循环结构的流程图，如图 5-1 所示。

C 语言所提供的循环结构——循环语句有 for、while 及 do…while 三种，在后面的章节中，要分别讨论这三种循环语句的用法及区别。

图 5-1 循环结构的基本流程

5.2 for 循环

在循环结构中，for 循环的使用率最高。举例来说，计算 1+2+3+4+5 的值时，可以在程序中写出如下的语句：

sum=1+2+3+4+5;   /*计算 1+2+3+4+5 的值*/

但若是想再累加到 1 000 呢？是不是也要在程序中写出类似上面的表达式？这个简单的例子，可以解释为什么要学习循环的使用。下面先绘制一张从 1 累加到 10 的流程图，再根据流程图写出累加的程序，如图 5-2 所示。

首先声明程序中要使用的变量 i（i 为循环计数及累加操作数）及 sum（sum 为累加的总和），并将

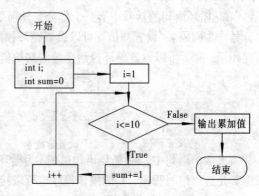

图 5-2 例 5-1 的流程图

sum 赋初值为 0；由于要计算 1+2+…+10，所以在第一次进入循环的时候，将 i 的值赋为 1，接着判断 i 是否小于等于 10，如果 i 小于等于 10，则计算 sum+i 的值后再赋给 sum 存放，i 的值再加 1，再回到循环起始处，继续判断 i 的值是否仍在所定的范围内，直到 i 大于 10 时即跳出循环，表示

累加的操作已经完成，再输出 sum 的值，程序结束执行。解了循环的执行程序后，下面的程序就是根据流程图所编写的。

【例5-1】使用循环计算1+2+…+10的值。

```
01  /*Exam5-1，循环的使用*/
02  #include <stdio.h>
03  int main(void)
04  {
05     int i;
06     int sum=0;
07     for(i=1;i<=10;i++)                    /*计算1+2+…+10 的结果*/
08        sum+=i;
09     printf("1+2+3+...+10=%d\n",sum);     /*输出 sum 的值*/
10     return 0;
11  }
/*Exam5-1 OUTPUT---
1+2+3+…+10=55
--------------------*/
```

当很明确地知道循环要执行的次数时，就可以使用 for 循环，其语句格式如下：

for(设置初值;条件判断;设置增减量)

　　　　　语句;

若是在循环主体中要处理的语句不止一个，或者使 for 语句更为清楚时，可以用花括号将所有的语句括起来，如下面的格式：

```
for(设置初值;条件判断;设置增减量)
  {
     语句 1;
     语句 2;
     (1)    ：
       ⋮
     语句 n;
  }
```

此处不可以加分号

此处不可以加分号

for 循环语句的括号中有三个部分，分别是设置初值、条件判断及设置增减量，这三个部分以分号作为间隔。"设置初值"可以设置循环控制变量的初始值，它只在第一次进入 for 循环的时候起作用，除了可以设置循环控制变量的初始值外，也可以设置其他变量的初值，如下面的程序段：

条件判断

for(i=1,sum=0 ; i<=9 ; i+=2)

设置初值　　　　设置增减量

上面的语句中，for 循环语句里的 i 为循环控制变量。虽然 sum=0 不一定要在 for 循环中设置，但若是这样编写程序，C 的编译程序也可以接受。

"条件判断"是每执行 for 循环一次，就会检查是否继续执行循环的依据；而"设置增减量"的作用则是将循环控制变量的值进行增减，可以使用任何表达式进行变量值的设置。

此外，在 for 循环语句与循环主体之间不用加上分号，因为关键字 for 与 for 循环语句、循环主体的语句三者组合在一起，才成为一个完整的 C 语句。至于花括号的位置也很灵活，由程序设计者决定放置的地方，需要缩短程序的长度，可以将左花括号与语句 1、右花括号与语句 n 放在同一行，或者左花括号也可放在 for 循环语句的后面，如下面的语句格式：

```
for(设置初值;条件判断;设置增减量)
    {   语句 1;
        语句 2;
        ⋮
        语句 n;   }
```

下面列出了 for 循环执行的流程：

（1）第一次进入 for 循环时，设置循环控制变量的初始值。

（2）根据条件判断的内容检查是否要继续执行循环，当条件判断值为真（True），则继续执行循环主体；条件判断值为假（False），则跳出循环执行其他语句。

（3）执行完循环主体内的语句后，循环控制变量会根据增减量的设置，更改循环控制变量的值，然后回到步骤（2）再重新判断是否继续执行循环。

根据上述的程序，绘制出图 5-3 所示的 for 循环流程图。

下面举一个例子熟悉 for 循环的使用。假设掷骰子 10 000 次，利用随机数取值，计算掷到点数为 3 的次数及概率，流程图如图 5-4 所示。

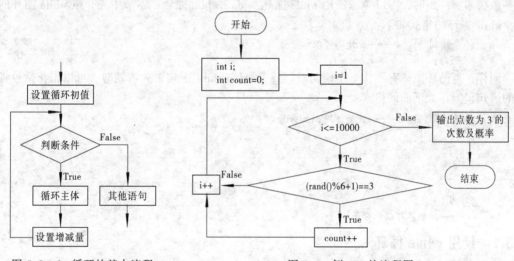

图 5-3　for 循环的基本流程　　　　图 5-4　例 5-2 的流程图

【例5-2】使用for循环计算概率。

```
01  /*Exam5-2，使用 for 循环计算概率*/
02  #include <stdlib.h>
03  #include <stdio.h>
04  int main(void)
05  {
06     int i;
07     int count=0;
08     for(i=1;i<=10000;i++)
09     if ((rand()%6+1)==3)        /*取随机数当成掷骰子*/
10        count++;                 /*当骰子点数为 3 点时，count+1*/
11     printf("掷 10000 次骰子时，出现 3 点的次数为%d 次\n",count);
12     printf("概率为%.3f\n",(float)count/10000);
13     return 0;
14  }
/*Exam5-2 OUTPUT--------------------
掷 10000 次骰子时，出现 3 点的次数为 1656 次
```

概率为 0.166
-----------------------------------*/

程序解析

（1）rand()函数是取随机数的函数，它的函数原型（Prototype）放在 stdlib.h 头文件中，使用随即函数之前要将函数原型包括进来。

（2）程序最关键的地方就是在判断所掷出的骰子是否为 3，在程序第 9 行中因取随机数除以 6 后再取余数，所得到的余数值会在 0～5 之间，所以还要再加上 1，所掷出的骰子就会在 1～6 点之间。骰子掷好了，然后就是判断所掷出的点数是不是为 3，如果为 3，就把计数变量 count 加上 1，重复掷 10 000 次骰子（第 8 行的 for 循环），答案就出来了，最后再将结果输出即可。

5.3 while 循环

当确定循环重复执行的次数时，使用 for 循环。但是对于有些问题，无法事先知道循环该执行多少次才够，此时，可以考虑使用 while 循环及 do...while 循环。本节中先介绍 while 循环的使用，while 循环的格式如下：

```
while(条件判断)      此处不可以加分号
    语句;
```

同样，当循环主体有不止一个语句时，或者要使 while 语句更为清楚时，可以用花括号将所有的语句包围，如下面的格式：

```
while(条件判断)      此处不可以加分号
{
    语句 1;
    语句 2;
      ⋮
    语句 n;
}      此处不可以加分号
```

5.3.1 使用 while 循环

while 语句中的花括号位置和 for 语句一样，可以自行决定。在 while 循环语句中，只有一个条件判断，它可以是任何的表达式，当条件判断的值为真（不为 0 时），循环就会执行一次，再重复测试条件判断、执行循环主体，直到条件判断的值为假（为 0 时），才会跳离 while 循环。下面列出了 while 循环执行的流程：

（1）第一次进入 while 循环前，就必须先设置循环控制变量（或表达式）的初始值。

（2）根据条件判断的内容检查是否要继续执行循环，如果条件判断值为真（True），继续执行循环主体；如果条件判断值为假（False），则跳出循环执行其他语句。

（3）执行完循环主体内的语句后，重新设置（增加或减少）循环控制变量（或表达式）的值，由于 while 循环不会自动更改循环控制变量（或表达式）的内容，所以在 while 循环中设置循环控制变量的改变。再回到步骤（2）重新判断是否继续执行循环。

根据上述的程序，绘制出图 5-5 所示的 while 循环流程图。

其实，for 循环与 while 循环的流程图几乎是一样的。它们不同的地方就是使用 for 循环时必须要知道循环执行的次数，所以当选择使用 for 循环或 while 循环时，最大的问题就在于是否知道循环执行的次数。将例 5-2 利用 for 循环掷骰子并计算概率，改成利用 while 循环来编写，程序的流程图如图 5-6 所示。

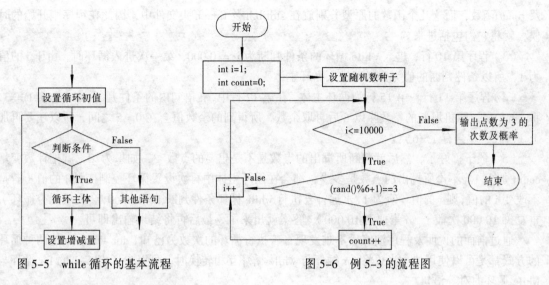

图 5-5　while 循环的基本流程　　　　　图 5-6　例 5-3 的流程图

【例5-3】使用while循环计算概率。

```
01  /*Exam5-3,使用 while 循环计算概率*/
02  #include <stdlib.h>
03  #include <stdio.h>
04  #include <time.h>
05  int main(void)
06  {
07    int i=1;
08    int count=0;
09    srand((unsigned)time(NULL));
10    while(i<=10000)
11    {
12      if((rand()%6+1)==3)        /*取随机数当成掷骰子*/
13        count++;                  /*当成掷骰子点数为 3 点时, count+1*/
14      i++;                        /*执行循环一次后, 循环控制变量 i 加 1*/
15    }
16    printf("掷 10000 次骰子时, 出现 3 点的次数为%d 次\n",count);
17    printf("几率为%.3f\n",(float)count/10000);
18    return 0;
19  }
/*Exam5-3 OUTPUT------------------
掷 10000 次骰子时, 出现 3 点的次数为 1695 次
概率为 0.170
--------------------------------*/
```

程序解析

（1）在程序第 7 行中，将循环控制变量 i 的值设置为 1，在 for 循环中，可以在 for 语句里设置循环控制变量 i 的初值，由于 while 循环语句只保留条件判断的说明，所以必须在进入 while 循环前设置循环控制变量的内容。

（2）在程序第 9 行中，增加了一个取随机数的函数 srand()，是因为利用 rand() 函数取随机数时，会取出相同的种子数，因此，把时间函数 time() 当成 srand() 函数的参数，改变每次执行 rand() 函数所取的种子序列。有关函数的使用，可以参阅附录 B 的说明。在程序中使用到 srand()、rand()

及 time()函数，而这几个函数的原型分别放在 stdlib.h 及 time.h 头文件中，因此在程序刚开始的时候，就将它们包括进来。

（3）程序第 10 行，进入 while 循环的条件判断为 i<=10 000，第一次进入循环时，由于 i 的值为 1，所以条件判断的值为真，即进入循环主体。

（4）程序第 11 行～第 15 行为循环主体，在第 12 行中，if 语句内的条件判断(rand()%6+1)==3，将 rand()函数随机取好的整数除以 6 后再取余数，所得到的余数值会在 0～5 之间，所以还要再加上 1，骰子才会有 1～6 点。

（5）骰子掷好了，然后就判断所掷出的点数是不是想要的点数 3，如果为 3，就把计数变量 count 加上 1。不论所掷出的点数是多少，都会在循环主体中再次设置循环控制变量 i 的值（若是不改变 i 的值，则 i 的值一直为 1，永远符合执行 while 循环条件判断 i<=10 000，会变成无穷循环），重复掷 10 000 次骰子（i 累加到 10 000），答案就出来了，最后再将结果输出即可。

通过前面的说明及程序演练后不难发现，若执行循环的次数为已知，for 与 while 这两种循环的方式都是可以使用的。当想将 for 循环与 while 循环互相转换时，可以参考表 5-1 的 for 循环与 while 循环的对等语句。

表 5-1　for 循环与 while 循环的语句比较

for 循环	While 循环

for(设置初值; 条件判断; 设置增减量)
{
　　　语句 1;
　　　语句 2;
　　　⋮
　　　语句 n;
}
	设置初值;
	while(条件判断)
	{
	　　　语句 1;
	　　　语句 2;
	　　　⋮
	　　　语句 n;
	　　　设置增减量
	}

5.3.2　无穷循环的产生

在 while 循环中若是有无穷循环的产生，则与"循环控制变量"和"条件判断"有关系。先来看看什么是无穷循环，无穷循环就是在循环执行的过程中，找不到可以离开循环的出口，所以它只好不断地重复执行循环中的语句，而不会跳离循环，如下面的程序。

【例5-4】无穷循环举例。

```
01  /*Exam5-4,无穷循环*/
02  #include <stdio.h>
03  int main(void)
04  {
05    int i=1;
06    while(i!=0)              /*当 i 不为 0 时，执行 while 循环的主体*/
07      printf("i=%d\n",i);
08    return 0;
09  }
```

程序解析

（1）在进入 while 循环前设置了 i 的值为 1，但是进入 while 循环的条件判断为 i 不等于 0，第一次进入循环时，由于 i 的值为 1，所以条件判断的值为真（True），即进入循环主体。

（2）在 while 循环中并没有更改 i 的值，当 while 语句再次判断 i 的值时，仍然符合进入循环的条件（i 不为 0），就这样不断地测试、执行……，在屏幕上看到的结果就是不停地输出 i=1，成为无穷循环。

（3）当执行的程序无法以正常的方式结束时，在 VC++ 的环境下，只要按【Ctrl+C】组合键，即可强制中断执行。若是使用的编译程序无法使用【Ctrl+C】组合键中断，请参考该编译程序所附的联机帮助。

还有一种情况，就是循环控制变量的值虽然会改变，但条件判断的值却不会为假。也就是说，虽然循环控制变量改变了，但是却忽略了条件判断的设置，使得 while 语句在测试条件判断时，永远符合进入循环的条件，所以循环仍会一直执行，成为无穷循环，如下面的程序。

【例5-5】无穷循环。

```
01  /*Exam5-5，无穷循环*/
02  #include <stdio.h>
03  int main(void)
04  {
05     int i=5;
06     while(i!=0)            /*当 i 不为 0 时，执行 while 循环的主体*/
07     {
08        printf("i=%d\n",i);
09        i=i*5;
10     }
11     return 0;
12  }
```

程序解析

（1）在进入 while 循环前设置了 i 的值为 5，但是 while 循环的条件判断为 i 不等于 0，第一次进入循环时，由于 i 的值为 5，所以条件判断的值为真，即进入循环主体。

（2）虽然 i 的值会一直更改（i=i*5;），当 while 语句再次判断 i 的值时，i 永远不会为 0，仍然符合进入循环的条件，就这样不断地测试、执行……，在屏幕上看到的结果，就是不停地输出 i=5，i=25，i=125，i=625，……，成为无穷循环。

使用 while 循环的时候，必须注意终止循环继续执行的条件，否则很容易造成无穷循环。

5.4　do…while 循环

do…while 循环也是用于未知循环执行次数的时候，while 循环及 do…while 循环最大的区别就是：进入 while 循环前，while 语句会先测试条件判断的真假，再决定是否执行循环主体；而 do…while 循环则是每执行完一次循环主体后，再测试条件判断的真假，所以不管循环成立的条件是什么，使用 do…while 循环时，至少都会执行一次循环的主体。do…while 循环的格式如下：

```
do
    语句；
while(条件判断) ;     ← 要加分号
```

同样，当循环主体有不止一个语句时，或者想要让 do…while 语句更为清楚时，可以用花括号将所有的语句括起来，如下面的格式：

```
do
{
```

```
        语句 1;
        语句 2;
          ⋮
        语句 n;
    } while(条件判断) ; ◄──── 要加分号
```

do...while 语句中的花括号位置和 for 语句一样，由用户自行决定。第一次进入 do...while 循环语句时，不管条件判断（它可以是任意表达式）是否符合执行循环的条件，都会直接执行循环主体，循环主体执行完毕，才开始测试条件判断的值。如果为真（不为 0 时），则再次执行循环主体。如此重复测试条件判断、执行循环主体，直到条件判断的值为假（为 0 时），才会跳离 do...while循环。下面列出了 do...while 循环执行的流程：

（1）进入 do...while 循环前，要先设置循环控制变量（或表达式）的初始值。

（2）直接执行循环主体，循环主体执行完毕后，才开始根据条件判断的内容检查是否继续执行循环，条件判断值为真（True），继续执行循环主体；条件判断值为假（False），则跳出循环执行其他语句。

（3）执行完循环主体内的语句后，重新设置（增加或减少）循环控制变量（或表达式）的值，由于 do...while 循环和 while 循环一样，不会主动替人们更改循环控制变量（或表达式）的内容，所以在 do...while 循环中设置循环控制变量的工作要由用户来做，再回到步骤（2）重新判断是否继续执行循环。

根据上面的程序，绘制出图 5-7 所示的 do...while 循环流程图。

下面以例 5-1 的程序（1+2+3+…+10）作范例说明，用 do...while 循环设计一个能累加 1～n的程序，并且能够限制 n 的范围（n 要大于 0），程序流程图如图 5-8 所示。

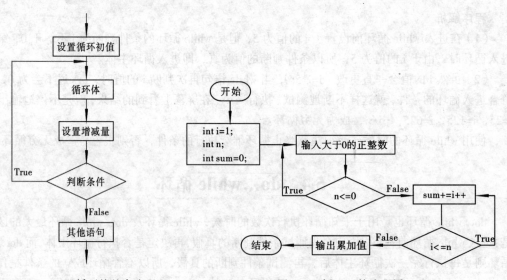

图 5-7　do...while 循环的基本流程　　　　　图 5-8　例 5-6 的流程图

【例5-6】利用do...while循环设计一个能累加1～n的程序。

```
01  /*Exam 5-6, do...while 循环*/
02  #include <stdio.h>
03  int main(void)
04  {
05      int n,i=1,sum=0;
```

```
06      do
07      {
08        printf("Input n(n>0),it'll get result of 1+2+...+n:");
09        scanf("%d",&n);
10      }
11      while(n<=0);              /*当 n<=0 时重复输入 n 的值*/
12      do
13        sum+=i++;
14      while (i<=n);             /*当 i<=n 时执行累加的操作*/
15      printf("1+2+...+%d=%d\n",n,sum);
16      return 0;
17    }
/*Exam5-6 OUTPUT----------------------------
Input n(n>0),it'll get result of 1+2+...+n:-6
Input n(n>0),it'll get result of 1+2+...+n:10
1+2+...+10=55
--------------------------------------------*/
```

程序解析

（1）程序第 6 行～第 11 行，利用 do...while 循环判断所输入的值 n 小于 0 时，会重复输入，直到 n 大于 0。

（2）程序第 12 行～第 14 行，再次利用 do...while 循环计算累加 1～n 的结果。do...while 循环语句的条件判断是循环控制变量 i 的值小于等于 n 时，就执行循环主体 sum+=i++;（sum=sum+i，循环控制变量 i 加 1）。

（3）程序第 15 行，输出 1+2+…+n 的结果。

（4）在程序执行时，输入负数后，就会看到屏幕上不断地要求输入大于 0 的正整数，直到输入符合条件的值后，才会开始计算 1+2+…+n 的累加结果。

再以计算阶乘为例，假设想设计一段程序，由键盘输入 n，求 n 的阶乘。在数学上，n 的阶乘定义为：

```
n!=1*2*3*...*n                    /*阶乘的定义*/
```

此程序可以用一个 do...while 循环即可解决，其流程图的绘制如图 5-9 所示。

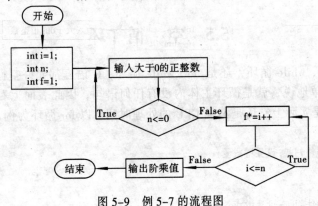

图 5-9　例 5-7 的流程图

【例5-7】利用do...while循环球n!。

```
01    /*Exam5-7, 利用 do...while 循环求 n!*/
02    #include <stdio.h>
03    int main(void)
04    {
```

```
05      int n,i=1,f=1;
06      do
07      {
08        printf("Input n(n>0),it'll get result of n!(1*2*...*n):");
09        scanf("%d",&n);
10      }
11      while(n<=0);              /*当 n<=0 时重复输入 n 的值*/
12      do
13        f*=i++;
14      while(i<=n);              /*当 i<=n 时执行累乘的动作*/
15      printf("%d!=%d\n",n,f);
16      return 0;
17    }
/*Exam5-7 OUTPUT-------------------------------
Input n(n>0),it'll get result of n!(1*2*...*n):-3
Input n(n>0),it'll get result of n!(1*2*...*n):6
6!=720
---------------------------------------------*/
```

程序解析

（1）程序第 6 行~第 11 行，利用 do...while 循环判断所输入的值 n 小于 0 时，会重复输入直到 n 大于 0。

（2）程序第 12 行~第 14 行，再次利用 do...while 循环计算累乘 1~n 的结果。do...while 循环语句的条件判断是循环控制变量 i 的值小于等于 n 时，就执行循环主体 f*=i++（f=f*i，循环控制变量 i 加 1）。

（3）程序第 15 行，输出 n!的结果。

（4）在程序执行时，输入负数后，就会看到屏幕上不断地要求用户输入正整数，直到输入正确的值以后，才会开始计算 n!的结果。

通过上面两个例子说明，do...while 循环不管条件是什么，先做再说，因此循环的主体最少会被执行一次。在利用提款机提款前，会先进入输入密码的画面，让用户有三次输入密码的机会，如果都输入错误，即会将提款卡吞入，其程序的流程就是利用 do...while 循环所设计而成的。在日常生活中，有很多类似循环的例子。

5.5 空 循 环

不管是 for 循环、while 循环，还是 do...while 循环，C 语言都允许空循环的存在。到底什么是空循环呢？简单地说，就是循环主体内没有任何语句，因此表面上看起来空循环似乎并没有做任何事，但是实际上它还是消耗 CPU 的处理时间。以 for 循环为例，其空循环的语句格式如下所示：

```
for(设置初值;条件判断;设置增减量)
    { }
```

或

```
for(设置初值;条件判断;设置增减量);
```

循环主体以左、右花括号括起，主体内不加入任何语句，或是直接在循环语句后面加上分号，就会形成空循环。空循环通常使用在需要观看某个部分的执行结果，而故意将执行速度加以延迟的情况。

对大多数的初学者来说，由于对 C 语言的不熟悉，但是对空循环有所了解，无意中把一般的循环写成了空循环，反而造成了语义上的错误。下面以一个简单的例子来加以说明。

【例5-8】 空循环的误用举例。

```
01  /*Exam5-8，空循环的误用*/
02  #include <stdio.h>
03  int main(void)
04  {
05      int i;
06      for(i=1;i<=10000;i++);
07          printf("i=%d\n",i);
08      return 0;
09  }
/*Exam5-8 OUTPUT----
i=10001
----------------------*/
```

例 5-8 是要输出 10 000 次变量 i 的值，但是由于错将 for 循环语句后面加上分号，而输出了循环执行完毕后变量 i 的值。在程序执行时要经过一小段时间才输出执行结果，这并不是代表要更换高速的 CPU，而是循环看起来虽然没有任何的输出，但实际上却是在运行程序。

由于 for 循环的执行次数是有限的，因此其空循环的执行次数也是可以加以控制的，但是在 while 及 do...while 循环中，如果要使用空循环，就容易造成无穷循环，在使用上要多加注意才不会有误。

5.6 循环方式的选择

在程序设计时，for 循环、while 循环与 do...while 循环这三种循环选择哪一个比较合适呢？这个问题没有一定的答案，完全视程序的需求而定。若是进入循环之前就必须先判断条件，当条件成立再执行循环主体，那么 do...while 循环这种后测试的循环就不适合。如果很明确地知道想要执行循环的次数时，for 循环就是比较好的选择，它会自动更改循环控制变量的值，可以避免忘记更改而造成无穷循环的情况。

举例来说，虽然 do...while 循环的使用率较低，但并不表示它就不好用，假设想设计一个输入密码的程序，do...while 循环使用起来就较为妥当，因为它保证至少执行一次循环主体；如果以 for 循环来编写程序，不能确定用户会输入几次才正确。所以选择哪一种要从程序的需求出发。表 5-2 中列出了 for 循环、while 循环及 do...while 循环的整理与比较。

表 5-2 for、while 和 do...while 三种循环的比较

循 环 特 性	循 环 种 类		
	for	while	do...while
前端测试条件判断	是	是	否
后端测试条件判断	否	否	是
在循环主体中，需要自己更改循环控制变量的值	否	是	是
循环控制变量会自动增加	是	否	否
循环重复的次数	已知	未知	未知
最少执行循环主体的次数	0次	0次	1次
何时重复执行循环	条件成立	条件成立	条件成立

一般来说，在某种情况下这三种循环是可以互相替换的，也就是说，在同一个程序中需要使用到循环语句时，若 for 循环、while 循环或 do...while 循环都可以完成循环设计时，要选用哪一种循环完成工作，要根据编程习惯与爱好或者是程序的需要，并没有特殊的限制。

5.7　嵌套循环

当循环语句中又出现循环语句时，就称为嵌套循环（Nested Loops）。如嵌套 for 循环、嵌套 while 循环等，当然，、也可以使用混合嵌套循环，也就是循环中又有其他不同的循环。以输出九九乘法表为例，绘制出的流程图如图 5-10 所示。

【例5-9】使用嵌套for循环求九九乘法表。

```
01  /*Exam5-9,嵌套 for 循环求九九乘法表*/
02  #include <stdio.h>
03  int main(void)
04  {
05      int i,j;
06      for(i=1;i<=9;i++)                    /*外层循环*/
07      {
08          for(j=1;j<=9;j++)               /*内层循环*/
09              printf("%d*%d=%2d ",i,j,i*j);
10          printf("\n");
11      }
12      return 0;
13  }
/*Exam5-9 OUTPUT----------------------------------------
1*1= 1 1*2= 2 1*3= 3 1*4= 4 1*5= 5 1*6= 6 1*7= 7 1*8= 8 1*9= 9
2*1= 2 2*2= 4 2*3= 6 2*4= 8 2*5=10 2*6=12 2*7=14 2*8=16 2*9=18
3*1= 3 3*2= 6 3*3= 9 3*4=12 3*5=15 3*6=18 3*7=21 3*8=24 3*9=27
4*1= 4 4*2= 8 4*3=12 4*4=16 4*5=20 4*6=24 4*7=28 4*8=32 4*9=36
5*1= 5 5*2=10 5*3=15 5*4=20 5*5=25 5*6=30 5*7=35 5*8=40 5*9=45
6*1= 6 6*2=12 6*3=18 6*4=24 6*5=30 6*6=36 6*7=42 6*8=48 6*9=54
7*1= 7 7*2=14 7*3=21 7*4=28 7*5=35 7*6=42 7*7=49 7*8=56 7*9=63
8*1= 8 8*2=16 8*3=24 8*4=32 8*5=40 8*6=48 8*7=56 8*8=64 8*9=72
9*1= 9 9*2=18 9*3=27 9*4=36 9*5=45 9*6=54 9*7=63 9*8=72 9*9=81
-----------------------------------------------------------*/
```

程序解析

（1）i 为外层循环的循环控制变量，j 为内层循环的循环控制变量。

（2）当 i 为 1 时，符合外层 for 循环的条件判断（i<=9），进入循环主体（又是一个 for 循环），由于是第一次进入内层循环，所以 j 的初值为 1，符合内层 for 循环的条件判断（j<=9），进入循环主体，输出 i*j 的值（1*1=1），j 再加 1 等于 2，仍符合内层 for 循环的条件判断（j<=9），再次执行打印及计算的工作，直到 j 的值为 10 即离开内层 for 循环，回到外层循环。此时，i 会加 1 成为 2，符合外层 for 循环的条件判断，继续执行循环主体（内层 for 循环），直到 i 的值为 10 时即离开嵌套循环。

（3）整个程序到底执行过几次循环呢？可以看到，当 i 为 1 时，内层循环会执行 9 次（j 为 1～9）；当 i 为 2 时，内层循环也会执行 9 次（j 为 1～9），依此类推，这个程序会执行 81 次循环，而屏幕上也正好输出 81 个表达式。

当然，上面这个九九乘法表也可以用 while 循环写出，可以比较一下两者的不同。图 5-11 为嵌套 while 循环求九九乘法表的流程图。

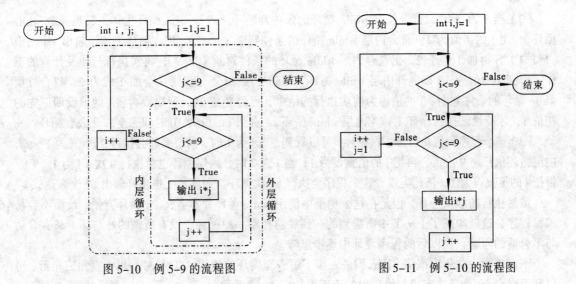

图 5-10　例 5-9 的流程图　　　　　　图 5-11　例 5-10 的流程图

【例5-10】利用嵌套while循环求九九乘法表。

```
01  /*Exam5-10, 嵌套 while 循环求九九乘法表 */
02  #include <stdio.h>
03  int main(void)
04  {
05      int i=1;
06      int j=1;
07      while(i<=9)                /*外层循环*/
08      {
09          while(j<=9)            /*内层循环*/
10          {
11              printf("%d*%d=%2d ",i,j,i*j);
12              j++;
13          }
14          printf("\n");
15          i++;
16          j=1;
17      }
18      return 0;
19  }
/*Exam5-10 OUTPUT------------------------------------------------
1*1= 1 1*2= 2 1*3= 3 1*4= 4 1*5= 5 1*6= 6 1*7= 7 1*8= 8 1*9= 9
2*1= 2 2*2= 4 2*3= 6 2*4= 8 2*5=10 2*6=12 2*7=14 2*8=16 2*9=18
3*1= 3 3*2= 6 3*3= 9 3*4=12 3*5=15 3*6=18 3*7=21 3*8=24 3*9=27
4*1= 4 4*2= 8 4*3=12 4*4=16 4*5=20 4*6=24 4*7=28 4*8=32 4*9=36
5*1= 5 5*2=10 5*3=15 5*4=20 5*5=25 5*6=30 5*7=35 5*8=40 5*9=45
6*1= 6 6*2=12 6*3=18 6*4=24 6*5=30 6*6=36 6*7=42 6*8=48 6*9=54
7*1= 7 7*2=14 7*3=21 7*4=28 7*5=35 7*6=42 7*7=49 7*8=56 7*9=63
8*1= 8 8*2=16 8*3=24 8*4=32 8*5=40 8*6=48 8*7=56 8*8=64 8*9=72
9*1= 9 9*2=18 9*3=27 9*4=36 9*5=45 9*6=54 9*7=63 9*8=72 9*9=81
---------------------------------------------------------------*/
```

程序解析

（1）因为 while 循环只提供条件判断的部分，在程序一开始时就将 i 及 j 的值设为 1（如程序第 5 行及第 6 行）。i 为外层循环的循环控制变量，j 为内层循环的循环控制变量。

（2）当 i 为 1 时，符合外层 while 循环的条件判断（i<=9），进入循环主体（又是一个 while 循环），而 j 的初值为 1，符合内层 while 循环的条件判断（j<=9），进入循环主体，输出 i*j 的值（1*1=1），j 再加 1 等于 2，仍符合内层 while 循环的条件判断（j<=9），再次执行打印及计算的工作，直到 j 的值为 10 即离开内层 while 循环，回到外层循环。此时，i 会加 1 成为 2，符合外层 while 循环的条件判断，j 的值因为前次执行的结果，已经变成 10，所以要再将 j 的值设回原先的初值 1，才能继续执行循环主体（内层 while 循环），直到 i 的值为 10 时即完全离开嵌套循环。

（3）整个程序到底执行多少次循环，可以看到，当 i 为 1 时，内层循环会执行 9 次（j 为 1~9），内层循环执行完 9 次后，再把 j 的值重设为 1；当 i 为 2 时，内层循环也会执行 9 次（j 为 1~9），再把 j 的值重设为 1，依此类推，这个程序会执行 81 次循环，而屏幕上也正好输出 81 个表达式。

虽然执行的结果一样，但是在这个例子中使用 while 循环并不会比 for 循环方便，反而不容易编写程序，这就印证了上一节中所提到的，到底选择哪一种循环，没有所谓的好与坏，只有合适与不合适的问题，在以后的程序设计中逐步思考。

下面再举一些程序范例，让人们进一步了解嵌套循环的使用。以*符号列出一直角三角形，可以利用嵌套 for 循环来完成，绘制出的流程图如图 5-12 所示。

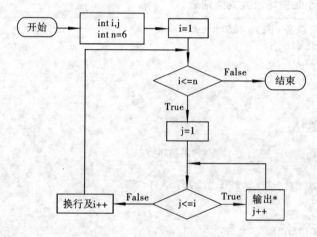

图 5-12　例 5-11 的流程图

【例5-11】利用嵌套for循环完成以*符号列出一直角三角形。

```
01  /*Exam5-11,嵌套循环*/
02  #include <stdio.h>
03  int main(void)
04  {
05     int i,j;
06     int n=6;
07     for (i=1;i<=n;i++)        /*外层循环决定行数*/
08     {
09        for (j=1;j<=i;j++)    /*内层循环输出*星号 */
10           printf("*");
11        printf("\n");
12     }
13     return 0;
14  }
/*Exam5-11 OUTPUT---
*
```

```
**
***
****
*****
******
--------------------*/
```

程序解析

（1）外层循环的循环控制变量 i 为控制输出的列数；内层循环的循环控制变量 j，用来输出*符号；变量 n 的值为列数。

（2）当 i 为 1 时，符合外层 for 循环的条件判断（i<=n），进入循环主体（是一个 for 循环），由于是第一次进入内层循环，所以 j 的初值为 1，符合内层 for 循环的条件判断（1<=1），进入循环主体，输出*符号，j 再加 1 等于 2，不符合内层 for 循环的条件判断（j<=i），即离开内层 for 循环，回到外层循环。此时，i 会加 1 成为 2，符合外层 for 循环的条件判断，再继续执行循环主体（内层 for 循环），直到 i 的值为 n 时即离开嵌套循环。

（3）整个程序到底执行过几次循环呢？当 i 为 1 时，内层循环会执行 1 次（j 为 1），当 i 为 2 时，内层循环也会执行 2 次（j 为 1~2），程序中设 n 值为 6，依此类推，这个程序会执行 1+2+…+n 次循环，而屏幕上也正好输出 6 行共 21 个*符号。

下面举例学习输出嵌套 while 循环的使用，由键盘输入一个正整数，将它倒过来输出。可以将外层循环设计成 while(1) 的语句，除非用户按【Ctrl+C】组合键中断程序，否则程序会不断地执行。流程图如图 5-13 所示。

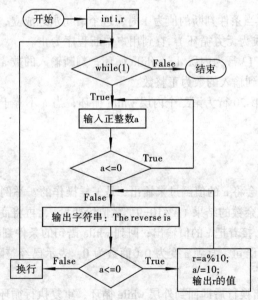

图 5-13　例 5-12 的流程图

【例5-12】 利用while循环，由键盘输入一个正整数，将它倒过来输出。

```
01  /*Exam5-12, 嵌套循环*/
02  #include <stdio.h>
03  int main(void)
04  {
05      int a,r;
06      while(1)
07      {
```

```
08       do                          /*输入大于 0 的正整数*/
09       {
10          printf("Input an integer:");
11          scanf("%d",&a);
12       }
13       while(a<=0);
14       printf("The reverse is ");
15       while(a!=0)                  /*将正整数倒过来输出*/
16       {
17          r=a%10;
18          a/=10;
19          printf("%d",r);
20       }
21       printf("\n\n");
22    }
23    return 0;
24 }
/*Exam5-12 OUTPUT----
Input an integer:-58
Input an integer:13579
The reverse is 97531
Input an integer:2468
The reverse is 8642
Input an integer:
----------------------*/
```

程序解析

（1）while(1)语句表示当条件判断的值为 1 时，这个语句永远成立，所以循环主体（第 7 行～第 22 行）会一直执行（成为无穷循环），直到用户中断程序为止。

（2）程序第 8 行～第 13 行为内层 do...while 循环，判断输入的数 a 是否为正整数，若是小于等于 0 时，会重复输入直到输入的数为正整数。

（3）程序第 15 行～第 20 行为第二个内层 while 循环，当 a 不等于 0 时，执行循环主体中的语句

```
r=a%10;
a/=10;
printf("%d",r);
```

上面这三个输出语句会将 a 的值倒过来输出，是怎样操作的？举例来说，输入 13 579 后会赋给变量 a，a 除以 10 再取余数的结果（a%10=9）赋值给变量 r，再将商数（a/10=1357）赋给 a，此时变量 a 的值为 1 357，接着把 r 的值输出；回到 while 语句的条件判断，a 不为 0，所以继续重复执行循环主体内的三个语句，直到 a 变为 0（商数为 0，表示已经整除到最后 1 位数了），即跳出内层 while 循环。

（4）程序第 21 行输出换行后即回到外层 while 循环，重复执行循环主体，继续输入下一个正整数，再将此数倒过来输出……，直到被中断为止。

5.8　循环的跳离

在 C 语言中，有一些跳离的语句，如 goto、break、continue 等语句，虽然在结构化程序设计的角度上讲，并不鼓励用户运用，因为这些跳离语句会增加错误及阅读上的困难。所以，除非在某些不得已的情况下才可以用，否则最好不要用到它们。本节中，先来介绍 break 及 continue 语句。

5.8.1　break 语句

break 语句可以让程序强迫跳离循环，当程序执行到 break 语句时，即会离开循环，继续执行循环外的下一个语句；如果 break 语句出现在嵌套循环中的内层循环，则 break 语句只会跳离当层循环。以 for 循环为例，在循环主体中有一个 break 语句时，当程序执行到 break，即会离开循环主体，到循环外层的语句继续执行。

```
for(初值设置;条件判断;设增减量)
{
    语句1;
    语句2;
       ⋮
    break;
       ⋮
    语句n;
}
   ⋮
```

以下面的程序为例，利用 for 循环输出循环变量 i 的值，当 i 除以 3 所取的余数为 0 时，即使用 break 语句跳离循环，并在程序结束前输出循环变量 i 最后的值，其流程图如图 5-14 所示。

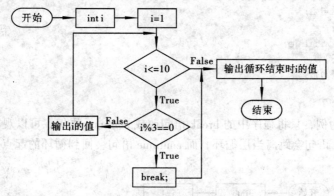

图 5-14　例 5-13 的流程图

【例5-13】使用break跳离循环。

```
01  /*Exam5-13, break 的使用*/
02  #include <stdio.h>
03  int main(void)
04  {
05     int i;
06     for(i=1;i<=10;i++)
07     {
08        if(i%3==0)              /*判断i%3是否为0*/
09           break;
10        printf("i=%d\n",i);  /*输出i的值*/
11     }
12     printf("when loop interruped,i=%d\n",i);
13     return 0;
14  }
/*Exam5-13 OUTPUT-----
i=1
```

```
i=2
when loop interruped,i=3
------------------------*/
```

程序解析

（1）程序第 6 行～第 11 行为循环主体，i 为循环控制变量。

（2）当 i%3 为 0 时，符合 if 的条件判断，即执行程序的第 9 行：break 输出语句，跳离整个 for 循环。此例中，当 i 的值为 3 时，3%3 的余数为 0，符合 if 的条件判断，离开 for 循环，执行程序第 12 行：输出循环结束时循环控制变量 i 的值 3。

通常都会设置一个条件，当条件成立时，不再继续执行循环主体，所以在循环中出现 break 语句时，if 语句通常也会同时出现。此外，在 switch 语句中也会使用到 break 语句。

5.8.2 continue 语句

continue 语句可以强迫程序跳到循环的开头，当程序执行到 continue 语句时，即会停止执行剩余的循环主体，而到循环的开始处继续执行。以下面的 for 循环为例，在循环主体中有一个 continue 语句时，当程序执行到 continue，即会回到循环的起点，继续执行循环主体的部分语句。

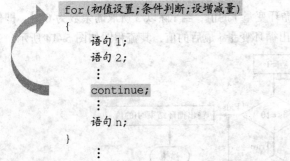

```
for(初值设置;条件判断;设增减量)
{
    语句 1;
    语句 2;
    ⋮
    continue;
    ⋮
    语句 n;
}
    ⋮
```

再以例 5-13 为例，只将程序中的 break 语句改成 continue 语句，可以观察一下这两种跳离语句的不同。break 语句会跳离当层循环，而 continue 语句会回到循环的起点，更改后的流程图如图 5-15 所示。

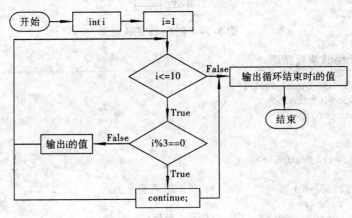

图 5-15 例 5-14 的流程图

【例5-14】continue 的使用。

```
01  /*Exam5-14, continue 的使用*/
02  #include <stdio.h>
03  int main(void)
04  {
```

```
05      int i;
06      for(i=1;i<=10;i++)
07      {
08        if(i%3==0)                    /*判断 i%3 是否为 0*/
09          continue;
10        printf("i=%d\n",i);           /*输出 i 的值*/
11      }
12      printf("when loop interruped,i=%d\n",i);
13      return 0;
14    }
/*Exam5-14 OUTPUT-------
i=1
i=2
i=4
i=5
i=7
i=8
i=10
when loop interruped,i=11
--------------------------*/
```

程序解析

（1）程序第 6 行～第 11 行为循环主体，i 为循环控制变量。

（2）当 i%3 为 0 时，符合 if 的条件判断，即执行程序第 9 行：continue 语句，跳离当前的 for 循环（不再执行循环内其他的语句），再回到循环开始处继续判断是否执行循环。此例中，当 i 的值为 3、6、9 时，取余数为 0，符合 if 的条件判断，离开当层的 for 循环，再回到循环开始处继续判断是否执行循环。

（3）当 i 的值为 11 时，不符合循环执行的条件，此时执行程序第 12 行：输出循环结束时循环控制变量 i 的值 11。

可以发现，当条件判断成立时，break 语句与 continue 语句会有不同的执行方式。break 语句不管情况如何，先离开循环再说；而 continue 语句则不再执行此次循环的剩余语句，直接回到循环的开头。当选择使用跳离语句时，可以按照需求来使用它们，当然，最好是不要用到。

小　　结

循环结构是程序设计中最重要的，因为计算机的优势就在于它可以不厌其烦的重复工作。本章学习到的循环语句有 while、do...while 和 for 语句，重复执行的语句称为循环体，表达式称为循环表达式，控制循环次数的变量称为循环变量。在利用循环结构进行程序设计时，循环次数的控制要正确，否则，要么逻辑不对，要么可能构成死循环，有时可以通过循环变量来控制循环次数，有时不需要通过循环变量来控制次数，而是通过一些特殊的条件来终止循环。在本章中还学习了循环的嵌套，就是在一个循环体内包含另一个循环。很多问题需要多重循环才能解决。总的来说，用循环结构解决实际问题的方法大致可分为求和（积）、迭代、穷举等几类。

实验　循环结构程序设计应用

一、实验目的

通过实验，使学生掌握循环结构设计的三种控制语句：while 语句、do...while 语句、for 语句的使用，了解用循环的方法实现常用的算法设计。

二、实验内容

1. 改错题

（1）下列程序的功能是输出 1～20 这 20 个数。纠正程序中存在的错误，使程序实现其功能。

```c
#include"stdio.h"
#include "stdio.h"
void main()
{ int i;
  i=0;
  while(i<20)
    i++;
    printf("%d",i);
  printf("\n");
}
```

（2）下列程序的功能为：计算 y=1*3*5*…*15。纠正程序中存在的错误，使程序实现其功能。

```c
#include "stdio.h"
main()
{ int a;long y;
  a=y=1;
  do
    a=a+2
    y=y*a;
  while(a!=15)
printf("1*3*5*…*15=%d\n",y);
```

2. 填空题

（1）下面程序的功能是：读入 10 个数，编写程序求其中的最大值。

```c
#include"stdio.h"
main()
{ int i;
  float  x,max;
  printf("\nplease input data: ");
  scanf("%f",&x);
          _____;
  for(i=1;i<10;i++)
  { _____;
      if(_____) mac=x;
  }
printf("The Max data is:%f\n",max);
}
```

（2）下面程序的功能：用"辗转相除法"求两个正整数的最大公约数。请填写完整程序后，使程序实现其功能。

```c
#include "stdio.h"
main()
{ int  r,m,n,t;
  scanf(%d%d,&m,&n);
  if(m<n)
  _____
  r=m%n;
  while(r){m=n;n=r;r= _____;}
  printf("%d\n",n);
}
```

3. 编程题

（1）设计程序输出所有的"水仙花数"。"水仙花数"是指一个三位数，其各位数字立方和等于该数本身。例如，153 是一个"水仙花数"，因为 $153=1^3+5^3+3^3$。

（2）用下列近似公式计算 e 的值，其中 n 的取值越大越接近 e 的值，这里取值为 20 即可。

E=1+1/1!+1/2!+1/3!+1/4!+…+1/n!

（3）设计程序，打印输出下面图形：

```
        *
       ***
      *****
     *******
    *********
   ***********
```

三、实验评价

完成表 5-3 所示的实验评价表的填写。

表 5-3　实验评价表

能力分类	内　　容		评　　　　　价				
	学习目标	评　价　项　目	5	4	3	2	1
职业能力	for 语句的使用	理解 for 语句的使用方法、形式、功能及其执行过程					
		能用 for 语句编写循环次数已知或未知的循环结构程序					
		能正确分析循环嵌套程序的输出结果					
	while 语句与 do…while 语句的使用	熟练掌握 while 语句和 do…while 语句形式及执行过程					
		理解 while 和 do…while 用于循环条件已知的循环结构					
		能正确编译、运行、修改 while 和 do…while 语句构成的循环程序					
通用能力	阅读能力						
	设计能力						
	调试能力						
	沟通能力						
	相互合作能力						
	解决问题能力						
	自主学习能力						
	创新能力						
综合评价							

习　　题

一、选择题

1. 有以下程序

```c
int i,n;
for(i=0;i<8;i++)
{ n=rand()%5;
  switch(n)
  { case 1:
    case 3:printf("%d\n",n);break;
    case 2:
    case 4:printf("%d\n",n);continue;
    case 0:exit(0);
  }
printf("%d\n",n);
}
```

以下关于程序执行情况的叙述，正确的是（　　　）。

    A. for 循环语句固定执行 8 次

    B. 当产生的随机数 n 为 4 时结束循环操作

    C. 当产生的随机数 n 为 1 和 2 是不做任何操作

    D. 当产生的随机数 n 为 0 时结束程序运行

2. 有以下程序

```c
#include<stdio.h>
main()
{ char s[]="012xy\08s34f4w2";
  int i,n=0;
  for(i=0;s[i]!=0;i++)
      if(s[i]>='0'&&s[i]<='9') n++;
      printf("%d\n",n);
}
```

程序运行后的输出结果是（　　　）。

    A. 0   B. 3   C. 7   D. 8

3. 若 i 和 k 都是 int 类型变量，有以下 for 语句

```c
for(i=0,k=-1;k=1;k++)  printf("*****\n");
```

下面关于语句执行情况的叙述中正确的是（　　　）。

    A. 循环体执行两次   B. 循环体执行一次   C. 循环体一次也不执行   D. 构成无限循环

4. 有以下程序

```c
#include<stdio.h>
main()
{ char b,c;int i;
  b='a';c='A';
  for(i=0;i<6;i++)
  {if(i%2) putchar(i+b);
      else putchar(i+c);
   }printf("\n");
}
```

程序运行后的输出结果是（　　　）。

    A. ABCDEF   B. AbCdEf   C. aBcDeF   D. abcedf

5. 有以下程序

```c
#include<stdio.h>
main()
{ …
  While(getchar()!='\n);
   …
}
```

以下叙述中正确的是（　　　）。

    A. 此 while 语句将无限循环

    B. getchar()不可以出现在 while 语句的条件表达式中

    C. 当执行此 while 语句时，只有按【Enter】键，程序才能继续执行

    D. 当执行此 while 语句时，按任意键程序就能继续执行

6. 有以下程序

```c
#include<stdio.h>
main()
```

```
{ int a=1,b=2;
  while(a<6){b+=a;a+=2;b%=10;}
  printf("%d,%d\n",a,b);
}
```
程序运行后的输出结果是（　　　）。

  A. 5,11   B. 7,1   C. 7,11   D. 6,1

7. 有以下程序
```
#include<stdio.h>
main()
{ int y=10;
  while(y--);
  printf("y=%d\n",y);
}
```
程序运行后的输出结果是（　　　）。

  A. y=0   B. y=-1   C. y=1   D. while 构成无限循环

8. 有以下程序
```
#include<stdio.h>
main()
{ int i,j,m=1;
  for(i=1;i<3;i++)
  {
     for(j=3;j>0;j--)
     { if(i*j>3) break;
        m*=i*j;
     }
  }
  printf("m=%d\n",m);
}
```
程序运行后的输出结果是（　　　）。

  A. m=6   B. m=2   C. m=4   D. m=5

9. 有以下程序
```
#include<stdio.h>
main()
{ int a=1,b=2;
  for(;a<8;a++) {
  b+=a; a+=2;}
  printf("%d,%d\n",a,b);
}
```
程序运行后的输出结果是（　　　）。

  A. 9,18   B. 8,11   C. 7,11   D. 10,14

10. 有以下程序
```
#include<stdio.h>
main()
{ int n=2,k=0;
  while(k++&&n++>2);
  printf("%d %d\n",k,n);
}
```
程序运行后的输出结果是（　　　）。

  A. 0　2   B. 13   C. 5　7   D. 1　2

二、填空题

1. 有以下程序

```
#include<stdio.h>
main()
{ int  m,n;
   scanf("%d%d",&m,&n);
   while(m!=n)
   { while(m>n)  m=m-n;
        while(m<n)  n=n-m;
   }
printf("%d\n",m);
}
```

程序运行后，当输入 14   63，并按【Enter】键时，输出结果是_____。

2. 以下程序运行后的输出结果是_____。

```
#include<stdio.h>
main()
{ int a=1,b=7;
   do{
       b=b/2;a+=b;
       }while(b>1);
printf("%d\n",a);
}
```

3. 有以下程序

```
#include<stdio.h>
main()
{ int  f,f1,f2,i;
   f1=0;f2=1;
   printf("%d %d",f1,f2);
   for(i=3;i<=5;i++)
   {  f=f1+f2;
      printf("%d",f);
      f1=f2;f2=f;
   }
printf("\n");
}
```

程序运行后的输出结果是_____。

4. 有以下程序

```
#include<stdio.h>
main()
{ char  c1,c2;
   scanf("%c",&c1);
   while(c1<65||c1>90) scanf("%c",&c1);
   c2=c1+32;
   printf("%c,%c\n",c1,c2);
}
```

程序运行输入 65 并按【Enter】键后，能否输出结果并结束运行(请回答能或不能)_____。

5. 以下程序运行后的输出结果是_____。

```
#include<stdio.h>
main()
{ int k=2,s=0;
   do{
      if((k%2)!=0)  continue;
      s+=k;k++;
      }while(k>10);
   printf("s=%d\n",s);
}
```

第6章

函数与预处理命令

　　函数是 C 语言的基本组成单位。函数可以简化主程序的结构，也可以节省编写相同程序代码的时间，达到程序模块化的目的。此外，利用预处理不但可以完成简单函数的定义，同时还可以包含所需要的文件到程序里。在本章中，除了学习函数的基本概念，使用自定义函数与预处理命令也是学习的重点。

6.1　简单的函数

　　在讲解函数的结构之前，先来学习一个简单的实例，这个程序可以让用户在键盘中输入整数，并输出该整数的平方值，且在运算结果的前后各输出一列星号（*）。

【例6-1】简单的函数。

```
01  /*Exam6-1，简单的函数*/
02  #include <stdio.h>
03  void star(void);
04  int main(void)
05  {
06    int i;
07    printf("Input an integer:");
08    scanf("%d",&i);
09    star();                        /*调用自定义的函数，输出星号*/
10    printf("%d*%d=%d\n",i,i,i*i);  /*输出平方值*/
11    star();                        /*调用自定义的函数，输出星号*/
12    return 0;
13  }
14  void star(void)                  /*自定义的函数star()*/
15  {
16    int j;
17    for(j=1;j<=8;j++)
18      printf("*");                 /*输出*星号*/
19    printf("\n");
20    return;
21  }
/*Exam6-1 OUTPUT---
Input an integer:6
```

```
********
6*6=36
********

----------------------*/
```

程序解析

（1）程序第3行，声明自定义的函数 star()，并没有返回任何值（star()前面加上一个 void 保留字），同时也不传入任何值给 star()函数使用（star()括号内的自变量为 void）。也就是说，这一行声明了函数的基本规则（输入与返回类型），因此称这一行是函数原型（Prototype）的声明。

（2）程序第7行~第8行，由键盘输入一整数并由变量 i 接收。

（3）程序第9行、第11行，分别调用自定义的函数 star()。

（4）程序第10行，输出 i 的平方值。

（5）程序第14行~21行，为输出自定义的 star()函数主体，输出八个星号（*）。

在图 6-1 中，可以很清楚地看到，当主程序调用 star()函数时，控制权会先交给 star()函数，等到函数执行完毕，即会回到原先调用该函数的下一个语句，继续执行主程序中的语句。

在例 6-1 中，使用了 C 语言的标准函数 printf() 及 scanf()函数，同时也使用自定义的 star()函数，输出八个星号。这个程序虽然简单，却也引出不少 C 语言的函数基本概念。在接下来的章节中，我们会分别介绍到函数的重要概念，首先来看看函数的基本结构及应用。

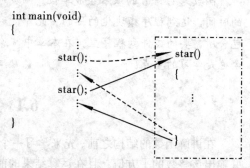

图 6-1　函数调用与返回的方法

6.2　函数的基本结构

一个完整的函数基本结构包括函数的返回类型声明、参数的使用、函数主体及返回值，这些结构都可以在任何一个函数中找到。

6.2.1　函数原型的声明、编写与调用

同使用变量一样，在使用自定义的函数时，也需要声明，但函数的声明必须多费点工夫，不仅要声明函数的返回类型，同时也要说明传入函数的自变量类型。"函数原型"的声明格式如下：

返回值类型　函数名称(参数类型1,参数类型2,…,参数类型n);

所谓"函数原型"的声明，是指当声明函数时，除了将函数的返回值告知编译程序外，还将函数内所有的参数类型一起声明。如此一来，不但可以减少编译程序判别函数参数与返回值类型的时间，还可以增加程序执行的速度与效率。图 6-2 即为合法的函数声明格式。

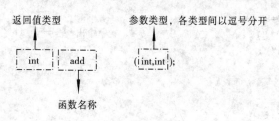

图 6-2　合法的函数声明格式

同样，自定义函数名称的命名和变量的命名规则相同，函数名称不能使用到 C 语言的关键字，建议以有意义的名称为函数命名。

函数的原型可置于 main()函数的外面，也可置于 main()函数的里面。本书习惯将函数原型置于 main()函数之外。

若不需要传递任何信息给被调用的函数，在声明函数原型时，可以在括号内加上 void 字样，告诉编译程序该函数没有参数。举例来说，在程序的刚开始即作出如下的声明：

```
int star(void);  /*声明一个名为 star 的函数，其返回值为整型类型，没有参数*/
```

上面的语句中声明了一个名为 star 的函数，其返回值为整型类型，括号内填入 void 字样，表示该函数不需要传递任何的参数。

若在函数使用前没有进行函数原型的声明，编译程序仍然会让程序继续执行，并给出警告（Warning）信息，这样就不能保证这个程序移植到其他 C 语言编译系统后，可以正确无误地执行，所以，建议养成良好的习惯，在程序开始处将自定义的函数声明进来。

可以将自定义函数的主体放在程序中任意的位置，或者是按照函数字母的顺序排放。一般而言，main()函数都会置于程序刚开始处，自定义函数会在 main()函数的后面。如果把自定义函数置于 main()函数的前面，则不需要声明函数的原型。自定义函数编写方式和已熟悉的 main()函数类似的定义格式如下：

```
返回值类型 函数名称(类型 1 参数 1,…,类型 n 参数 n)
{
        变量声明;
        语句主体;
        return 表达式;
}
```

调用函数的方式有两种，一种是将返回值赋给某个变量接收，格式如下：

```
变量 = 函数名称(参数);
```

另一种则是直接调用函数，不需要返回值，格式如下：

```
函数名称(参数);
```

若是不需要传递任何信息给函数，在定义及调用函数时，只要保留括号而不用填入任何内容。举例来说，目前所看到的 main()函数并没有传递任何的参数，所以括号里是空的，虽然如此，还是要把括号写出来。下面的语句为常见的函数调用：

```
i=func();    /*调用 func()函数，并将返回值给 i 存放*/
star();      /*直接调用 star()函数，没有返回值*/
```

图 6-3 为典型的自定义函数 square()的声明、调用及其内容。这个函数的作用是将输入 square()函数内的参数平方，并返回其值。

函数的编写方式和一般的程序一样，但如果想在函数内使用某些变量，却不希望主程序或其他函数存取这个变量，就必须在此函数内声明这些变量。声明在函数内的变量称为"局部变量"（Local Variable），如上面的程序段中，square()函数的整型变量 squ 即为局部变量。

同时注意到，在 square()函数中并没有声明变量 i，但是程序中却可以使用它，其实，在 int square(int i)中，函数在接收参数时，就已经声明这个变量 i 为整型类型，所以不需要再次在函数内声明。

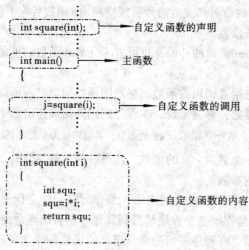

图 6-3　自定义函数的使用范例说明

6.2.2　函数的自变量与参数

　　严格说来，当需要将数据传递到函数时，要传递给函数的数据通常置于函数的括号内，这些数据称为函数的"自变量"（Argument）。自变量可以是变量、表达式、常量或者地址；而函数所收到的数据称为"参数"（Parameter）。一般都不会特别区分自变量及参数的不同，它们所指的数据都是相同的。此外，除非调用函数时所传递的数据是某个变量的地址（传址调用，Call By Address），否则都是以"传值调用"（Call By Value）的方式将数据当做自变量来传递给函数。关于"传址调用"的部分，将在第 10 章指针中具体讨论。

　　在声明函数的同时，也要将所有自变量的类型一起声明，C 语言并没有限制自变量的个数，但是在调用函数时，必须置入相同数目、类型的参数，将数据送到被调用的函数中，否则编译程序会出现警告信息 too many actual parameters，提示传入太多的参数到函数里，或者 declared formal parameter list different from definition 声明的自变量与定义的参数不同。

　　下面的程序是由键盘输入一个整数，将该整数当成自变量传入函数，计算绝对值后再返回运算的结果，并在主程序中输出绝对值。

【例6-2】求绝对值。

```
01   /*Exam6-2，求绝对值*/
02   #include <stdio.h>
03   int abs(int);                      /*声明函数 abs()*/
04   int main(void)
05   {
06      int i;
07      printf("Input an integer:");    /*输入整数*/
08      scanf("%d",&i);
09      printf("|%d|=%d\n",i,abs(i));   /*输出绝对值*/
10      return 0;
11   }
12   int abs(int a)                     /*自定义的函数 abs()，返回绝对值*/
13   {
14      if(a<0)
15        return -a;
```

```
16    else
17        return a;
18  }
/*Exam6-2 OUTPUT---
Input an integer:-6
|-6|=6
--------------------*/
```

程序解析

（1）程序第 3 行，声明自定义的函数 abs()，其返回值类型为 int 整型类型，有一个整型类型的参数。

（2）程序第 7 行～第 8 行，由键盘输入整数，并把值赋给变量 i 存放。

（3）程序第 9 行，输出变量 i 的绝对值，并调用自定义的 abs() 函数，其自变量为 i。

（4）程序第 12 行，为 abs() 函数的起始处，返回值类型为整型类型，接收的参数为整型类型的变量 a。

（5）程序第 13 行～第 18 行，为函数 abs() 的主体。当 a<0，返回-a 的值；否则返回 a 的值。

（6）由于输入 a 的值为-6，当主程序调用 abs() 函数时，可以看成 abs(-6) 传递到函数中，a 会接收 i 的值-6，由于-6<0，返回值即为-a=-(-6)=6。

再举个传入两个参数的例子。要将变量 a 及 b 的值传递到 func 函数中，并将 a 及 b 分别加 10，输出运算的结果，同时，在调用 func() 函数前后也将变量 a 及 b 的值输出，程序如下。

【例6-3】调用自定义函数。

```
01  /*Exam6-3，调用自定义函数*/
02  #include <stdio.h>
03  void func(int,int);                  /*声明函数 func()*/
04  int main(void)
05  {
06     int a=3,b=6;
07     printf("In main(),a=%d,b=%d\n",a,b);   /*输出 a, b 的值*/
08     func(a,b);
09     printf("After func(),a=%d,b=%d\n",a,b);
10     return 0;
11  }
12  void func(int a,int b)               /*自定义的函数 func()，输出 a, b 的值*/
13  {
14     a+=10;
15     b+=10;
16     printf("In func(),a=%d,b=%d\n",a,b);
17     return;
18  }
/*Exam6-3 OUTPUT---
In main(),a=3,b=6
In func(),a=13,b=16
After func(),a=3,b=6
--------------------*/
```

程序解析

（1）程序第 3 行，声明自定义的函数 func()，void 为无返回值类型，有两个整型类型的参数。

（2）程序第 7 行及第 9 行，调用 func() 函数前后都输出 a 及 b 的值。

（3）程序第 8 行，调用函数 func()，自变量为 a 及 b。

（4）程序第 12 行，为 func()函数的起始处，void 为无返回值类型，接收的参数为整型变量 a 及 b。

（5）程序第 13 行～第 18 行，为函数 func()的主体。在函数中分别将 a、b 加 10 后，再输出 a、b 的内容。

（6）由于程序中 a 及 b 的值为 3、6，当主程序调用 func()函数时，可以看成 func(3,6)传递到函数中，a 会接收 main()函数里 a 的值 3，b 会接收 main()函数里 b 的值 6，所以，a+=10=3+10=13，b+=10=6+10=16，输出 a、b 的值为 13 与 16。

（7）函数执行完毕后，控制权交给原输出调用函数的下一个语句，程序第 9 行：输出 a、b 的值，由于 a 及 b 是局部变量，所以输出的结果仍然为 3、6，而不是 func()函数中的 13、16。

由上面的例子可以看到，传递到函数的自变量和接收的参数名称是相同的，这并不会影响到程序的进行，在程序中所声明的变量都是属于局部变量，只会在最近的左、右花括号中活动，所以可以决定自变量和参数的变量名称是否要一样。有关于"局部变量"的部分，在本章稍后会有详细的说明。

有些函数如 printf()及 scanf()函数的自变量个数是不固定的，使用 printf()或 scanf()函数时，第一个自变量要是字符串（以双引号包围），而其他自变量的类型及数量则按照用户的需要自定义。以 stdio.h 头文件中声明的 printf()函数原型为例，可以看到第一个自变量的类型为字符串类型，而其他自变量的类型及数量则未定，以...表示，如图 6-4 所示。

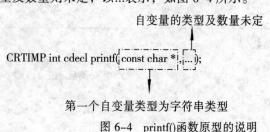

图 6-4　printf()函数原型的说明

6.2.3　函数的常量返回值

若是需要将函数处理后的数据返回给原先调用它的函数时，即可使用 return 命令，这个被返回去的数据称为"返回值"，返回值可以是整数、常量、浮点数等各种类型。当然，并不是每次调用函数时一定会有返回值，所以可以根据具体情况来使用 return 语句。当声明及定义函数的返回值类型并非 void 类型，而函数里并没有使用到 return 语句结束函数时，编译程序即会出现警告信息 no return value，告诉该函数没有返回值。return 语句的格式如下：

return 表达式;

在关键常量字 return 后面的表达式，即为函数的返回值，表达式可以是变量、常量或是表达式。若是不需要函数返回任何数据时，在声明函数时，可以直接填入"返回值类型"为 void，在编写函数时，就不用加上 return 语句，函数执行到右花括号时，即会自动结束该函数的执行，回到原先调用该函数的下一个语句。以下面的程序为例，输入两个整数，使用一个比较大小的函数 max()，返回较大值后输出结果。

【例6-4】返回两个数的较大值。

```
01  /*Exam6-4,返回较大值*/
02  #include <stdio.h>
```

```
03    int max(int,int);              /*声明函数max()*/
04    int main(void)
05    {
06       int a,b;
07       printf("First number:");    /*输入两个整数*/
08       scanf("%d",&a);
09       printf("Second number:");
10       scanf("%d",&b);
11       printf("The larger number is %d\n",max(a,b));  /*输出较大值*/
12       return 0;
13    }
14    int max(int i,int j)           /*自定义的函数max()，返回较大值*/
15    {
16       if(i>j)
17          return i;
18       else
19          return j;
20    }
/*Exam6-4 OUTPUT-----
First number:12
Second number:35
The bigger number is 35
----------------------*/
```

程序解析

（1）程序第 3 行，声明自定义的函数 max()，其返回值类型为 int 整型类型，有两个整型类型的参数。

（2）程序第 4 行，在 main() 函数前加上 void，表示 main() 函数无返回值。

（3）程序第 7 行～第 10 行，由键盘输入两个整数并指定给 a 及 b 存放。

（4）程序第 11 行，输出两数中较大值，即输出 max 函数的返回值。

（5）程序第 14 行，为 max() 函数的起始处，返回值类型为整型类型，接收的参数为 i 及 j 两个整型类型的变量。

（6）程序第 15 行～第 20 行，为函数 max() 的主体。当 i 的值大于 j，返回 i 的值；否则返回 j 的值。

（7）由于这里输入 a 及 b 的值为 12、35，当程序中调用 max() 函数时，可以看成将 max(12,35) 传递到函数中，i 会接收 a 的值 12，j 会接收 b 的值 35，由于 i>j 不成立，返回值即为 j 的值 35。

再例如，输入两个整数后，利用辗转相除法计算并返回两数的最大公因子，再输出结果，程序的编写如下所示。

【例6-5】求两个数的最大公因子。

```
01    /*Exam6-5，最大公因子*/
02    #include <stdio.h>
03    int gcd(int,int);              /*声明函数gcd()*/
04    int main(void)
05    {
06       int a,b;
07       printf("First number:");    /*输入两个整数*/
08       scanf("%d",&a);
```

```
09      printf("Second number:");
10      scanf("%d",&b);
11      printf("The GCD of %d and %d is %d\n",a,b,gcd(a,b));   /*输出gcd值*/
12      return 0;
13   }
14   int gcd(int i,int j)              /* 自定义的函数gcd(),返回最大公因子 */
15   {
16      int g;
17      while(j!=0)
18      {
19         g=i%j;
20         i=j;
21         j=g;
22      }
23      return i;
24   }
/*Exam6-5 OUTPUT-------
First number:21
Second number:49
The GCD of 21 and 49 is 7
-------------------------*/
```

程序解析

（1）程序第 3 行，声明自定义的函数 gcd()，其返回值类型为 int 整型类型，有两个整型类型的参数。

（2）程序第 7 行～第 10 行，由键盘输入两个整数并指定给 a 及 b 存放。

（3）程序第 11 行，输出两数的最大公因子，即输出 gcd() 函数的返回值。

（4）程序第 14 行，为 gcd() 函数的起始处，返回值为整型类型，接收的参数为 i 及 j 两个整数类型的变量。

（5）程序第 15 行～第 24 行，为函数 gcd() 的主体。在函数中声明一个局部变量 g，存放 i（除数）与 j（被除数）相除的余数。程序第 17 行，当被除数 j 的值不为 0 时，执行循环主体，将 i%j 的余数赋值给 g 存放，再将 i 的值变成 j（被除数变成除数），j 的值变成 g（余数变为被除数），直到 j 的值变为 0，表示已被整除，即离开 while 循环，函数结束时将 i 的值返回。

（6）由于这里输入 a 及 b 的值为 21、49，当程序中调用 gcd() 函数时，可以看成 gcd(21,49) 传递到函数中，i 会接收 a 的值 21，j 会接收 b 的值 49，所以 j!=0 成立，执行循环主体。第一次执行时，g=i%j=21%49=21，i=j=49，j=g=21（不等于 0）；第二次执行时，g=i%j=49%21=7，i=j=21，j=g=7（不等于 0）；第三次执行时，g=i%j=21%7=0，i=j=7，j=g=0；此时，j 为 0 不符合进入 while 循环的条件，即离开循环，继续执行第 26 行的语句，返回 i 的值 7。

使用 return 语句的另一个目的就是可以结束函数的执行，将程序执行的控制权交还给原先调用函数的下一个语句。当函数没有返回值（函数类型为 void）的情况下，可以在函数结束的地方加上如下面的语句：

```
return;
```

当然，也可以在没有返回值的情况下，不使用 return 语句作为函数的结束，因为当函数执行到右花括号时，也会自动结束函数，回到原先调用函数的下一个语句继续执行。以下面的程序为例，在键盘输入想要输出的字符及输出的次数，利用函数处理输出的步骤后，再输出 Printed!!字符串。

【例6-6】定义没有返回值的函数。

```
01  /*Exam6-6，没有返回值的函数*/
02  #include <stdio.h>
03  void myprint(int,char);
04  int main(void)
05  {
06      int a;
07      char ch;
08      printf("Input a character:");
09      scanf("%c",&ch);
10      printf("How many times do you want to print? ");
11      scanf("%d",&a);
12      myprint(a,ch);                  /*调用自定义的函数，输出a个字符*/
13      printf("Printed!!\n");
14      return 0;
15  }
16  void myprint(int n,char c)          /*自定义的函数myprint()*/
17  {
18      int i;
19      for(i=1;i<=n;i++)
20          putchar(c);                 /*输出字符*/
21      printf("\n",c);
22      return;
23  }
/*Exam6-6 OUTPUT----------------------
Input a character:%
How many times do you want to print? 6
%%%%%%
Printed!!
------------------------------------*/
```

程序解析

（1）程序第 3 行，声明自定义的函数 myprint()，void 为无返回值类型，参数有两个，分别为整型及字符类型。

（2）程序第 8 行～第 11 行，由键盘输入想要输出的字符 ch 及次数 a。

（3）程序第 12 行，调用 myprint()函数，其自变量为 a（输出的次数）及 ch（想要输出的字符）。

（4）程序第 13 行，myprint()函数处理完毕，再输出字符串 Printed!!。

（5）程序第 16 行，为 myprint()函数的起始处，输出返回值类型为 void，接收的参数为整型变量 n 及字符变量 c。

（6）程序第 17 行～第 23 行，为函数 myprint()的主体。在函数中声明一个局部变量 i，为循环控制变量。程序第 19 行～第 20 行，当 i 的值<=n 时，执行 for 循环主体，输出字符变量 c 的内容，直到 i>n 即跳离循环，再换行输出。

（7）由于这里输入 ch 及 a 的值为%、6，当程序中调用 myprint()函数时，可以看成 myprint(6,%)传递到函数中，n 会接收 a 的值 6，c 会接收 ch 的值%，所以第一次进入循环时，i 的值为 1，当 i<=6，执行循环体，输出字符%，i 的值加 1，再重复测试进入循环的条件，直到 i=7 不符合进入 for 循环的条件，即离开循环，继续执行第 21 行的语句，换行，结束 myprint()函数的执行。

（8）myprint()函数结束执行后，控制权交还给原先调用 myprint()函数的下一个语句，即程序第 13 行，输出字符串 Printed!!。

当函数声明为 void 无返回值类型时，不管是否使用到 return 语句，都可以合法地结束函数的执行，而不会有警告信息；此外，可以由例 6-6 很清楚地看到程序流程的控制。

程序中函数的使用频率是非常高的，因为函数不但可以重复使用，还可以简化主程序的结构，提高执行的效率。不但如此，无论程序中调用某个函数几次，该函数所产生的程序代码只会被编译一次，并不会因调用次数的增加而增加，造成编译后程序代码的膨胀。

6.3　变量的等级

在 C 语言中，按照变量声明的位置，分为"外部变量"及"局部变量"。这些变量依其存放在内存中的方式，又可以分为动态、静态及寄存器三种。C 语言提供了 auto、static auto、extern、static extern 及 register 等五种变量等级，在声明变量时，可以一起将变量名称及其等级同时声明，如下面的语句：

```
auto int i;          /*声明一个名为 i 的局部整型变量*/
extern char ch;      /*声明一个名为 ch 的外部字符变量*/
static float f;      /*声明一个名为 f 的静态浮点数变量*/
```

6.3.1　局部变量

所谓的"局部变量"（Local Variable），就是在左、右花括号中所包围起来的段内所声明的变量，又称为"自动变量"（Automatic Variable）。局部变量在编译的过程中并不会被分配一块内存空间，而是在程序执行时会以堆栈（Stack）的方式存放，它是属于动态的变量。

在函数里声明的变量，若是没有特别指明其变量等级，编译程序会直接认定该变量是局部变量，到目前为止，前面所使用的变量都属于局部变量，如下面的声明都是属于局部变量的一种。

```
auto int i;          /*声明一个名为 i 的局部整型变量*/
char ch;             /*声明一个名为 ch 的局部字符变量*/
```

局部变量的"作用范围"（Scope）是其所属的左、右花括号中所包围起来的段（通常为一个函数），其他段都无法使用这个局部变量。局部变量的"生命周期"（Lifetime）则是在变量所属的函数被调用时开始，到函数执行结束时结束。

举例来说，若是在 abs()函数中声明了整型变量 i，则当主函数调用 abs()函数时，i 这个变量才开始在堆栈中占有一个块，而当 abs()函数执行完毕，控制权交还给原调用函数的下一语句时，变量 i 所占有的位置就会被释放，而 i 的值也会消失。可以看到，在图 6-5 中，局部变量 i 在所属的段中的作用范围。

以下面的程序为例，在 main()函数及 func()函数里各声明一个整型变量 a，分别赋值为 100

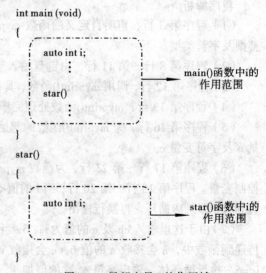

图 6-5　局部变量 i 的作用域

及 300，并在调用 func()函数前后及函数中将 a 值输出，仔细观察在 main()函数及 func()函数里 a 值的变化。

【例6-7】局部变量的使用。

```
01  /*Exam6-7,局部变量*/
02  #include <stdio.h>
03  void func(void);
04  int main(void)
05  {
06      auto int a=100;
07      printf("In Main(),a=%d\n",a);        /*输出 main()中 a 的值*/
08      func();                              /*调用自定义的函数*/
09      printf("In Main(),a=%d\n",a);        /*输出 a 的值*/
10      return 0;
11  }
12  void func(void)                          /*自定义的函数 func()*/
13  {
14      int a=300;
15      printf("In func(),a=%d\n",a);        /*输出 func 函数中 a 的值*/
16      return;
17  }
/*Exam6-7 OUTPUT-------
In Main(),a=100
In func(),a=300
In Main(),a=100
-------------------------*/
```

程序解析

（1）在程序刚开始时 a 赋值为 100，调用 func()函数，函数中也有一个整型变量 a，其值为 300，当函数执行完毕回到原调用函数的下一个语句：输出 a 的值，a 仍然为 100。

（2）程序中虽然有两个变量 a，但这两个变量 a 占有的内存位置、作用范围及生命周期都是不一样的。在 main()函数中的变量 a，只能在 main()函数里使用，当 main()函数结束执行时，这个变量 a 的内存空间才会被释放；而 func()函数里的变量 a，只有当 main()函数调用 func()函数时，变量 a 才开始在堆栈中占有一个区块，而当 func()函数执行完毕，控制权交还给原调用函数的下一个语句时，变量 a 所占有的空间就会被释放，而 a 的值也会消失。所以，调用 func()函数完毕后再输出的 a 值仍然是 100。

（3）即使没有在声明时加上变量的等级 auto，但所声明的变量也还是局部变量。

6.3.2 静态局部变量

另一种和局部变量类似的变量是"静态局部变量"，它也是在段内部"声明"，但静态局部变量是在编译时就已分配有固定的内存空间。下面的语句为静态局部变量的定义范例。

```
static float f;        /*定义一个名为 f 的静态局部浮点数变量*/
```

值得注意的是，我们所使用的动态变量是函数执行时以堆栈方式建立一个区块供变量使用的，并没有固定的内存空间，以这种方式建立的变量称为"声明"（Declaration），如 auto 的变量等级。而在编译时就已分配有固定的内存空间的变量，则称为"定义"（Definition），如 static、extern、static extern 的变量等级。

静态局部变量的作用范围和局部变量相同，都是在所属的左、右花括号中所包围起来的段（通常为一个函数），其他段无法使用这个变量。静态局部变量的"生命周期"则在被编译时即被分配一个固定的内存开始，函数执行结束时静态变量并不会随之结束，其值也会被保留下来。若是再次调用该函数时，会将静态变量存放在内存空间中的值取出来使用，而非定义的初值。

以下面的程序为例，使用一个 func()函数，函数里声明了一个静态局部变量 a，并赋初值为 100，在 main()函数中连续调用 func()函数三次，看到静态局部变量 a 的变化。

【例6-8】局部静态变量的使用。

```
01  /*Exam6-8,局部静态变量*/
02  #include <stdio.h>
03  void func(void);
04  int main(void)
05  {
06      func();                          /*调用自定义的函数*/
07      func();
08      func();
09      return 0;
10  }
11  void func(void)                      /*自定义的函数 func()*/
12  {
13      static int a=100;
14      printf("In func(),a=%d\n",a);    /*输出 func()函数中 a 的值*/
15      a+=200;
16      return;
17  }
/*Exam6-8 OUTPUT---
In func(),a=100
In func(),a=300
In func(),a=500
---------------------*/
```

程序解析

（1）func()函数中定义了一个静态局部整型变量 a，其初值为 100。此函数输出 a 的值后，再将 a 加 200。

（2）第一次调用 func()函数时，输出 a 的值为 100，并将 a 的值加 200，成为 300。由于 a 为静态局部变量，所以 a 的值（300）会保留在内存中，直到函数执行完毕；第二次调用 func()函数时，a 的值为 300，而不是初值 100；而第三次调用 func()函数时，a 的值变成 500。

（3）函数执行结束时静态局部变量 a 并不会随之结束，其值也会被保留下来，若是再次调用该函数时，a 的值可以再继续使用。

6.3.3 外部变量

"外部变量"（External Variable）则是在函数外面所声明的变量，又称为"全局变量"（Global Variable）。当变量定义成外部变量之后，函数及程序段都可以使用这个变量。要注意的是，从该定义语句以下的所有程序段及函数都是使用外部变量的成员，如果在定义语句之前的段想要使用时，就必须利用声明的方式才能够使用。

以下面的程序段为例，定义了一个位于 main()与 func()函数之间的外部整型变量 a，func()函数可以不经过声明而使用 a，但是想在 main()函数中使用时，就必须经过 extern int a 的声明，如图 6-6所示。

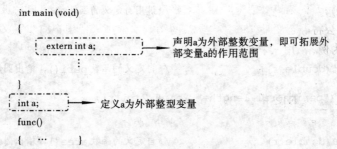

图 6-6 外部变量的声明范例

外部变量的作用范围，由该变量的定义处开始向下到程序结束，若是不在作用范围的段想使用该外部变量，可以在段内利用声明的方式拓展变量的作用范围。外部变量的生命周期则是当程序刚开始执行时就开始，直到程序结束，变量值也会被保留下来，若是再次调用该函数时，会将变量存放在内存空间中的值取出来使用。以图 6-7 为例，可以看到外部变量 i 的作用范围。

由于外部变量的生命周期很长，可以作为函数与函数之间传递或共同使用的信道，但是也由于它的互通性，容易产生的混乱，造成管理上的问题，所以在使用时要多加规划，以增加外部变量的方便性与安全性。

下面的程序中，定义了一个外部变量 pi，利用 pi 的值求圆周及圆的面积，程序的编写如下：

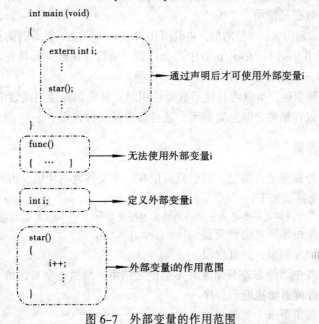

图 6-7 外部变量的作用范围

【例6-9】外部变量的使用。

```
01  /*Exam6-9，外部变量*/
02  #include <stdio.h>
03  double pi=3.14;
04  void peri(double);
05  void area(double);
06  int main(void)
07  {
08      double r=1.0;
09      printf("pi=%.2f\n",pi);
10      printf("radius=%.2f\n",r);
```

```
11    peri(r);                      /*调用自定义的函数*/
12    area(r);
13    return 0;
14  }
15  void peri(double r)              /*自定义的函数peri()，输出圆周长*/
16  {
17    printf("peripheral length=%.2f\n",2*pi*r);
18    return;
19  }
20  void area(double r)              /*自定义的函数area()，输出圆面积*/
21  {
22    printf("area=%.2f\n",pi*r*r);
23    return;
24  }
/*Exam6-9 OUTPUT----
pi=3.14
radius=1.00
peripheral length=6.28
area=3.14
----------------------*/
```

程序解析

（1）程序第3行，定义一个外部双精度浮点数pi，并赋值为3.14。pi的作用范围在定义处（程序第3行）以下的函数都可使用。

（2）程序很简单，输出pi、半径的值，再调用peri()及area()函数，计算圆周及圆的面积后输出。

（3）由于pi的值在peri()及area()函数中都会用到，所以在函数外部就先定义好，如此一来，main()、peri()及area()三个函数都可使用，而不必传递。

（4）半径r为局部变量，所以当其他函数要使用时，就必须传递到函数中。

外部变量不但可以在函数之间互通有无，还可以跨越文件使用。

6.3.4 静态外部变量

静态外部变量和外部变量很类似，但它只可以在一个文件之内使用。以声明一个静态外部整型变量i为例，其定义格式如下：

```
static int i;    /*定义一个名为i的静态外部整型变量*/
```

静态外部变量的作用范围，由该变量的定义处开始向下到程序结束，并且仅限于变量所在的程序文件中。静态外部变量的生命周期则是当程序刚开始执行到程序结束，变量值也会被保留下来，若是再次调用该函数，则会将变量存放在内存空间中的值取出来使用。以图6-8为例，看到静态外部变量i的作用范围。

值得注意的是，当在没有定义静态外部变量的函数或段中是无法使用这个静态外部变量的，所以为了避免发生问题，通常都会将静态外部变量定义在程序刚开始的地方，让所有的函数都可以使用。

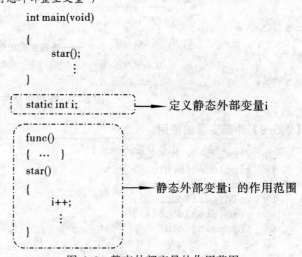

图6-8 静态外部变量的作用范围

以下面的程序为例，由键盘输入整数，判断该整数为奇数还是偶数。

【例6-10】静态外部变量的使用。

```
01  /*Exam6-10,静态外部变量*/
02  #include <stdio.h>
03  static int a;
04  void odd(void);
05  int main(void)
06  {
07    printf("Input an integer:");
08    scanf("%d",&a);
09    odd();                      /*调用 odd()函数*/
10    return 0;
11  }
12  void odd(void)                /*自定义函数odd()，判断a为奇数还是偶数*/
13  {
14    if(a%2==1)
15      printf("%d is an odd number\n",a);    /*输出a为奇数*/
16    else
17      printf("%d is an even number\n",a);   /*输出a为偶数*/
18    return;
19  }
/*Exam6-10 OUTPUT---
Input an integer:26
26 is an even number
--------------------*/
```

程序解析

（1）程序第 3 行，定义一静态外部整型变量 a。

（2）程序第 4 行，声明自定义的函数 odd()，void 为无返回值类型，也不传递任何自变量到函数中。

（3）程序第 7 行~第 8 行，由键盘输入一个整数，并由静态外部变量 a 接收。

（4）程序第 9 行，调用 odd()函数，由于 a 的值在 main()及 odd()函数中都会用到，所以在函数外部就先定义好，如此一来，main()及 odd()两个函数都可以使用，而不必传递。

（5）程序第 12 行，为 odd()函数的起始处，返回值类型为 void，没有接收任何参数。

（6）程序第 13 行~第 19 行，为函数 odd 的主体。当 a%2 为 1 时，表示 a 为奇数，即输出所属字符串；否则即为偶数，再输出该项目所属的字符串。

可以看出，在 main()及 odd()函数中都使用到变量 a，但是两个函数里都没有声明或定义变量，这是因为在程序刚开始时就已经定义 a 为静态外部变量，所以从程序第 4 行之后都可以自由使用这个变量 a 的数据。

6.3.5 寄存器变量

寄存器变量和局部变量很类似，局部变量是利用堆栈放置变量的内容，而寄存器变量则是利用 CPU 的寄存器（Register）来存放数据。CPU 中有一些不同种类的寄存器，它是内存的一种，用来处理及控制数据，寄存器的存取速度比主存储器快，所以将寄存器用来存放变量内容时，处理的速度也会比较快。以声明一个寄存器整型变量 i 为例，其定义格式如下：

```
register int i;    /*定义一个名为i的寄存器整型变量*/
```

寄存器变量的作用范围是在所属的左、右花括号中所包围起来的段中才可以使用，其他段都无法使用这个变量。寄存器的生命周期很短，只有在变量所属的函数被调用时才开始，到函数执行结束时也随之结束，正因为这个原因，变量不会占用寄存器太久的时间。

利用寄存器存放的变量，其运算处理的速度较快，但是寄存器的数量有限，如果 CPU 正在忙碌，寄存器变量使用寄存器的控制权，会被迫交还给 CPU，此时变量仍会以一般的局部变量处理。以图 6-9 为例，可以看到寄存器变量 i 的作用范围。

以下面的程序为例，将整型变量 i 及 j 声明为寄存器变量，将 i*j 的结果及循环所花费的时间输出。

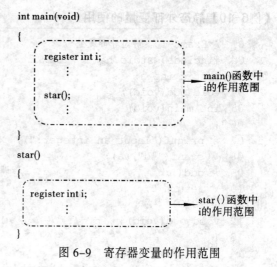

图 6-9　寄存器变量的作用范围

【例6-11】寄存器变量的使用。

```
01  /*Exam6-11，寄存器变量*/
02  #include <stdio.h>
03  #include <time.h>
04  int main(void)
05  {
06     time_t start,end;
07     register int i,j;
08     start=time(NULL);                /*记录开始时间*/
09     for(i=1;i<=50;i++)
10     {
11        for(j=1;j<=50;j++)
12           printf("%2d*%2d=%4d\t",i,j,i*j);
13        printf("\n");
14     }
15     end=time(NULL);                  /*记录结束时间*/
16     printf("It's spends %.1f seconds\n",difftime(end,start));
17     return 0;
18  }
/*Exam6-11 OUTPUT------------------------------------------
 1* 1=   1    1* 2=   2    1* 3=   3     1* 4=   4    1* 5=   5
 1* 6=   6    1* 7=   7    1* 8=   8     1* 9=   9    1*10=  10
 1*11=  11    1*12=  12    1*13=  13     1*14=  14    1*15=  15
50*36=1800   50*37=1850   50*38=1900   50*39=1950   50*40=2000
50*41=2050   50*42=2100   50*43=2150   50*44=2200   50*45=2250
50*46=2300   50*47=2350   50*48=2400   50*49=2450   50*50=2500

It's spends 5.0 seconds
-------------------------------------------------------------*/
```

程序解析

（1）程序第 6 行，声明两个时间变量 start 及 end，分别记录循环起始时间及结束时间。关于时间函数的使用，请参考附录 B 的说明。

（2）程序第 7 行，声明寄存器变量 i 及 j。

（3）程序第 9 行，调用时间函数 time()，将目前系统时间记录并赋值给变量 start 存放后，即进入循环。

（4）程序第 10 行~第 14 行，为嵌套 for 循环，外层循环负责换行，内层循环负责计算并输出 i*j 的值。

（5）程序第 15 行，循环执行结束，输出调用时间函数 time()，将目前系统时间记录并赋值给变量 end 存放。

（6）程序第 16 行，输出循环所花费的时间，difftime()函数会返回第一个自变量与第二个自变量相减的结果。

可以自行将第 7 行中声明的寄存器变量更改为局部变量，重新编译执行后，再与例 6-11 的循环花费时间比较，可以发现，使用寄存器变量会使程序执行的速度加快。当然执行例 6-11 时也可能得到较慢的结果，这是因为当 CPU 正在忙碌时，寄存器变量使用寄存器的控制权将会被迫交还给 CPU，虽然声明的是寄存器变量，但仍会以局部变量处理。

6.4 同时使用多个函数

经过前面的练习不难发现，C 语言并没有规定函数调用的次数，也没有限制调用函数的个数，本节中要来讨论使用多个函数的情形。

6.4.1 调用多个函数

在函数中调用不同函数是经常发生的情况，就像一个公司会按照工作性质的不同而分成数个不同的部门，这些部门的作业都是独立的，却又息息相关，它们各司其职，并且为达到公司所要求的目标而前进，可以把这些部门看成程序中的函数，而主函数就是管理这些函数的上级。

在下面的程序里，分别调用 fact()与 sum()函数，计算 $1 \times 2 \times \cdots a$ 及 $1+2+\cdots+a$ 的结果。

【例6-12】多个函数的调用。

```
01  /*Exam6-12,调用多个函数*/
02  #include <stdio.h>
03  void sum(int),fact(int);
04  int main(void)
05  {
06      int a=5;
07      fact(a);
08      sum(a);
09      return 0;
10  }
11  void fact(int a)                    /*自定义函数 fact()，计算 a!*/
12  {
13      int i,total;
14      for(i=1,total=1;i<=a;i++)
15          total*=i;
16      printf("1*2*...*%d=%d\n",a,total); /*输出 a!的结果*/
17  }
18  void sum(int a)                     /*自定义函数 sum()，计算 1+2+...+a 的结果*/
19  {
20      int i,sum;
```

```
21      for(i=1,sum=0;i<=a;i++)
22        sum+=i;
23      printf("1+2+...+%d=%d\n",a,sum);          /*输出计算结果*/
24  }
/*Exam6-12 OUTPUT---
1*2*...*5=120
1+2+...+5=15
--------------------*/
```

程序解析

（1）可以看到 fact()及 sum()函数在程序里是独立完整的模块，当主函数调用这两个函数时，被调用的函数就会立刻将主函数传递的数据接收，并开始执行函数的内容。

（2）fact()及 sum()函数可以说是为了简化 main()函数的结构而编写出来的，这也是使用函数的目的之一。在程序中可以看到 fact()及 sum()函数都是由主函数调用的，在一般的程序里，也可以看到另一种调用函数的方式，就是函数与函数之间的相互调用。也就是说，函数并不一定非要由主函数才可以调用。接下来看看函数之间的相互调用。

6.4.2　函数之间的相互调用

举例来说，虽然公司的每个部门是由总经理掌管，但是在每个部门之间仍然有许多工作相互关联，例如财务部门虽然可以发出员工的薪资，但是要人事部门将员工薪资明细汇总再交由会计部门作账后，再将薪资账目交给财务部门发薪水。所以可以很容易地了解到，在 main()函数里可以调用 a、b 函数，同样的在 a 函数中可以调用 b 函数，在 b 函数中也可以调用 a 函数。

以例 6-12 为例，将程序修改为 main()函数调用 fact()及 sum()函数，而 fact()函数再调用 sum()函数，可以观察一下程序运行的结果。

【例6-13】函数的相互调用。

```
01  /*Exam6-13,相互调用函数*/
02  #include <stdio.h>
03  void sum(int);
04  void fact(int);
05  int main(void)
06  {
07    int a=5;
08    fact(a);
09    sum(a+5);
10    return 0;
11  }
12  void fact(int a)                    /*自定义函数 fact(),计算a!*/
13  {
14    int i,total;
15    for(i=1,total=1;i<=a;i++)
16      total*=i;
17    printf("1*2*...*%d=%d\n",a,total); /*输出 a!的结果*/
18    sum(a);
19    return;
20  }
21  void sum(int a)                     /*自定义函数 sum(),计算1+2+...+a 的结果*/
22  {
23    int i,sum;
24    for(i=1,sum=0;i<=a;i++)
```

```
25        sum+=i;
26     printf("1+2+...+%d=%d\n",a,sum);/*输出 1+2+...+a 的结果*/
27     return;
28 }
/*Exam6-13 OUTPUT---
1*2*...*5=120
1+2+...+5=15 ┄┄━ 由 fact()函数调用的 sum()函数
1+2+...+10=55 ┄┄━ 由 main()函数调用的 sum()函数
-------------------*/
```

程序解析

这个例子很简单地说明了函数的调用方式，并不一定要由 main 函数来调用，a 可以调用 b，b 可以调用 c，……。C 语言并不会限制程序的流向，只要程序员能够有办法让程序的控制权回到主函数，不会导致错乱即可。也正由于 C 语言所给予的灵活性极大，因此很容易造成函数无限制地调用。在编写函数时应避免复杂的调用，否则 C 语言给予的方便反而造成程序设计上的不便，就不是程序设计的目的。

6.4.3　递归函数

一个函数可以调用另一个函数，当然也可以调用自己，这个过程就称为"递归"（Recursion），而具有这种特性的函数称为"递归函数"（Recursive Function）。举例来说，在前面章节中练习过的阶乘 $1*2\cdots*(n-2)*(n-1)*n$，即可以利用递归函数完成，也许看不出阶乘和递归到底有什么关系，以 $4!$ 为例，$4!= 4*3*2*1=4*3!$，$3!=3*2!$，$2!=2*1!$，$1!=1*0!$，$0!=1$，所以可以看到要计算 $n!$时，只要能够计算出 $n*(n-1)!$即可得到答案，由图 6-10 中可以看到函数调用及返回的情形。

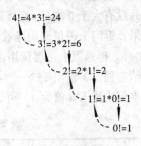

图 6-10　函数调用及返回的情形

其程序的编写如下所示。

【例6-14】使用递归函数，计算阶乘。

```
01 /*Exam6-14，递归函数，计算阶乘*/
02 #include <stdio.h>
03 int fact(int);
04 int main(void)
05 {
06    int a;
07    do
08    {
09      printf("Input an integer:");
10      scanf("%d",&a);
11    } while (a<0);              /*确定输入的 a 为大于 0 的数*/
12    printf("1*2*...*%d=%d\n",a,fact(a));
13    return 0;
14 }
15 int fact(int a)               /*自定义函数 fact()，计算 a!*/
16 {
17    if(a>0)
18      return (a*fact(a-1));
19    else
20      return 1;
21 }
```

```
/*Exam6-14 OUTPUT---
Input an integer:-6
Input an integer:4
1*2*...*4=24
---------------------*/
```

程序解析

（1）程序第 7 行～第 11 行，当输入 a 的值小于 0 时就重新输入，在程序中加上 do...while 循环可以确保输入值都为大于等于 0 的数。

（2）程序第 12 行，输出 1*2*…*a（a 的阶乘）的结果，并直接调用 fact()函数，自变量为 a。

（3）程序第 15 行～第 21 行，为 fact()函数主体，接收的参数为整型类型的变量 a，当 a 大于 0，返回 a*fact(a−1)，否则直接返回 1。

（4）当主函数第一次调用 fact()函数时，程序的控制权会交给 fact()函数，并将 a（a 值为 4）当成自变量传入函数中。由于 a=4 大于 0，返回 4*fact(3)，但是返回值中必须先求出 fact(3)的值，所以再次进入 fact()函数，传入的参数值为 3；同样，3 大于 0，返回 3*fact(2)，必须先求出 fact(2)的值，所以再次进入 fact()函数，传入的参数值为 2 大于 0，返回 2*fact(1)，此时要先求出 fact(1)的值，再次进入 fact()函数，传入的参数值为 1 大于 0，返回 1*fact(0)，最后求出 fact(0)的值，由于 0 并没有大于 0 本身，直接返回 1，所以 fact(0)=1，回到上一层调用该函数的地方，得到 fact(1)=1的结果，返回上一层调用函数的地方，得到 fact(2)=2 的结果，返回上一层调用函数的地方，得到 fact(3)=6，再返回上一层调用函数的地方，得到 fact(4)=24 的结果，此时函数即结束执行，控制权交还给主程序，输出 1*2*…*4=24。

本例中输入 a 值为 4，可以看到表 6-1 中列出了递归函数 fact()的执行过程及所返回的结果。

表 6-1　递归函数 fact()的执行过程及所返回的结果表

执行顺序	a 的值	fact(a)的值	返回值
1	4	fact(4)，未知	4*fact(3)
2	3	fact(3)，未知	3*fact(2)
3	2	fact(2)，未知	2*fact(1)
4	1	fact(1)，未知	1*fact(0)
5	0	fact(0)=1	1
6	1	fact(1)=1	1
7	2	fact(2)=2	2
8	3	fact(3)=6	6
9		fact(4)=24	24

程序中使用递归函数可以让程序代码变得简洁，但是使用时必须注意到递归函数一定要有可以结束函数执行的终止条件，使得函数得以返回上层调用的地方，否则容易造成无穷循环，最后因内存空间不足而停止。

此外，当调用一般的函数时，函数中的局部变量会因为函数结束而结束生命周期，但是在调用递归函数时，由于函数本身并未结束就又再次调用自己，所以各个未执行完毕的函数部分及局部变量，就占用了大量的堆栈来存放，等到开始返回时再由堆栈中取出未完成的部分继续执行，被占用的堆栈才会一一被释放。当调用递归函数的层数很大时，就必须要有较大的堆栈空间，否则会容易出现内存不够的情况，这也是使用递归函数要注意的地方。

有了递归的概念后，再举一个求次方的程序来练习递归函数的使用。

【例6-15】 使用递归函数，计算次方。

```
01  /*Exam6-15,递归函数,计算次方*/
02  #include <stdio.h>
03  int power(int,int);
04  int main(void)
05  {
06      int a=2,b=3;
07      printf("%d^%d=%d\n",a,b,power(a,b));    /*输出 a^b 的结果*/
08      return 0;
09  }
10  int power(int a,int b)                      /*自定义函数 power(),计算 a 的 b 次方*/
11  {
12      if(b==0)
13          return 1;
14      else return (a*power(a,b-1));
15  }
/*Exam6-15 OUTPUT---
2^3=8
---------------------*/
```

程序解析

（1）程序第 6 行，声明并赋 a、b 两个整数为 2 及 3。

（2）程序第 7 行，输出 a^b 的结果，并直接调用 power()函数，自变量为 a 及 b。

（3）程序第 10 行～第 15 行，为 power()函数主体，接收的参数为整型类型的变量 a、b，当 b 等于 0，直接返回 1，否则返回 a*power(a,b-1)。

（4）当主函数第一次调用 power()函数时，程序的控制权会交给 power()函数，并将 a、b 值（a 为 2，b 为 3）当成自变量传入函数中，由于 b=3 不为 0，返回 2*power(2,2)，但是由于返回值中必须先求出 power()的值，所以再次进入 power()函数，传入的参数值为 2 和 2；同样，2 不为 0，返回 2*power(2,1)，必须先求出 power(2,1)的值，所以再次进入 power()函数，传入的参数值为 2 和 1，b 不为 0，返回 2*power(2,0)，此时要先求出 power(2,0)的值，再次进入 power()函数，传入的参数值为 2 和 0，b 为 0，直接返回 1，所以 power(2,0)=1，回到上一层调用该函数的地方，得到 power(2,1)=2 的结果，返回上一层调用函数的地方，得到 power(2,2)=4，再返回上一层调用函数的地方，得到 power(2,3)=8 的结果，此时函数即结束执行，控制权交还给主程序，输出 2^3=8。

本例中 a、b 的值分别为 2 及 3，可以看到表 6-2 中列出了递归函数 power()的执行过程及所返回的结果。

表 6-2　power()的执行过程及所返回的结果表

执行顺序	a	b	power(a,b)	返回值
1	2	3	power(2,3)，未知	2* power(2,2)
2	2	2	power(2,2)，未知	2* power(2,1)
3	2	1	power(2,1)，未知	2* power(2,0)
4	2	0	power(2,0)=1	1
5	2	1	power(2,1)=2	2
6	2	2	power(2,2)=4	4
7	2	3	power(2,3)=8	8

经过前面两个例子的学习，对递归函数有了进一步的认识。接下来学习一下有名的斐波纳契数列（Fibonacci Sequence）。所谓斐波纳契数列，就是第一、第二个数为1，第三个数是第一、第二个数相加的结果，第四个数是第二、第三个数相加的结果，也就是说，第 n 个数是第 n−1 及 n−2 个数相加后所得到的结果，下面列出了斐波纳契数列的前18个数，可以仔细地观察这些数字的关联性。

1 1 2 3 5 8 13 21 34 55 89 144 233 377 610 987 1597 2584

由于每个数都是前面的两个数相加的结果，所以可以利用递归函数来编写输出斐波那契数列的程序。

【例6-16】使用递归函数输出斐波那契数列。

```
01  /*Exam6-16,斐波纳契数列*/
02  #include <stdio.h>
03  int fib(int);
04  int main(void)
05  {
06     int n;
07     for(n=1;n<=10;n++)
08        printf("%d ",fib(n));      /*输出斐波那契数列*/
09     return 0;
10  }
11  int fib(int n)                   /*自定义函数 fib()，计算斐波那契数列的第 n 个数*/
12  {
13     if(n==1||n==2)
14        return 1;
15     else
16        return (fib(n-1)+fib(n-2));
17  }
/*Exam6-16 OUTPUT-----
1 1 2 3 5 8 13 21 34 55
----------------------*/
```

程序解析

（1）程序第7行～第8行，为 for 循环，输出第1～n个斐波那契级数，调用 fib(n)时只会输出第 n 项的斐波那契级数。

（2）程序第11行～第17行，为 fib()函数主体，n 为传入的参数，当 n 为1或2时直接返回1（第1及第2项都为1），其余的 n 值则返回 fib(n−1)+fib(n−2)的结果（第 n−1 项与 n−2 项相加）。

（3）当主函数第一次调用 fib()函数时，程序的控制权会交给 fib()函数，并将 n（n 值为4）当成自变量传入函数中，由于 n=4 不为1或2，返回 fib(3)+fib(2)，但是由于返回值中必须先求出 fib(3)及 fib(2)的值，所以再次进入 fib()函数，传入的参数值为2，符合 if 的条件判断，返回1，再求出 fib(3)的值，所以再次进入 fib()函数，传入的参数值3不为1或2，返回 fib(2)+fib(1)，此时要先求出 fib(1)的值，进入 fib()函数，传入的参数值为1，返回1，再求出 fib(2)的值为1，回到上一层调用该函数的地方，得到 fib(2)+fib(1) =2 的结果，返回上一层调用函数的地方，得到 fib(3)+fib(2) =3 的结果，即为 fib(4)，此时函数即结束执行，控制权交还给主程序，输出3。

表6-3中列出了递归函数 fib()的执行过程及所返回的结果。

表 6-3 递归函数 fib() 的执行过程及所返回的结果表

执行顺序	n 的值	fib(n)的值	返回值
1	4	fib(4)，未知	fib(3)+fib(2)
2	2	fib(2)=1	1
3	3	fib(3)，未知	fib(2)+fib(1)
4	1	fib(1)=1	1
5	2	fib(2)=1	1
6	3	fib(3)=2	2
7	4	fib(4)=3	

通过这些练习后，可以归纳出递归函数的特性，就是函数本身会一直调用自己，但是在程序中一定要有终止的条件让函数得以返回上一层的调用。还可以找到许多可以利用递归函数完成的程序，如 Hanoi tower（汉诺塔）、二叉树查找法、十进制转换成二进制、最大公因子等，可以再找出一些与自我相关联的例子，试着写成递归函数。

在 C 的程序中，通常在程序刚开始处，都会加上如#include 的命令，C 语言所提供的预处理命令包括#define（宏命令）、#include（包含命令）及条件式编译三种以#开头的编译命令，在本章中先讨论#define 及#include 两种预处理命令。

6.5 预处理命令——#define

一般的 C 程序命令是可以被编译器翻译成机器语言后，让 CPU 能够执行的命令，而预处理的命令是给编译器"看"的，这些命令是在编译的过程中，给编译器的一些指示，所以并不会被翻译成机器语言，正因为如此，才会称这些以#开头的编译命令为预处理程序。

6.5.1 #define 预处理命令

一般来说使用#define，可以将常用的常量、字符串替换成一个自定义的标识名称，除此之外，还可以利用#define 替换简单的函数。所以可以在一些大程序中看到程序员使用预处理命令#define，其格式如下：

```
#define 标识名称 代换标记      此处不可以加分号
```

在#define 后面所使用的"标识名称"，就是替换内容的缩写，通常为了让程序阅读时能够很容易地看出哪些部分会被替换，都会以大写表示，常量定义的识别名称不能有空格，因为识别名称会在第一个空格的地方做结束，空格后的文字视为代换标记的内容。而"代换标记"可以是常量、字符串或者函数，此外，在代换标记的后面不需要加上分号。下面的范例都为合法的#define 定义：

```
#define MAX 32767              /*定义 MAX 为常量 32767*/
#define IOU "I love you!"      /*定义 IOU 为字符串 I love you!*/
```

以例 6-9 为例，将 pi 的值 3.14 以#define 定义，程序修改后如下所示。

【例6-17】使用预处理命令。

```
01  /*Exam6-17，使用#define*/
02  #include <stdio.h>
03  #define PI 3.14
```

```
04  void peri(double);
05  void area(double);
06  int main(void)
07  {
08    double r=1.0;
09    printf("pi=%.2f\n",PI);
10    printf("radius=%.2f\n",r);
11    peri(r);                      /*调用自定义的函数*/
12    area(r);
13    return 0;
14  }
15  void peri(double r)            /*自定义函数peri()，输出圆周*/
16  {
17    printf("peripheral length=%.2f\n",2*PI*r);
18    return;
19  }
20  void area(double r)            /*自定义的函数area()，输出圆面积*/
21  {
22    printf("area=%.2f\n",PI*r*r);
23    return;
24  }
/*Exam6-17 OUTPUT---
pi=3.14
radius=1.00
peripheral length=6.28
area=3.14
---------------------*/
```

程序解析

在程序第 3 行里，将原先在例 6-9 的语句 double pi=3.14 改成#define PI 3.14 后，在 main()函数及其他函数中都不用再声明即可使用，这是因为程序在进行编译时，遇到#define 预处理命令，会先将程序里所有的 PI 直接替换成 3.14 后，再做编译。

此外，当#define 定义的内容很长时，可以利用反斜杠（\）将定义分成几行，如下面的定义范例。

【例6-18】使用#define。

```
01  /*Exam6-18，使用#define*/
02  #include <stdio.h>
03  #define WORD "Think of all the things \
04  we've shared and seen."
05  int main(void)
06  {
07    printf(WORD);
08    return 0;
09  }
/*Exam6-18 OUTPUT--------------------------
Think of all the things we've shared and seen.
----------------------------------------------*/
```

程序解析

上面的程序里，利用#define 定义一个名为 WORD 的宏，预处理命令会将 printf()函数中的

WORD 以字符串 Think of all the things we've shared and seen.替换。在程序第 3 行的最后加上反斜杠（\）即可将定义换行。但是要注意的是，若是想将定义内容接连着，就必须对齐最前面，不能缩排。

6.5.2　为什么要用#define

利用#define 最大的好处就是可以增加程序的易读性，当程序设计者或其他人阅读该程序时，只要看到某个经过#define 的标识名称，即可很清楚地知道该标识名称所代表的意义，进而缩短阅读程序的时间。

此外，将常用的常量或字符串以一个特定的名称表示，当程序中需要修改常量或字符串的内容时，只要在相关的#define 命令中更改即可。举例来说，如将前面所定义的 PI 由原先所表示的小数点后 2 位再加上 4 位数，只需要在#define PI 3.14 命令里的 3.14 后面再加上 1592 即可。同时，在程序中如果使用到相同的常量或字符串时，如果该常量或字符串的内容很复杂，容易出现打字错误的情况，造成执行时的错误，使用#define 定义将可以改善这方面的问题。

例 6-9 中用定义外部变量 pi 的方式并没有什么不妥。为什么要用#define 呢？虽然变量的内容可以是常量，但由于将常量当成变量，常会使得程序易读性降低，甚至变得不易理解；再者，将常量当成变量会使得程序没有效率，编译器会在编译时，必须给变量一个堆栈或者内存空间，而使用#define 所定义的标识名称在编译前即会以所代表的常量置换，所以使用#define 就像使用常量一样，程序代码会较为简洁。

当然，人们也可以直接使用常量达到同样的目的，但是有时候使用#define 所定义的识别名称，要比常量容易理解。举例来说，利用#define 定义 MAX 为 65 535（#define MAX 65535），在程序中要判断无符号短整型变量 a 是否大于无符号短整型所能表示的最大值 65 535 时，用 a>MAX 的写法就会比 a>65 535 好，因为只用常量表示通常要让阅读程序的人想一下设计者的用意，而使用#define 时，看到标识名称通常就能够明白该标识名称所代表的意义。

6.5.3　const 修饰符

在 C 语言里，还可以利用 const 修饰符将所定义的变量、常量声明为无法修改的"常量"，只要在声明变量时，在类型前面加上 const 修饰符即可，如下面的范例：

```
const int max=65535;      /*将 max 定义为整数常量，其值为 65535*/
```

上面的语句中，即是将 max 声明为整型变量，并赋值为 65 535，同时该变量是无法被更改的。利用 const 可以确保变量的值不会被更改，如果想要试图修改经过 const 声明后的变量值，则会收到编译器的错误信息 l-value specifies const object，告诉该变量值是无法被更改的。

以下面的程序为例，分别计算 1～max 的平方值，并利用 const 声明 max 为不能修改的整型变量。

【例6-19】使用const定义常量。

```
01  /*Exam6-19, 使用 const*/
02  #include <stdio.h>
03  int main(void)
04  {
05     const int max=5;
06     int i;
07     for(i=1;i<=max;i++)        /*计算 i 的平方*/
08        printf("%d*%d=%d\t",i,i,i*i);
09     return 0;
10  }
```

```
/*Exam6-19 OUTPUT----------------
1*1=1    2*2=4    3*3=9    4*4=16  5*5=25
-----------------------------------*/
```

程序解析

利用 const 声明 max 为无法修改的常量后，就可以达到和#define 相同的定义效果，但是就实际的程序代码来说，用#define 的程序代码会较为简洁些。

6.5.4 #define 的另一功能——宏

除了前面所使用到的#define——简单的替换工作之外，#define 的另一个好用的功能就是宏（ Macro）。什么是宏呢？简单地说，在程序里的模块是函数，在预处理中的模块就是宏。#define可以替换常量或字符串，也可以替换一个程序段，所以适当地使用宏可以取代简单的函数。举例来说，计算 i 的 3 次方，即可以利用宏完成，程序的编写如下所示。

【例6-20】使用宏计算3次方。

```
01  /*Exam6-20，使用宏*/
02  #include <stdio.h>
03  #define POWER i*i*i
04  int main(void)
05  {
06     int i;
07     printf("Input an integer:");
08     scanf("%d",&i);
09     printf("%d*%d*%d=%d\n",i,i,i,POWER);         /*计算并输出 i 的 3 次方*/
10     return 0;
11  }
/*Exam6-20 OUTPUT---
Input an integer:4
4*4*4=64
---------------------*/
```

程序解析

在上面的程序中，预处理会将程序里有 POWER 的标识符以 i*i*i 替换，因此可以将程序第 9行的语句看成：

```
printf("%d*%d*%d=%d\n",i,i,i,i*i*i);
```

6.5.5 使用自变量的宏

数据在函数中传递非常普遍，同样，宏也可以使用自变量，再以例 6-20 为例，可以将 POWER修改为带有自变量的宏，程序的编写如下所示。

【例6-21】使用自变量的宏实现3次方。

```
01  /*Exam6-21，使用宏*/
02  #include <stdio.h>
03  #define POWER(X) X*X*X
04  int main(void)
05  {
06     int i;
07     printf("Input an integer:");
08     scanf("%d",&i);
```

```
09     printf("%d*%d*%d=%d\n",i,i,i,POWER(i));        /*计算并输出 i 的 3 次方*/
10     return 0;
11  }
/*Exam6-21 OUTPUT---
Input an integer:2
2*2*2=8
---------------------*/
```

程序解析

带有自变量的宏就好像是函数一样，预处理会将程序里有 POWER(i) 的标识符以 i*i*i 替换，等到程序执行时确定 i 的值后，再计算表达式 i*i*i 的结果。

6.5.6　宏号的使用

接下来，再将例 6-21 的第 9 行稍做修改，将 POWER(i) 改成 POWER(i+1)，可以观察程序执行的结果。

【例6-22】使用宏计算3次方。

```
01  /*Exam6-22，使用宏*/
02  #include <stdio.h>
03  #define POWER(X) X*X*X
04  int main(void)
05  {
06     int i;
07     printf("Input an integer:");
08     scanf("%d",&i);
09     printf("%d*%d*%d=%d\n",i+1,i+1,i+1,POWER(i+1));     /*计算并输出 i+1 的 3 次方*/
10     return 0;
11  }
/*Exam6-22 OUTPUT---
Input an integer:2
3*3*3=7
---------------------*/
```

程序执行的结果不对。经过预处理置换后的第 9 行，应该是如下语句：

```
printf("%d*%d*%d=%d\n",i+1,i+1,i+1,i+1*i+1*i+1);
```

i 的值为 2，所以 $3^3 = i+1 \times i+1 \times i+1 = 2+1 \times 2+1 \times 2+1 = 7$，而不是正确的结果 27。这是因为预处理命令并不会先行计算自变量内的值，而是直接将自变量传到宏后再在程序中做替换，所以执行时造成乘法的优先级高于加法，得到的结果就不正确。

该如何解决这个问题呢？只要加上括号即可。以前面的例子来说，只要在 x*x*x 各个操作数外加上括号，变成 (x)*(x)*(x)，运算的结果就不会有错了。程序的修改如下所示。

【例6-23】对例6-22的修改。

```
01  /*Exam6-23，修改例 6-22*/
02  #include <stdio.h>
03  #define POWER(X) (X)*(X)*(X)
04  int main(void)
05  {
06     int i;
07     printf("Input an integer:");
08     scanf("%d",&i);
```

```
09     printf("%d*%d*%d=%d\n",i+1,i+1,i+1,POWER(i+1));     /*计算并输出 i+1 的 3 次方*/
10     return 0;
11 }
/*Exam6-23 OUTPUT---
Input an integer:2
3*3*3=27
---------------------*/
```

程序解析

由于程序里传入宏中的是 i+1,因此预处理命令会替换成(i+1)*(i+1)*(i+1),执行时输入 i 的值为 2,运算结果就变成 3*3*3=27。为了确保执行结果的正确,在宏里必须将语句中的每个变量以括号包围起来。

6.5.7　函数与宏的选择

宏在使用上并不需要像函数一样要声明、定义返回值及自变量的类型,因为#define 所处理的只是字符串而已,预处理将“代换标记”的内容直接置入所定义的标识名称里,所以使用宏时并不用特别考虑变量的类型问题,它可以处理整数、浮点数等各种类型,也因为如此,宏可以直接代替简单的函数。

假设程序里会使用到某宏 10 次,在编译时就会产生 10 段相同的程序代码,但是无论程序里调用函数几次,只会有一段程序代码出现。在选择使用函数或者宏的同时,也需要程序员在时间与空间中做出取舍:选择宏,占用的空间较多,但是程序的控制权不用转移,因而程序执行的速度较快;选择函数,程序代码较短,占用的空间较少,但是程序的控制权必须要交给函数使用,所以执行速度会较慢。

此外,若是想要以宏来增加执行的效率,而程序里仅使用到该宏一次,使用宏的效果不会很明显,因为编译的程序代码和函数一样,都只有一段,再加上现在 CPU 处理的速度比以前快许多,基本上都不会有明显不同,在复杂嵌套循环里使用宏,就会比较容易感觉到执行效率的增加。

函数与宏都是很好用的模块,但是不管哪一种,过度地滥用都会造成程序阅读的困难。至于要明确地说出哪种是最好的,除了视程序的实际需求外,也要按照个人的程序设计习惯而定,并没有一定的答案。

6.6　#include 预处理命令

在第 2 章里简单地介绍了#include 的意义,而在以后的程序里也都有使用到这个包含命令的例子,下面详细的介绍#include 预处理命令的使用。

6.6.1　使用自定义的头文件

举例来说,如果在程序里经常会使用到计算圆、长方形及三角形面积的公式,就可以利用#define 将这些公式以宏定义,圆、长方形及三角形面积公式的宏如下所示,可以在任何编辑器中编辑它们。

```
#define PI 3.14
#define CIRCLE(r) ((PI)*(r)*(r))
#define RECTANGLE(length,height) ((length)*(height))
#define TRIANGLE(base,height) ((base)*(height)/2)
```

如此一来,在程序里即可重复使用宏。但是如果在其他的程序里使用时,只要将这些宏的定义存放在一个附加文件名为.h 的源文件后，再在程序中以#include 将该保存文件包含进来即可使用。这是 C 语言的一个特点，除了提供一些基本的头文件外，还可以让用户自由地定义需要的头文件。

以前面所输入的面积公式宏为例，将该宏在 d:\tc20\include 保存成 area.h，习惯上以附加文件名.h 代表头文件（Header File），头文件就是放在程序最前面的文件，通常都包含预处理的命令与语句，最常使用的如基本输入、输出的头文件 stdio.h，如图 6-11 所示。

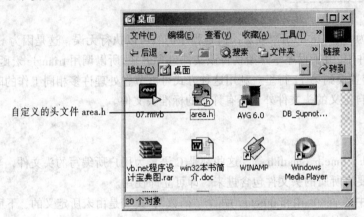

自定义的头文件 area.h

图 6-11　自定义的头文件 area.h

当程序中需要用到面积公式时，只要在程序最前面加上如下面的包含命令，就可以使用自定义的宏函数。

```
#include <area.h>     /*包含系统所设置的目录的头文件 area.h*/
#include "area.h"     /*包含指定的目录的头文件 area.h*/
```

将头文件包含在程序中时，可以使用预处理命令#include，在被包含的头文件名外，可以用小于、大于（<、>）或是双引号包围起来，使用小于、大于号时，预处理会到系统所设置的目录（在 Dev C++中，是在 C:\Dev-C++\Include 文件夹）寻找被包含的文件；使用双引号时，预处理则会按指定的目录查找该头文件。

举例来说，若是头文件 area.h 在 c:\myExam 的文件夹中，当程序中要使用这个头文件时，其预处理程序命令为#include " c:\myExam\area.h"，预处理会直接在所指定的 c:\myExam 文件夹中查找头文件 area.h。

下面，以刚才建立完成的头文件 area.h 为例，在程序里将桌面上的 area.h 包含进来，计算三角形的面积。

【例6-24】使用自定义头文件area.h。

```
01  /*Exam6-24，使用自定义的头文件 area.h*/
02  #include <stdio.h>
03  #include <area.h>
04  int main(void)
05  {
06     float base,height;
07     printf("Input the base of triangle:");
08     scanf("%f",&base);
09     printf("Input the height of triangle:");
10     scanf("%f",&height);
       /*计算三角形面积*/
```

```
11    printf("The area of triangle is %.2f\n",TRIANGLE(base,height));
12    return 0;
13  }
```
```
/*Exam6-24 OUTPUT-----------
Input the base of triangle:3
Input the height of triangle:5
The area of triangle is 7.50
---------------------------*/
```

程序解析

程序里并没有一个名为 triangle 的函数或宏，但是程序仍然可以执行无误，这是因为 triangle 的定义是放在 area.h 头文件中，由于程序一开始就将该文件包含进来，所以调用 triangle 宏函数时，预处理即把 triangle 的内容置换到第 11 行里。利用这种方式可以节省处理许多相同工作的时间，在 C 语言里除了可以使用自定义的头文件外，还有许多的标准头文件。

6.6.2 标准的头文件

常用的 stdio.h、conio.h、time.h、math.h 等，这些都是 C 语言为用户所编写的头文件，当程序里有需要某个功能时，只要将所属的头文件包含进来，即可立即使用。

举例来说，在 stdio.h 中的 getchar() 和 putchar() 两个"函数"，其实是由宏所定义的，下面的宏定义即是由 stdio.h 中节录而来的。

```
#define getc(_stream)   (--(_stream)->_cnt >= 0 \
              ? 0xff & *(_stream)->_ptr++ : _filbuf(_stream))
#define putc(_c,_stream)  (--(_stream)->_cnt >= 0 \
              ? 0xff & (*(_stream)->_ptr++ = (char)(_c)):_flsbuf((_c),(_stream)))
#define getchar()  getc(stdin)
#define putchar(_c)  putc((_c),stdout)
```

此处不需要了解这些定义的内容，但是由上面的语句里不难看出，getchar() 和 putchar() 又分别由 getc() 与 putc() 的宏定义所组成。当程序中要使用到 getchar() 函数时，必须先将 getchar() 函数所属的头文件包含进来，预处理会自行将 getc() 函数及自变量置换。

6.6.3 头文件与函数原型

在头文件里还有一些内置函数的函数原型，这也是问什么使用头文件。以 printf() 函数为例，在头文件 stdio.h 中，可以找到 printf() 函数的声明，如下所述：

```
CRTIMP int  cdecl printf(const char *,...);
```

在前面的章节中已经知道，声明函数的原型可以确保函数被调用时，传入函数的自变量与接收参数的类型能够一致，头文件中函数原型的声明，也同样能够确定用户所使用的参数类型相同。

小　结

本章主要的内容分为三部分，第一部分介绍函数的定义方法、函数的声明及函数的调用方法；函数的实参和形参之间的数据传递方式的区别。第二部分介绍变量的作用范围和存储类别。只能在本函数范围内有效的变量为内部变量；在函数外定义的变量称为外部变量，外部变量是全局变量。第三为预处理命令，所谓编译预处理，就是在 C 编译程序对源程序进行编译前，对预处理命令进行预先处理的过程。编译预处理由编译预处理程序完成。

实验　函数程序设计和编译预处理

一、实验目的

通过实验掌握 C 语言函数的定义和使用，理解并掌握形式参数和实际参数之间的对应关系，熟悉函数调用时，形参和实参之间的"值传递"和"地址传递"的区别。掌握全局变量和局部变量、动态变量和静态变量的概念和使用方法。掌握#define 命令、#include 命令的使用方法。

二、实验内容

1. 改错题

（1）给定程序中函数 fun()的功能是：从低位开始取出长整型变量 s 中偶数位上的数，依次构成一个新数放在 t 中。高位仍在高位，低位仍在低位。

例如，当 s 中的数为 7 654 321，t 中的数为 642。

请改正程序中的错误，使它能得到正确结果。

```
#include <stdio.h>
void fun(long s,long t)
{ long s1=10;
  s/=10;
  *t=s%10;
  while (s<0)
  { s=s/100;
   *t=s%10*s1+*t;
    s1=s1*10;
  }
}
main()
{ long s,t;
  printf("\nplease enter s:");
  scanf("%ld",&s);;
  fun(s,&t);
  printf("The result is :%ld\n",t);
}
```

（2）下列程序的功能为：输出两个字符串，纠正程序中存在的错误，使程序实现其功能。

```
#include "str.h"
#include stdio.h
main()
{ char s[]="string_1";
  puts(s);
  strcpy(s,"string_2");
  printf("%s\n",s);
}
```

2. 填空题

（1）下列给定的程序中，函数 fun( )的功能是：求输入的两个数中较小的数。

例如：输入 5　　　 10，结果为 min is 5。

注意：部分源程序给出如下。

请勿改动主函数 main() 和其他函数中的任何内容，仅在函数 fun() 的横线上填入所编写的若干表达式或语句。

```
#include <stdio.h>
#include <conio.h>
int fun(int x,_____)
{ int z;
  z=x<y_____x:y;
  return(z);
}
main()
{ int a,b,c;
  scanf("%d %d\n",_____);
  c=fun(a,b);
  printf("min is %d",c);
}
```

（2）请补充 fun() 函数，该函数的功能是：判断一个年份是否为闰年。

例如，1900 年不是闰年，2004 是闰年。

注意：部分源程序给出如下。

```
#include <stdio.h>
#include <conio.h>
int fun(int n)
{ int flag=0;
  if(n%4==0)
   { if(_____)
      flag=1;
   }
  if( _____)  flag=1;
  return_____;
}
void main()
{ int year;
  clrscr();
  printf("input the year:");
  scanf("%d",&yeat);
  if(fun(year))
     printf("%d is a leap year.\n",year);
  else
     printf("%d is not a leap year.\n",year);
}
```

3．编程题

（1）编写函数，输出 1～1 000 之间的素数。

（2）写两个函数，分别求两个整数的最大公约数和最小公倍数，用主函数调用这两个函数，并输出结果。

三、实验评价

完成表 6-4 所示的实验评价表的填写。

表 6-4 实验评价表

能力分类	内　　　容		评　　价				
	学习目标	评　价　项　目	5	4	3	2	1
职业能力	函数的定义和调用	熟练掌握函数的定义和函数的声明及函数的调用方法					
		灵活运用函数参数和返回值实现函数之间的数据传递					
		理解函数的嵌套调用和递归调用					
	内部变量和外部变量	理解内部变量和外部变量的概念及其特点					
		能运用外部变量实现函数之间的数据传递					
		理解变量的存储类别并灵活运用					
	宏的定义与应用	掌握无参数宏定义的方法					
		掌握有参数宏定义的方法					
通用能力	阅读能力						
	设计能力						
	调试能力						
	沟通能力						
	相互合作能力						
	解决问题能力						
	自主学习能力						
	创新能力						
综合评价							

习　　题

一、选择题

1. 设有如下函数定义

```
int fun(int k)
{ if(k<1) return 0;
  else if(k==1) return 1;
  else  return fun(k-1)+1;}
```

若执行调用语句：n=fun(3);则函数 fun()总共被调用的次数是（　　　）。

　A. 2　　　　　　　　B. 3　　　　　　　　C. 4　　　　　　　　D. 5

2. 有以下程序

```
#include <stdio.h>
int fun(int x,int y)
{ if(x!=y) return ((x+y)/2);
  else return (x);
}
main()
```

```
{ int a=4,b=5,c=6;
  printf("%d\n",fun(2*a,fun(b,c)));
}
```

程序运行后的输出结果是（　　　）。

    A. 3　　　　　　　　B. 6　　　　　　　　C. 8　　　　　　　　D. 12

3. 有以下程序

```
#include <stdio.h>
main()
{ unsigned char a=8,c;
  c=a>>3;
  printf("%d\n",c);
}
```

程序运行后的输出结果是（　　　）。

    A. 32　　　　　　　B. 16　　　　　　　C. 1　　　　　　　　D. 0

4. 有以下程序

```
#include <stdio.h>
int f(int x);
main()
{ int n=1,m;
  m=f(f(f(n))); printf("%d\n",m);
}
int f(int x)
{return x*2;}
```

程序运行后的输出结果是（　　　）。

    A. 1　　　　　　　　B. 2　　　　　　　　C. 4　　　　　　　　D. 8

5. 以下程序

```
#include <stdio.h>
void fun(int x)
{ if(x/2>1) fun(x/2);
  printf("%d",x);
}
main()
{fun(7);printf("\n");}
```

程序运行后的结果是（　　　）。

    A. 1 3 7　　　　　　B. 7 3 1　　　　　　C. 7 3　　　　　　　D. 3 7

6. 有以下程序

```
#include <stdio.h>
int fun()
{ static int x=1;
  x+=1;return x;
}
main()
{ int i,s=1;
  for(i=1;i<=5;i++) s=fun();
  printf("%d\n",s);
}
```

程序的运行结果是（　　　）。

    A. 11　　　　　　　B. 21　　　　　　　C. 6　　　　　　　　D. 120

7. 有以下程序

```c
#include <stdio.h>
#define  SUB(a)  (a)-(a)
main()
{ int a=2,b=3,c=5,d;
   d= SUB(a+b)*c
   printf("%d\n",d);
}
```

程序运行后的结果是 (   )。

    A. 0   B. –12   C. –20   D. 10

8. 有以下程序

```c
#include <stdio.h>
main()
{ char c1,c2;
   c1='A'+'8'-'4';
   c2='A'+'8'-'5';
   printf("%c,%d\n",c1,c2);
}
```

已知字母 A 的 ASCII 码值为 65, 程序运行后的输出结果是 (   )。

    A. E,68   B. D,69   C. E,   D. 输出无定值

9. 有以下程序

```c
#include <stdio.h>
void fun(int p)
{ int d=2;
   p=d++; printf("%d",p);
}
main()
{ int a=1;
   fun(a);printf("%d\n",a);
}
```

运行后的输出结果是 (   )。

    A. 32   B. 12   C. 21   D. 22

10. 有以下程序

```c
#include <stdio.h>
int f(int n);
main()
{ int a=3,s;
   s=f(a); s=s+f(a); printf("%d\n",s);
}
int f( int n)
{ static int a=1;
   n+=a++;
   return n;
}
```

程序运行后的输出结果是 (   )。

    A. 7   B. 8   C. 9   D. 10

二、填空题

1. 有以下程序

```c
#include <stdio.h>
int a=5;
```

```
void fun(int b)
{ int a=10;
   a+=b;printf("%d",a);
}
main()
{ int c=20;
   fun(c);a+=c;printf("%d\n",a);
}
```

程序运行后的输出结果是_____。

2. 有以下程序

```
#include <stdio.h>
fun (int x)
{ if(x/2>0)  fun(x/2);
   printf("%d",x);
}
main()
{ fun(6);
   printf("\n");
}
```

程序运行后的输出结果是_____。

3. 下列程序运行时，若输入 1abcdef2df 并按【Enter】键，输出结果为_____。

```
#include <stdio.h>
main()
{ char a=0,ch;
   while((ch=gerchar())!='\n')
   { if(a%2!=0&&ch<='z')} ch=ch-'a'+'A';
     a++; putchar(ch);
   }
     printf("\n");
}
```

4. 以下程序的输出结果是_____。

```
#include <stdio.h>
main()
{ int i,j,sum;
   for(i=3;i>=1;i--)
   { sum=0;
     for(j=1;j<=i;j++) sum+=i*j;
   }
   printf("%d\n",sum);
}
```

5. 以下程序的输出结果是_____。

```
#include <stdio.h>
int fun(int x)
{ static int t=0;
   return(t+=x);
}
main()
{ int s,i;
   for(i=1;i<=5;i++) s=fun(i);
   printf("%d\n",s);
}
```

第7章

数组与字符串

如果要存放一连串相关的数据，数组是很好的选择，如全班的数学考试成绩、一周内的气温等相同类型的数据即可利用数组来存放。此外，字符数组可以看成是字符串，因此在本章中也一并讨论字符串的使用。

7.1 一 维 数 组

"数组"（Array）是由一组相同类型的变量所组成的数据类型，它们以一个共同的名称表示。数组中的每个元素（Element）则以"下标"（Subscript）来标识存放的位置。数组按存放元素的复杂程度，分为一维及二维以上的多维数组，本节先从一维数组谈起。

一维数组可以存放上千万个相同的数据，一个数据就像火车的一节车厢，全部的数据串联起来就像一列火车。和 C 语言里的变量一样，数组也需要经过声明后才能使用。

7.1.1 数组的声明

数组声明后，编译器分配给该数组的内存是一块连续的区域，此时可在这个区域中存放数据。一维数组的声明格式如下：

    类型 数组名[个数];

数组的声明格式里，"类型"是声明数组元素的数据类型，这些元素的类型都会是相同的。常见的数组有整型数组、浮点数数组、字符数组等。"数组名"是用来统一这组相同数据类型的名称，也可以用来区分不同的数组。数组名的命名规则和变量相同，在命名时建议使用有意义的名称为数组命名。"个数"则是告诉编译器所声明的数组要存放多少个元素。下面的范例都是合法的一维数组声明：

```
int score[10];          /*声明一个整型数组 score，元素个数为 10*/
float tempe[7];         /*声明一个浮点数数组 tempe，元素个数为 7*/
char name[12];          /*声明一个字符数组 name，元素个数为 12*/
```

变量名称后面紧接着左、右方括号（[、]），即表示该变量的数据类型为数组，方括号内所包含的数字，代表数组可存储的元素的个数。

以 int score[10]为例，在 VC++6.0 中，由于整型数据类型所占用的字节为 4 B，而整型数组 score 可存储的元素有 10 个，所以占用的内存共有 4×10=40 B。图 7-1 中将数组 score 化为图形表示，可以比较容易地理解数组的存储方式。

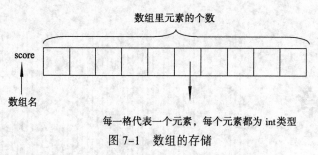

图 7-1 数组的存储

可以利用函数 sizeof()输出数组 score 与其中任意一个元素的长度。

【例7-1】一维数组的使用。

```
01  /*Exam7-1,一维数组*/
02  #include <stdio.h>
03  int main(void)
04  {
05      int score[10];
        /*输出数组中个别元素的长度及数组的总长度*/
06      printf("sizeof(score[1])=%d\n",sizeof(score[1]));
07      printf("sizeof(score)=%d\n",sizeof(score));
08      return 0;
09  }
/*Exam7-1 OUTPUT----
sizeof(score[1])=4
sizeof(score)=40
---------------------*/
```

程序解析

利用 sizeof()函数即可计算出数组 score 及数组中某个元素的长度，有兴趣的同学可以自行更改程序第 6 行里方括号所包含的数据（要在数组的范围 0~9 内）后，观察执行结果是否相同。

7.1.2 数组中元素的表示方法

如果要使用数组里的元素，可以利用下标完成提取。C 语言的数组下标编号必须由 0 开始，以上一节中的 score 数组为例，score[0]代表第 1 个元素，score[1]代表第 2 个元素，score[9]为数组中最后一个元素。图 7-2 为 score 数组中元素的表示法及排列方式。

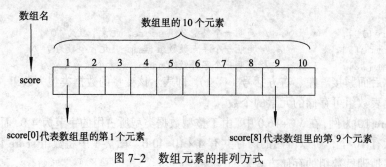

图 7-2 数组元素的排列方式

7.1.3　数组初始化赋值

如果直接在声明时为数组赋初值，可以利用左、右花括号完成。在数组的声明格式后面再加上初始化赋值即可，格式如下：

类型　数组名[个数 n]={初值 1,初值 2,…,初值 n};

在花括号内的初值会按照顺序赋给数组的第 1、第 2、…、第 n 个元素。如下面的数组声明及初始化赋值范例：

int day[12]={31,28,31,30,31,30,31,31,30,31,30,31};

在上面的语句中，声明了一个整型数组 day，数组元素有 12 个，花括号里的初值会分别按照顺序指定给各元素存放，day[0]为 31，day[1]为 28，…，day[11]为 31。如果要将数组内所有的元素都赋值为同一个数时，在左、右花括号中只要填入一个数据，不管数组元素有多少，都会被设成相同的数据，如下面的语句：

int data[5]={1};　　　　　/*将数组 data 内的所有元素值都赋值为 1*/

上面的声明中，将数组 data 的五个元素都赋值为 1。若是在声明时没有将数组元素的个数列出，编译器会视所给予的初值个数来决定数组的大小，如下面的数组声明及初始化赋值范例：

int score[]={60,75,48,92};　　/*按照初始化赋值的个数来决定数组的大小*/

在上面的语句中声明了一个整型数组 score，数组元素个数并没有设置，但是花括号里的初值有四个，编译器会分别按照顺序存放各个元素，score[0]为 60，score[1]为 75，score[2]为 48，score[3]为 92。虽然数组 score 没有设置元素的个数，但是由于该数组已经赋初值，所以实际上和下面的语句同义。

int score[4]={60,75,48,92};　　　　　　　/*与语句 int score[]={60,75,48,92};同义*/

如果所声明的数组大小与实际的初值个数不同时，当初值的个数比声明的数组元素少时，剩余未赋值的空间会填入 0；当初值的个数比声明的数组元素多时，编译器则会出现警告信息。

7.1.4　数组的输入与输出

举例说明如何由键盘输入数据与输出数组里的元素。

【例7-2】一维数组的输入与输出。

```
01    /*Exam7-2,一维数组的输入与输出*/
02    #include <stdio.h>
03    int main(void)
04    {
05       int i,score[5];
06       for(i=0;i<=4;i++)
07       {
08          printf("Input score:");
09          scanf("%d",&score[i]);
10       }
11       printf("***Output***\n");
12       for(i=0;i<=4;i++)
13          printf("score[%d]=%d\n",i,score[i]);
14       return 0;
15    }
/*Exam7-2 OUTPUT----
Input score:12
Input score:54
```

```
Input score:55
Input score:65
Input score:79
***Output***
score[0]=12
score[1]=54
score[2]=55
score[3]=65
score[4]=79
----------------------*/
```

程序解析

（1）程序第 5 行，声明整型变量 i 作为循环控制变量及数组的下标；另外也声明一个整型数组 score，其数组元素有五个。

（2）程序第 6 行～10 行，由键盘输入数据，并将值指定给数组的第 i 个元素存放，i 的初值为 0。

（3）程序第 12 行～第 13 行，输出数组里各元素的内容。

由程序中不难发现，数组元素的赋值方式和一般变量很类似，不同的是，把值赋给数组中的某个元素或者要取某元素的值出来时，必须指出数组里的哪一个元素，所以除了数组名之外，后面还要加上左、右方括号与下标值。数组就好像饭店里的房间，每个房间都有编号，想要找到某个房客时，就得先找房号一样。

【例7-3】 输出数组里的最大值及最小值。

```
01    /*Exam7-3,比较数组元素值的大小*/
02    #include <stdio.h>
03    int main(void)
04    {
05        int A[5]={74,48,30,17,62};
06        int i,min,max;
07        min=max=A[0];
08        printf("elements in array A are ");
09        for(i=0;i<5;i++)
10        {
11            printf("%d ",A[i]);
12            if(A[i]>max)                    /*判断最大值*/
13                max=A[i];
14            if(A[i]<min)                    /*判断最小值*/
15                min=A[i];
16        }
17        printf("\nMaximum is %d",max);
18        printf("\nMinimum is %d\n",min);
19        return 0;
20    }
/*Exam7-3 OUTPUT---------------------
elements in array A are 74  48  30  17  62
Maximum is 74
Minimum is 17
--------------------------------------*/
```

程序解析

（1）程序第 5 行，声明一个整型数组 A，数组元素有五个，其值分别为 74、48、30、17 和 62。

（2）程序第 6 行，声明整数变量 i 作为循环控制变量及数组的下标；另外也声明存放最小值的变量 min 与最大值的变量 max。

（3）程序第 7 行，将 min 与 max 的初值赋给数组的第一个元素。

（4）程序第 9 行～第 16 行，逐一输出数组里的内容，并判断数组里的最大值与最小值。

（5）程序第 17 行～第 18 行，输出比较后的最大值与最小值。

将变量 min 与 max 初值设成数组的第一个元素后，再逐一与数组中的其余各元素相比，比 min 小，就将该元素的值赋给 min 存放，使 min 的内容保持最小；同样，当该元素比 max 大时，就将该元素的值赋给 max 存放，使 max 的内容保持最大。for 循环执行完，也就表示数组中所有的元素都已经比较完毕，变量 min 与 max 的内容就是最小值与最大值。

如果事先并不知道用户要输入多少数据时，可以利用 do...while 循环判断当输入值符合条件时才得以继续输入，通常就都会将数组的大小设得稍大些，以免输入的数据不够存放。以下面的程序为例，输入全班成绩并计算平均值，当成绩为 0 时即结束输入。

【例7-4】未知元素个数数组的使用。

```
01    /*Exam7-4,未知元素个数的数组*/
02    #include <stdio.h>
03    #define MAX 100
04    int main(void)
05    {
06        int score[MAX];
07        int i=0,num;
08        float sum=0.0f;
09        printf("Enter 0 stopping input!!\n");
10        do
11        {
12          printf("Input score:");
13          scanf("%d",&score[i]);
14        }while(score[i++]>0);              /*输入成绩，输入 0 时结束*/
15        num=i-1;
16        for(i=0;i<num;i++)
17            sum+=score[i];                 /*计算平均成绩*/
18        printf("Average of all is %.2f\n",sum/num);
19        return 0;
20    }
/*Exam7-4 OUTPUT------
Enter 0 stopping input!!
Input score:70
Input score:80
Input score:60
Input score:90
Input score:0
Average of all is 75.00
----------------------*/
```

程序解析

（1）程序第 3 行，利用#define 定义 MAX 为 100，用来当成数组的大小。

（2）声明一个整型数组 score，其数组元素有 MAX（100）个。

（3）程序第 10 行～第 13 行，由键盘输入学生成绩，并将值赋给数组的第 i 个元素，i 的初值为 0，当成绩为 0 时即结束输入。

（4）程序第 14 行，当最后一个成绩输入后，还必须输入 0 结束循环的执行，此时 i 的值会再加 1，所以全部的学生人数 num 应该是 i 的值减 1。

（5）程序第 16 行～第 17 行，计算平均成绩。

（6）程序第 18 行，输出计算后的结果。

利用#define 定义 MAX 为数组大小的方式，在 C 语言里是很常见的用法，若是学生人数过多时，只要更改 MAX 的值即可增加数组的大小。当执行例 7-4 时，若是学生超过所声明的 MAX（100）时，会发生什么事？接下来讨论数组越界的问题。

7.1.5 数组越界的检查

C 语言并不会检查下标值的大小，也就是说当下标值超过数组的长度时，C 并不会因此而不让用户继续使用该数组，而是将多余的数据放在数组之外的内存中。如此一来，很可能会盖掉其他数据或是程序代码，因此会产生不可预期的错误。这种错误是在运行时才发生的（Run-Time Error），而不是在编译时期发生的错误（Compile-Time Error），编译程序无法提出任何的警告信息。

由于 C 语言为了增加执行的速度，并不会做这些如变量范围、数组越界等额外的检查，所以将这类的范围检查工作交给程序员来做。为了避免这种不可预期的错误发生，在程序中（尤其是大程序）最好还是加上数组越界的检查程序。再以例 7-4 为例，将数组越界的检查范围加入程序中，就可以确保程序执行的正确性。

【例7-5】数组界限的检查。

```
01    /*Exam7-5,数组界限的检查*/
02    #include <stdio.h>
03    #define MAX 5
04    int main(void)
05    {
06       int score[MAX];
07       int i=0,num;
08       float sum=0.0f;
09       printf("Enter 0 stopping input!!\n");
10       do
11       {
12          if(i==MAX)                      /*当 i 的值为 MAX,表示数组已满即停止输入*/
13          {
14             printf("No more space!!\n");
15             i++;
16             break;
17          }
18          printf("Input score:");
19          scanf("%d",&score[i]);
20       }while(score[i++]>0);              /*输入成绩,输入 0 时结束*/
21       num=i-1;
22       for(i=0;i<num;i++)
23          sum+=score[i];                  /*计算平均成绩*/
24       printf("Average of all is %.2f\n",sum/num);
25       return 0;
26    }
```

```
/*Exam7-5 OUTPUT-----
Enter 0 stopping input!!
Input score:60
Input score:50
Input score:70
Input score:80
Input score:90
No more space!!
Average of all is 70.00
----------------------*/
```

程序解析

（1）程序第 3 行，此处为了方便观看执行的结果，所以将#define 定义的 MAX 设为 5，用来当成数组的大小。

（2）程序第 10 行~第 20 行，由键盘输入学生成绩，并将值赋给数组的第 i 个元素，i 的初值为 0，当成绩为 0 时即结束输入。进入循环后，先检查 i 的值是否等于 MAX，如果相等即表示存放在数组里的数据已满，将 i 加 1 后利用 break 语句中断循环的执行。

将数组长度设成 5 后，当程序执行时，输入到第 5 个数据结束，即使不是输入 0，也会强制结束输入的操作，如此一来，就能确保数组界限不会超出范围。看似小小的功能，不但可以避免人为蓄意的破坏，还可以避免不可预期的错误。

接下来，再来学习如何在数组中查找想要的数据。下面的程序里，输入一个整数后，先输出数组的内容，再逐一查找与该输入值相同的数，并输出其元素所在的位置。

【例7-6】数组中元素的查找。

```
01    /*Exam7-6,数组的查找*/
02    #include <stdio.h>
03    #define SIZE 6
04    int main(void)
05    {
06      int i,num,flag=0;
07      int A[SIZE]={33,75,69,41,33,19};
08      printf("Input an integer to search:");        /*输入要查找的整数*/
09      scanf("%d",&num);
10      printf("elements in array A(0~5): ");
11      for(i=0;i<SIZE;i++)                            /*输出数组的内容*/
12        printf("%d ",A[i]);
13      for(i=0;i<SIZE;i++)
14        if(A[i]==num)                                /*判断数组元素是否与输入值相同*/
15        {
16          printf("\nYes! A[%d]=%d",i,A[i]);
17          flag=1;
18        }
19      if(flag == 0)
20        printf("\nNot found!!\n");
21      return 0;
22    }
/*Exam7-6 OUTPUT------------------------
Input an integer to search:33
elements in array A(0~5): 33 75 69 41 33 19
Yes! A[0]=33
```

```
Yes! A[4]=33
----------------------------------------*/
```
程序解析

在程序中声明了一个名为 flag（初值为 0）的整型变量，flag 是专门用来记录查找的结果，如果找到符合条件的数据，flag 即为 1，若是整个数组查找完毕仍没有找到，flag 的值就不会被改变，表示没有找到。

此外，利用#define 定义了 SIZE 为 6，并将数组的长度声明为 SIZE（其值为 6），在输出数组内容及查找数组时，为了避免超出数组的界限，在循环的判断条件中都以 SIZE 为判断对象。如此一来，若是想在程序中修改数组的大小时，只要更改 SIZE 的内容即可，不会因为忘了更改循环判断值而造成不可预期的错误。

7.2　二维数组以上的多维数组

虽然一维数组可以处理一般简单的数据，但是在实际的应用中仍然不足，所以 C 语言也提供了二维数组以上的多维数组供程序员使用。学会了如何使用一维数组后，再来学习二维数组的使用。

7.2.1　二维数组的声明与初始化赋值

二维数组和一维数组的声明方式很类似，其声明格式如下：

类型　数组名[行的个数][列的个数]；

与一维数组不同的是下标的声明方式。在声明格式中，"行的个数"是告知编译器所声明的数组有多少行，"列的个数"则是一行中有多少列。下面的范例都是合法的数组声明：

```
int data[10][5];          /*声明整型数组data，元素个数为10*5=50*/
float score[4][4];        /*声明浮点型数组score，元素个数为4*4=16*/
```

变量名称后面紧接着左、右方括号（[、]），表示该变量的结构为数组，方括号内所包含的数字，即代表数组元素共有几行几列。举例来说，某二手汽车公司有两个业务员，他们在 2002 年每季的销售量可以整理成表 7-1 所示的表格。

表 7-1　2002 年每季的销售量表

业务员	2002 年销售量			
	第一季	第二季	第三季	第四季
1	30	35	26	32
2	33	34	30	29

可以利用二维数组将上表的数据存储起来，将数组声明为 int sale[2][4];，在 VC++6.0 中，由于整型数据类型所占用的字节为 4 B，而整型数组 sale 可存储的元素有 2×4=8 个，占用的内存共有 4×8=32 B。图 7-3 中将数组 sale 化为图形表示，可以比较容易理解二维数组的存储方式。

数组中的"第 1 行"代表业务员 1，第 1 行的第 1 列～第 4 列为业务员 1 的第一季～第四季业绩；"第 2 行"代表业务员 2，第 2 行的第 1 列～第 4 列为业务员 2 的第一季～第四季业绩。两个业务员的业绩存储在数组后，就可以利用数组计算 2002 年总业绩或者是某季的业绩等。

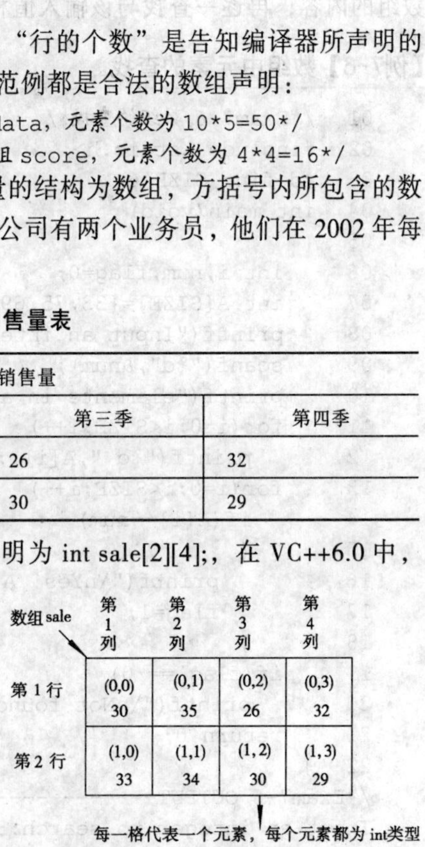

图 7-3　二维数组的示意图

如果直接在声明时就给数组初始化，可以利用左、右花括号完成。只要在数组的声明格式后面再加上初始化赋值即可，格式如下：

类型 数组名[行的个数][列的个数]={ {第 1 行初值},
　　　　　　　　　　　　　　　{第 2 行初值},…,
　　　　　　　　　　　　　　　{第 n 行初值}};

在花括号内还有几组花括号，每组花括号内的初值会按照顺序指定给数组的第 1、第 2、…、第 n 行元素。如下面的数组 sale 声明及初始化赋值范例。

```
int sale[2][4]={{30,35,26,32},          /*二维数组的初始化赋值*/
                {33,34,30,29}};
```

在上面的语句中声明了一个整型数组 sale，数组有两行四列共八个元素，花括号里的几组初值会分别按照顺序指定给各行里的元素存放，sale[0][0]为 30，sale[0][1]为 35，…，sale[2][2]为 29。

值得注意的是，C 语言允许二维以上的多维数组不必定义数组的长度，但是只有最左边（第一个）的下标值可以省略不定义外，其他下标都必须定义其大小。下面的声明即为未定长度的数组 tempe 声明及赋值。

```
int tempe[][4]={{30,35,26,32},          /*未定长度的二维数组的初始化赋值*/
                {33,34,30,29},
                {25,33,29,25}};
```

以这种未定长度的数组声明方式可以很方便地增加或缩短数组的大小，但是也会花费较多的时间计算处理每个下标值及数组的元素，两种声明方式各有优缺点，根据实际情况决定使用其中一种。

7.2.2　二维数组元素的引用及存取

二维数组元素的输入与输出方式与一维数组相同，以上一节中所练习的二维数组 sale 为例，将两个业务员的销售业绩从键盘输入后，再计算该公司 2002 年二手车的总销售量。程序及执行结果如下：

【例7-7】二维数组的输入和输出。

```
01  /*Exam7-7,二维数组的输入输出*/
02  #include <stdio.h>
03  int main(void)
04  {
05    int i,j,sale[2][4],sum=0;
06    for(i=0;i<2;i++)                        /*输入销售量*/
07      for(j=0;j<4;j++)
08      {
09        printf("业务员%d的第%d季业绩:",i+1,j+1);
10        scanf("%d",&sale[i][j]);
11      }
12    printf("***Output***");
13    for(i=0;i<2;i++)                        /*输出销售量并计算总销售量*/
14    {
15      printf("\n 业务员%d的业绩分别为",i+1);
16      for(j=0;j<4;j++)
17      {
18        printf("%d  ",sale[i][j]);
19        sum+=sale[i][j];
20      }
```

```
21      }
22      printf("\n2002年总销售量为%d部车\n",sum);
23      return 0;
24   }
/*Exam7-7 OUTPUT-------------
业务员 1 的第 1 季业绩:30
业务员 1 的第 2 季业绩:35
业务员 1 的第 3 季业绩:26
业务员 1 的第 4 季业绩:32
业务员 2 的第 1 季业绩:33
业务员 2 的第 2 季业绩:34
业务员 2 的第 3 季业绩:30
业务员 2 的第 4 季业绩:29
***Output***
业务员 1 的业绩分别为 30  35  26  32
业务员 2 的业绩分别为 33  34  30  29
2002 年总销售量为 249 部车
-----------------------------*/
```

程序解析

（1）程序第 5 行，声明整型变量 i、j 作为外层与内层循环控制变量及数组的下标，i 控制行的元素，j 控制列的元素；另外也声明一个整型数组 sale，其数组元素共有八个，而 sum 用来存放所有数组元素值的总和，也就是总销售量。

（2）程序第 6 行～第 11 行，由键盘输入两个业务员的业绩，并将值赋给数组的第 i 行 j 列元素存放，i、j 的初值为 0。

（3）程序第 13 行～第 21 行，输出数组里各元素的内容，并汇总各元素值。

（4）程序第 22 行，输出 sum 的结果即为总销售量。

二维数组元素的赋值方式和一维数组大致上相同，不同的是，二维数组的下标值多一层，所以需要用到双层嵌套循环处理。下面再利用二维数组输出其转置矩阵。

【例7-8】矩阵转置。

```
01   /*Exam7-8,转置矩阵*/
02   #include <stdio.h>
03   int main(void)
04   {
05     int i,j,matrx[4][4]={{1,2,3,4},{5,6,7,8},{9,10,11,12},{13,14,15,16}};
06     printf("elements in array:\n");
07     for(i=0;i<4;i++)                    /*输出数组的内容*/
08     {
09       for(j=0;j<4;j++)
10         printf("%4d",matrx[i][j]);
11       printf("\n");
12     }
13     printf("\nafter reversed:\n");
14     for(j=0;j<4;j++)                    /*输出转置矩阵*/
15     {
16       for(i=0;i<4;i++)
17         printf("%4d",matrx[i][j]);
18       printf("\n");
```

```
19       }
20       return 0;
21  }
/*Exam7-8 OUTPUT---
elements in array:
    1   2   3   4
    5   6   7   8
    9  10  11  12
   13  14  15  16
after reversed:
    1   5   9  13
    2   6  10  14
    3   7  11  15
    4   8  12  16
--------------------*/
```

程序解析

二维数组的使用频率非常高，可以按照数据复杂的程度决定数组的维数，接下来再来学习多维数组。

7.2.3 多维数组

经过前面一、二维数组的练习发现，要提高数组的维数，只要在声明数组的时候将下标与方括号再加一组即可，所以三维数组的声明如 int A[3][3][3]，而四维数组为 int A[3][3][3][3]，…，其下标值以实际需要而定。

使用多维数组时，输入、输出的方式和一、二维相同，但是每多一维，嵌套循环的层数就必须多一层，所以维数越高的数组其复杂度也就越高。以三维数组为例，在声明数组时赋初值，并将其元素值输出并计算总和。

【例7-9】三维数组的使用。

```
01  /*Exam7-9,三维数组*/
02  #include <stdio.h>
03  int main(void)
04  {
05      int A[2][2][2]={{{95,85},{66,78}},{{89,77},{60,83}}};
06      int i,j,k,sum=0;
07      for(i=0;i<2;i++)                    /*输出数组内容并计算总和*/
08        for(j=0;j<2;j++)
09          for(k=0;k<2;k++)
10          {
11              printf("A[%d][%d][%d]=%d\n",i,j,k,A[i][j][k]);
12              sum+=A[i][j][k];
13          }
14      printf("sum=%d\n",sum);
15      return 0;
16  }
/*Exam7-9 OUTPUT---
A[0][0][0]=95
A[0][0][1]=85
A[0][1][0]=66
```

```
A[0][1][1]=78
A[1][0][0]=89
A[1][0][1]=77
A[1][1][0]=60
A[1][1][1]=83
sum=633
----------------------*/
```

程序解析

由于使用的是三维数组，所以嵌套循环有三层，而下标也有三个。若是一时无法想象三维数组，以所声明的 i*m*n 数组为例，可以当成有 i 个 m*n 的二维数组，由于三维以上的多维数组用图形描绘比较困难，所以只能靠想象力了。

7.3 传递数组给函数

在 C 语言里，除了可以传递变量、常数给函数之外，还可以将数组当成自变量传递到函数中，下面来学习如何传递数组给函数。

7.3.1 一维数组为自变量来传递

将数组当成自变量传递到函数时，函数接收的是数组的地址，而不是数组的值。传递一维数组到函数的格式如下：

```
返回值类型 函数A(数据类型 数组名 [ ])
int main(void)
{
        数据类型 数组名[个数];
            ⋮
        函数A(数组名);
            ⋮
}

返回值类型 函数A(数据类型 数组名[ ] )
{
            ⋮                    填入元素的个方括号内可以不数
}
```

在声明函数原型的部分，所填入的数组名可以是任何的用户自定义的标识符，不一定要与函数定义中的数组名相同。当然也可以使用指针的写法，指针的内容在第 8 章做了详细的阐述。

在函数 A 定义的部分，如果所传递的参数为一维数组时，则数组名后面的方括号内可以不填入元素的个数。也就是说，接收数组的函数并不做数组越界的检查操作，而是主程序直接把该数组的地址传递到函数中，由函数自行处理数组。事实上，传递至函数的并不是整个数组，而是指向数组地址的指针（Pointer）。只要知道函数原型的参数如何填写即可，关于指针的部分，在下节中将有更详细介绍。

以下面的程序为例，在主程序中我们将数组的初值赋为 0，调用函数 addarr() 前后都将数组的内容输出，仔细查看数组内容的变化。

【例7-10】 一维数组为自变量的函数。

```
01    /*Exam7-10,以一维数组为自变量*/
02    #include <stdio.h>
03    #define SIZE 4
04    void addarr(int b[]),print_matrix(int B[]);
05    int main(void)
06    {
07        int A[SIZE]={0};
08        printf("Before process...\n");
09        print_matrix(A);                  /*调用函数 print_matrix()*/
10        addarr(A);                        /*调用函数 addarr()*/
11        printf("\nAfter process...\n");
12        print_matrix(A);                  /*调用函数 print_matrix()*/
13        return 0;
14    }
      /*自定义函数 print_matrix()，输出数组内容*/
15    void print_matrix(int B[])
16    {
17        int i;
18        printf("elements in array:");
19        for(i=0;i<SIZE;i++)               /*输出数组内容*/
20          printf("%d ",B[i]);
21        printf("\n");
22        return;
23    }
      /*自定义函数 addarr()，数组各元素加 2*/
24    void addarr(int B[])
25    {
26        int i;
27        for(i=0;i<SIZE;i++)               /*数组各元素加 2*/
28          B[i]+=2;
29        printf("\nIn function addarr(),\n");
30        print_matrix(B);
31        return;
32    }
/*Exam7-10 OUTPUT-------
Before process...
elements in array:0 0 0 0

In function addarr(),
elements in array:2 2 2 2

After process...
elements in array:2 2 2 2
-------------------------*/
```

程序解析

（1）程序第 3 行，利用 #define 定义 SIZE 为 4，用来作为数组的大小及进入循环的判断条件。

（2）程序第 4 行，声明 addarr() 与 print_matrix() 为无返回值类型的函数，其参数都为整数类型的一维数组。

（3）程序第 7 行，声明一整数数组 A，长度为 SIZE，初值设为 0。

（4）程序第 8 行～第 9 行，在调用 addarr() 函数前，调用 print_matrix() 函数输出数组 A 的内容。

（5）程序第 10 行，调用 addarr() 函数，自变量为数组 A，将数组 A 的所有元素值加 2，并输出数组的内容。

（6）程序第 11 行～第 12 行，调用 addarr() 函数后，调用 print_matrix() 函数再输出数组 A 的内容。

（7）程序第 15 行～第 22 行，为 print_matrix() 函数主体，输出传递到函数的数组内容。

（8）程序第 24 行～第 32 行，为 addarr() 函数主体，将传递到函数的数组元素各加上 2，再输出数组的内容。

虽然在函数 addarr() 中并没有直接返回数组的值，在主程序里再次输出的数组内容却已经改变了，这是因为传递到函数的是数组的地址，而不是数组的值，addarr() 函数直接在数组里更改其元素的值，所以不需要经过 return，数组即已改变其内容。

下面的程序中，将数组当成自变量传递到 count() 函数中，计算数组中的奇数和偶数的个数，在调用 count() 函数前，先将数组的内容输出。

【例7-11】计算矩阵内的奇数和偶数的个数。

```
01    /*Exam7-11,计算矩阵内的奇数及偶数*/
02    #include <stdio.h>
03    #define SIZE 10
04    void print_matrix(int a[]),count(int a[]);
05    int main(void)
06    {
07        int data[SIZE]={51,36,88,74,45,3,98,71,63,55};
08        printf("elements in array:");
09        print_matrix(data);
10        count(data);
11        return 0;
12    }
13    void print_matrix(int a[])              /*自定义函数 print_matrix()*/
14    {
15        int i;
16        for(i=0;i<SIZE;i++)                 /*输出数组的内容*/
17            printf("%d ",a[i]);
18        printf("\n");
19        return;
20    }
21    void count(int a[])                     /*自定义函数 count()*/
22    {
23        int i,cnt1=0,cnt2=0;
24        for(i=0;i<SIZE;i++)                 /*计算数组内的奇数及偶数个数*/
25            if(a[i]%2==1)
26                cnt1++;
27            else cnt2++;
28        printf("There are %d odd and %d even numbers\n",cnt1,cnt2);
29        return;
30    }
/*Exam7-11 OUTPUT---------------------------
elements in array:51 36 88 74 45 3 98 71 63 55
There are 6 odd and 4 even numbers
------------------------------------------------*/
```

程序解析

（1）程序第 3 行，利用#define 定义 SIZE 为 10，用来作为数组的大小及进入循环的判断条件。

（2）程序第 4 行，声明 print_matrix()与 count()为无返回值类型的函数，其参数都为整型类型的一维数组。

（3）程序第 7 行，声明一个整型数组 data，长度为 SIZE，初值分别为 51、36、88、74、45、3、98、71、63 及 55。

（4）程序第 8 行～第 9 行，在调用 count()函数前，调用 print_matrix()函数输出数组 data 的内容。

（5）程序第 10 行，调用 count()函数，自变量为数组 data，计算数组 data 中的奇数及偶数个数。

（6）程序第 14 行～第 20 行，为 print_matrix()函数主体，输出传递到函数的数组内容。

（7）程序第 21 行～第 30 行，为 count()函数主体，分别计算并输出数组里的奇数及偶数个数。

数组 data 的内容没有改变，传递到函数的仍是数组的地址，不会因为接收的参数名称不同而不同。

下面再来看一个例子，将一维数组的元素倒置，并不是只有输出倒置后的结果，而是倒置其元素的值，程序的代码如下。

【例7-12】倒置一维矩阵内的值。

```
01   /*Exam7-12,倒置一维矩阵内的值*/
02   #include <stdio.h>
03   #define SIZE 10
04   void print_matrix(int a[]),convert(int a[]);
05   int main(void)
06   {
07      int data[SIZE]={1,2,3,4,5,6,7,8,9,10};
08      printf("Before process...\n");
09      print_matrix(data);                    /*输出转换前数组的内容*/
10      convert(data);                         /*调用 convert()函数*/
11      printf("After process...\n");
12      print_matrix(data);                    /*输出转换后数组的内容*/
13      return 0;
14   }
15   void print_matrix(int a[])                /*自定义函数 print_matrix()*/
16   {
17      int i;
18      for(i=0;i<SIZE;i++)                    /*输出数组的内容*/
19        printf("%d ",a[i]);
20      printf("\n");
21      return;
22   }
23   void convert(int a[])                     /*自定义函数 convert()*/
24   {
25      int i,j,b[SIZE];
26      for(i=0,j=SIZE-1;i<SIZE,j>=0;i++,j--)  /*倒置矩阵内的值*/
27        b[j]=a[i];
28      for(i=0;i<SIZE;i++)
29        a[i]=b[i];
30      return;
31   }
```

```
/*Exam7-12 OUTPUT---
Before process...
1 2 3 4 5 6 7 8 9 10
After process...
10 9 8 7 6 5 4 3 2 1
----------------------*/
```

程序解析

在 convert()函数里，要将原先的 a 数组（即数组 data）值倒置后存放在另一个 b 数组，再把 b 数组的值陆续传给 a 数组，即可达到倒置的目的。该如何倒置呢？首先，使用两个控制变量 i 及 j，i 控制数组 a 的元素，j 控制数组 b 的元素。i 由数组第一个元素 0 开始，而 j 由数组最后一个元素 SIZE–1 开始，循环每执行一次，即把 a[i]的值传递给 b[j]存放，同时 i 递增，j 递减，当循环执行完毕时，倒置的操作也就完成。此时数组 a 的值仍然没有更改，要再将数组 b 的值陆续传递给数组 a，数组 a 的值才是倒置后的结果。

学习了上面比较实用的范例，对一维数组的传递有了较深刻的认识。接下来，讨论常用的排序方式——冒泡排序法。

7.3.2　冒泡排序法

在本节中利用一维数组介绍冒泡排序法。所谓冒泡排序（Bubble Sort），就是数据由最小值排列到最大值，像在水里吐气泡似的，大气泡由于浮力较大，因此会先浮出水面。冒泡排序也因为性质和气泡一样而得名，其程序的代码如下。

【例7-13】使用冒泡排序法进行排序。

```
01   /*Exam7-13,冒泡排序法*/
02   #include <stdio.h>
03   #define SIZE 5
04   void print_matrix(int a[]),bubble(int a[]);
05   int main(void)
06   {
07      int data[SIZE]={26,5,7,63,81};
08      printf("Before process...\n");
09      print_matrix(data);
10      bubble(data);
11      printf("After process...\n");
12      print_matrix(data);
13      return 0;
14   }
15   void print_matrix(int a[])         /*自定义函数print_matrix()*/
16   {
17      int i;
18      for(i=0;i<SIZE;i++)             /*输出数组的内容*/
19        printf("%d ",a[i]);
20      printf("\n");
21      return;
22   }
23   void bubble(int a[])               /*自定义函数bubble()*/
24   {
25      int i,j,temp;
```

```
26      for(i=1;i<SIZE;i++)
27         for(j=0;j<(SIZE-1);j++)
28            if(a[j]>a[j+1])
29            {
30               temp=a[j];          /*交换数组内的值*/
31               a[j]=a[j+1];
32               a[j+1]=temp;
33            }
34      return;
35   }
/*Exam7-13 OUTPUT--------
Before process...
26 5 7 63 81
After process...
5 7 26 63 81
---------------------------*/
```

程序解析

（1）程序第 3 行，利用#define 定义 SIZE 为 5，用来当成数组的大小及进入循环的判断条件。

（2）程序第 4 行，声明 print_matrix()与 bubble()为无返回值类型的函数。

（3）程序第 7 行，声明一个整型数组 data，长度为 SIZE，初值分别为 26、5、7、63 及 81。

（4）程序第 8 行～第 9 行，在调用 bubble()函数前，调用 print_matrix()函数输出数组 data 的内容。

（5）程序第 10 行，调用 bubble()函数，自变量为数组 data，将数组 data 中元素值以冒泡排序法由小到大排列。

（6）程序第 11 行～第 12 行，调用 bubble()函数后，利用 print_matrix()函数输出数组 data 的内容。

（7）程序第 15 行～第 22 行，为 print_matrix()函数主体，输出传递到函数的数组内容。

（8）程序第 23 行～第 35 行，为 bubble()函数主体，进行数组元素的排序，由小到大排列。外层循环控制查找的次数，每执行完一次外层循环，即代表比较过一次数组内容；内层循环进行两个相邻数组元素的比较，当排列的次序（前面的数大于后面的数）不对时，就将两元素值交换，每一轮的查找会将该次查找的最大值放到数组最后面。图 7-4 所示为排序的过程。

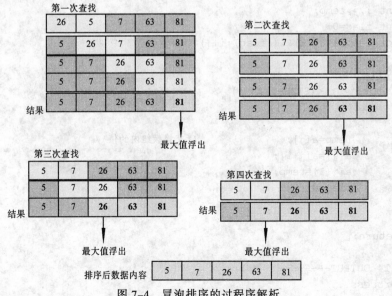

图 7-4　冒泡排序的过程序解析

（9）不管数据是否已完成排序，都必须不断地重复比较，直到查找次数的外循环执行完毕，因此由图7-4的数据可以看到，第二次查找完毕后，其实就已经完成排序的操作，但是却必须重复循环地执行，反而浪费了许多时间。

为了改进上述的问题，引进一个标志变量 flag，用来加以控制进入循环做查找的时机，如下面的程序。

【例7-14】冒泡排序法的改进。

```
01   /*Exam7-14,冒泡排序法的改良版*/
02   #include <stdio.h>
03   #define SIZE 5
04   void print_matrix(int a[]),bubble_sort(int a[]);
05   int main(void)
06   {
07     int data[SIZE]={26,5,7,63,81};
08     printf("Before process...\n");
09     print_matrix(data);
10     bubble_sort(data);
11     printf("After process...\n");
12     print_matrix(data);
13     return 0;
14   }
15   void print_matrix(int a[])        /*自定义函数print_matrix()*/
16   {
17     int i;
18     for(i=0;i<SIZE;i++)             /*输出数组的内容*/
19       printf("%d ",a[i]);
20     printf("\n");
21     return;
22   }
23   void bubble_sort(int a[])         /*冒泡排序函数*/
24   {
25     int i,j,temp;
26     int flag=0;
27     for(i=1;(i<SIZE)&&(!flag);i++)
28     {
29       flag=1;
30       for(j=0;j<(SIZE-i);j++)
31         if(a[j]>a[j+1])
32         {
33           temp=a[j];                /*交换数组内的值*/
34           a[j]=a[j+1];
35           a[j+1]=temp;
36           flag=0;
37         }
38     }
39     return;
40   }
/*Exam7-14 OUTPUT--------
Before process...
26 5 7 63 81
```

```
After process...
5 7 26 63 81
---------------------------*/
```

程序解析

（1）在查找的过程中，若是有两个元素相交换，即将 flag 值设为 0；若是该次查找时都没有做元素交换的操作，flag 值为 1，表示数组已完成排序，此时就不再需要做下一轮的查找操作，即可跳出循环。

（2）以 26、5、7、63、81 五个数为例，可以看到当程序执行第二次查找时，由于该阶段并没有任何的交换操作，因此 flag 的值一直为 1，等到要执行第三次查找时，并不符合循环执行的条件，即跳出循环，而数据也已完成排序，过程如图 7-5 所示。

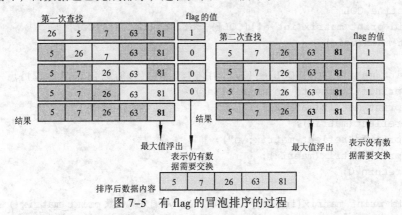

图 7-5　有 flag 的冒泡排序的过程

（3）利用 flag 变量，既可节省不少无意义且重复查找的时间，又使得冒泡排序法的算法结构更加有效率。目前所使的排序法有很多种，有的强调速度快的，有的则强调交换次数最少，可以参考其他介绍排序的书籍。

7.3.3　传递多维数组

若将二维以上的多维数组当成自变量传递给函数时，函数接收的仍是数组的地址，而不是数组的值。传递二维数组到函数的格式如下：

返回值类型 函数 A(数据类型 数组名 [行的个数] [列的个数]);
int main(void)
{　　　　⋮　　　方括号内可以不填入行的个数
　　数据类型 数组名 [行的个数] [列的个数];
　　　　⋮
　　函数 A(数组名);
　　　　⋮
}

返回值类型 函数 A(数据类型 数组名 [行的个数] [列的个数])
{
　　　　方括号内可以不　方括号内必须
}　　　　填入行的个数　填入列的个数

值得注意的是，不管数组的维数是多少，在函数 A 定义与声明的部分，数组名后面的第一个方括号内可以不填入元素的个数，但是后面所有方括号内都必须填入数据，这是为了让编译程序能够处理数组内各元素的位置。

同样，在声明函数原型的部分，所填入的数组名可以是任何用户自定义的标识符，不一定要与函数定义中的数组名相同。

以下面的程序为例，在主程序中将数组以"反射"的方式更改其内容，反射矩阵就是将矩阵的第一列，放到最后一列；矩阵的第二列，放到倒数第二列；依此类推。调用函数 reflect() 前后将数组的内容输出，可以观察数组内容的变化。

【例7-15】将矩阵进行反射。

```
01   /*Exam7-15,反射矩阵*/
02   #include <stdio.h>
03   #define ROW 4
04   #define COL 3
05   void print_matrix(int a[][COL]),reflect(int a[][COL]);
06   int main(void)
07   {
08     int matrix[ROW][COL]={{1,2,3},{4,5,6},{7,8,9},{10,11,12}};
09     printf("elements in matrix:\n");
10     print_matrix(matrix);
11     reflect(matrix);
12     printf("reflect matrix:\n");
13     print_matrix(matrix);
14     return 0;
15   }
16   void print_matrix(int a[][COL])          /*自定义函数print_matrix()*/
17   {
18     int i,j;
19     for(i=0;i<ROW;i++)                      /*输出数组的内容*/
20     {
21       for(j=0;j<COL;j++)
22         printf("%4d",a[i][j]);
23       printf("\n");
24     }
25     return;
26   }
27   void reflect(int a[][COL])                /*自定义函数reflect()*/
28   {
29     int i,j,k,b[ROW][COL];
30     for(i=0;i<ROW;i++)                      /*置换数组的内容*/
31       for(j=COL-1,k=0;j>=0,k<COL;j--,k++)
32         b[i][k]=a[i][j];
33     for(i=0;i<ROW;i++)
34       for(j=0;j<COL;j++)
35         a[i][j]=b[i][j];
36     return;
37   }
/*Exam7-15 OUTPUT---
elements in matrix:
   1   2   3
   4   5   6
   7   8   9
  10  11  12
```

```
reflect matrix:
    3   2   1
    6   5   4
    9   8   7
   12  11  10
------------------------*/
```

程序解析

（1）程序第 3 行~第 4 行，利用#define 定义 ROW 为 4，COL 为 3，用来作为数组的大小及进入循环的判断条件。

（2）程序第 5 行，声明 print_matrix() 与 reflect() 为无返回值类型的函数。

（3）程序第 8 行，声明一个整型数组 matrix，长度为 ROW*COL，并赋初值。

（4）程序第 9 行~第 10 行，在调用 reflect() 函数前，调用 print_matrix() 函数输出数组 matrix 的内容。

（5）程序第 11 行，调用 reflect() 函数，自变量为数组 matrix，将数组 matrix 中元素值改变其排列的方式。

（6）程序第 12 行~第 13 行，调用 reflect() 函数后，利用 print_matrix() 函数输出数组 matrix 的内容。

（7）程序第 16 行~第 26 行，为 print_matrix() 函数主体，输出传递到函数的数组内容。

（8）程序第 27 行~第 37 行，为 reflect() 函数主体，进行数组元素的交换，并于函数内声明一个与 a 数组相同大小的数组 b。第一次进入循环，i、k 为 0，j 为 COL-1=2，将 a[i][j] 的值给 b[i][k]，也就是将 a[0][2] 的值 3 给 b[0][0] 存放；再次进入循环，i 为 0、k 为 1，j 为 1，将 a[0][1] 的值 2 给 b[0][1] 存放，…，直到循环执行结束。接着将数组 b 的内容再陆续传给数组 a 存放后，才完成交换的操作。

下面再以一个例子来说明传递多维数组到函数的使用。在下面的程序里，将二维数组传递到函数后，查找该数组中的最大值与最小值。

【例7-16】查找二维数组的最大值与最小值。

```
01  /*Exam7-16,查找二维数组的最大值与最小值*/
02  #include <stdio.h>
03  void search(int a[][3],int b[]);
04  int main(void)
05  {
06    int a[4][3]={{26,5,7},{10,3,47},{6,76,8},{40,4,32}};
07    int i,j,result[2]={0};
08    printf("elements in array:\n");          /*输出数组的内容*/
09    for(i=0;i<4;i++)
10    {
11      for(j=0;j<3;j++)
12        printf("%02d ",a[i][j]);
13      printf("\n");
14    }
15    search(a,result);
16    printf("maximum=%02d\n",result[0]);
17    printf("minimum=%02d\n",result[1]);
18    return 0;
```

```
19    }
20    void search(int a[4][3],int b[2])                    /*自定义函数 search()*/
21    {
22       int i,j,max=a[0][0],min=a[0][0];
23       for(i=0;i<4;i++)
24          for(j=0;j<3;j++)
25          {
26             if(max<a[i][j])                             /*查找最大值*/
27                max=a[i][j];
28             if(min>a[i][j])                             /*查找最小值*/
29                min=a[i][j];
30          }
31       b[0]=max;
32       b[1]=min;
33       return;
34    }
/*Exam7-16 OUTPUT---
elements in array:
26 05 07
10 03 47
06 76 08
40 04 32
maximum=76
minimum=03
----------------------*/
```

程序解析

在上面的程序里,最大值与最小值以一维数组 result 存放,result[0]为最大值,result[1]则存放最小值。利用嵌套循环逐一查找数组中的每一个元素,再分别与临时存储的最大值(即变量 max)、最小值(即变量 min)相比,直到循环结束,此时 max 即为最大值,min 即为最小值,再将最大值与最小值保存到数组 result 中。

传递数组到函数的方式其实和一般的变量差不多,但是由于数组里的数据比单一变量要复杂,所以在处理上也就会比较烦杂,只要能够理清最重要的处理流程,相信任何问题可以迎刃而解。

7.3.4 传递"值"还是"地址"到函数

在第 6 章中曾经提到过,调用函数时,若是没有特别指明,都是以传值调用的方式传递到函数中。这样就会有疑问,为什么将数组当成自变量时,传到函数中的却是数组的地址?

当传递一般的变量名称到函数时,接收的函数会将参数的内容复制一份,放在函数所使用的内存中,就像是函数里的局部变量一样,当函数结束后,原先在其他区段里的变量并不会更改其值。

而传递的自变量是数组时,由于数组的长度可能很大,为了避免内存空间的不足,所以当初在设计 C 语言时,就决定当数组为自变量时,就不用像一般的变量一样,将数组复制一份。也就是说,当数组为自变量时,传递到函数中的是该数组实际的地址。

举例说明变量的传值与数组的传址。下面的程序中,声明一个整型变量 a,并将 a 当成自变量传递到函数中,在主程序及函数内都输出变量 a 的值及地址,观察程序执行的结果。

【例7-17】输出变量的地址。

```
01    /*Exam7-17,输出变量的地址*/
02    #include <stdio.h>
```

```
03    void func(int);
04    int main(void)
05    {
06        int a=13;
07        printf("In main(),a=%d,address=%p\n",a,&a);
08        func(a);
09        return 0;
10    }
11    void func(int a)              /*自定义函数func()*/
12    {
13        printf("In func(),a=%d,address=%p\n",a,&a);
14        return;
15    }
/*Exam7-17 OUTPUT-------------
In main(),a=13,address=0253FDD4
In func(),a=13,address=0253FDB0
-----------------------------*/
```

程序解析

输出格式%p是输出指针类型的方式,所以后面所对应的项目,就要加上地址运算符&,如此一来,就可以输出变量的地址。传递的是变量a的值到函数func(),虽然函数接收的变量名称为a,但是函数是将主程序里的变量a的值复制一份到函数中,利用接收的参数a在函数中作用。图7-6即为例7-17的示意图。

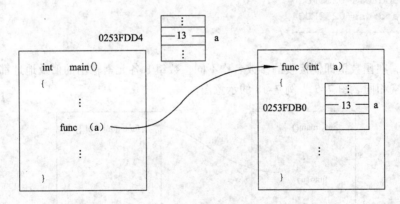

图 7-6 传值调用的方式

接下来,学习以数组为自变量传递到函数时,在主程序及函数内分别输出数组的值及地址,查看程序执行的结果。

【例7-18】输出数组的地址。

```
01    /*Exam7-18,输出数组的地址*/
02    #include <stdio.h>
03    void func(int *);
04    int main(void)
05    {
06        int i,a[4]={20,8,13,6};
07        printf("In main(),\n");    /*输出数组a的值及地址*/
```

```
08      for(i=0;i<4;i++)
09          printf("a[%d]=%2d,address=%p\n",i,a[i],&a[i]);
10      func(a);
11      return 0;
12  }
13  void func(int b[])              /*自定义函数func()*/
14  {
15      int i;
16      printf("In func(),\n");     /*输出数组b的值及地址*/
17      for(i=0;i<4;i++)
18          printf("b[%d]=%2d,address=%p\n",i,b[i],&b[i]);
19      return;
20  }
/*Exam7-18 OUTPUT-----
In main(),
a[0]=20,address=0253FDB8
a[1]= 8,address=0253FDBC
a[2]=13,address=0253FDC0
a[3]= 6,address=0253FDC4
In func(),
b[0]=20,address=0253FDB8
b[1]= 8,address=0253FDBC
b[2]=13,address=0253FDC0
b[3]= 6,address=0253FDC4
------------------------*/
```

程序解析

可以看到,在函数里即使接收的参数名称不同,数组 b 各元素输出的值及地址都和主程序中的数组 a 各元素相同。图 7-7 为例 7-18 的示意图。

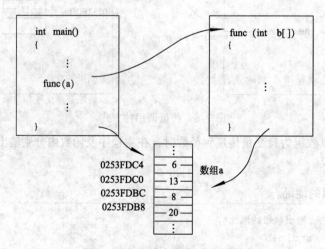

图 7-7　主程序与函数共享数组

这就是为什么在前面的练习中,即使不用返回任何数据到主程序中,数组的内容仍会被更改的原因。被调用的函数和原调用的函数共享该数组,函数中传递的是数组的地址。

7.4　字　符　串

利用声明字符变量的方式，即可使用一个大、小写字母、符号或阿拉伯数字等，如果想使用一连串的字符，也就是字符串，就必须使用字符数组来处理。

7.4.1　字符串常数

虽然在 C 语言里并没有字符串的数据类型，却可以由字符数组形成字符串。字符常数是以单引号（'）所包围的，而字符串常数则是以两个双引号（"）包围起来的数据，如下所示：

```
"Dev C++"
"My friend"
"Happy Holiday!!"
```

字符串常数存储在内存时，在最后面会加上字符串结束字符\0 做结尾，如图 7-8 所示。

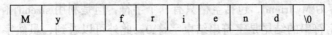

| M | y | | f | r | i | e | n | d | \0 |

图 7-8　字符串常数会加上\0 做结尾

每一个字符占有 1 B，再加上字符串结束字符\0，其字符串总长度即为所有的字符数加 1。所以，图 7-8 中的字符串 My friend 的长度为 9+1=10 B。

字符常数所占有的内存是 1 B，如字符常数'C'，但是以双引号包围时，就会因为结尾处要加上字符串结束字符\0 而变为 2 B。

7.4.2　字符串的声明与初始化赋值

要使用字符串变量，就要声明字符数组。声明字符数组后，即可将该字符数组视为字符串变量，其声明的格式如下：

```
char 字符数组名[字符串长度];
```

或

```
char 字符数组名[字符串长度]=字符串常数;
```

声明的字符串长度要比实际可存放的字符要大，最少要大 1，因为要预留 1 B 给字符串结尾处所要放置的字符串结束字符\0。也就是说，当声明字符串长度为 10 时，实际上只能存放 9 个字符，最后一个字符必须是\0。下面的范例即为合法的字符串变量声明。

```
char mystr[30];            /*声明一个名为 mystr 的字符串变量，其长度为 30 个字符 */
char name[15]="David Young";/*声明一个名为 name 的字符串变量，其长度为 15 个字符，同时赋
                              其初值为 David Young*/
```

上面的语句中，声明了一个名为 mystr 的字符串变量，其长度为 30（实际只能使用 29 B）；另一个名为 name 的字符串变量，其长度为 15（实际只能使用 14 B），其初值为 David Young。在使用双引号时，编译器会自动在字符串结尾处加上字符串结束字符\0，若是使用单引号，则需要自己加上\0。

以下面的程序为例，分别声明字符串变量及字符变量，并赋初值，在程序中输出各变量的长度。

【例7-19】输出字符及字符串的长度。

```
01    /*Exam7-19，输出字符及字符串的长度*/
02    #include <stdio.h>
03    int main(void)
```

```
04   {
05       char a[]="My friend";
06       char b='c';
07       char str[]="c";
08       printf("sizeof(a)=%d\n",sizeof(a));
09       printf("sizeof(b)=%d\n",sizeof(b));
10       printf("sizeof(str)=%d\n",sizeof(str));
11       return 0;
12   }
/*Exam7-19 OUTPUT---
sizeof(a)=10
sizeof(b)=1
sizeof(str)=2
---------------------*/
```

程序解析

字符串 a 的内容为 My friend，包括空格只有 9 个字符，但是利用 sizeof() 函数求出来的长度却是 10 B，这是因为字符串的结尾是字符串结束字符\0。此外可以看到，虽然字符变量 b 与字符串变量 str 的内容都为 c，长度却不相同，字符串变量 str 的赋值是以双引号包围，并且在字符串结束时自动加上\0，所以 str 的长度会变成 2 B，而字符变量的赋值是以单引号包围，并不会自动加上字符串结束字符\0。

简单地学习了字符串变量的声明及赋值后，接下来要开始练习字符串的输出与输入。C 语言在 stdio.h 头文件中提供了关于字符串的输入、输出函数。

7.5 字符串的输入与输出函数

在 stdio.h 头文件里的字符串输入函数有 scanf() 及 gets() 函数，输出函数则有 printf() 与 puts() 函数。利用这些函数即可将字符串进行输入及输出。

7.5.1 scanf() 与 printf() 函数

scanf() 及 printf() 函数是使用最频繁的输入、输出函数，当然也可以用来处理字符串，其 scanf() 的格式如下：

```
scanf("%s",字符数组名);
```

%s 是字符串的输入格式，scanf() 读到【Enter】键或者第一个空格，就以为字符串已经输入完毕，即结束读取的操作，同时在字符串结尾处加上字符串结束字符\0。值得注意的是，使用 scanf() 输入字符串时，其字符数组名前面并不需要加上&地址运算符，因为数组名本身就是指向实际的数组地址。printf() 的格式如下：

```
printf("%s",字符数组名);
```

%s 是字符串的输出格式，同样，其字符数组名前面不需要加上&地址运算符。

接着就利用 scanf() 及 printf() 函数练习字符串的输入及输出。以下面的程序为例，声明一个字符串变量 name，在程序中输入名字，再将所输入的字符串输出，这样的操作被执行两次。

【例7-20】 使用scanf()与printf()函数进行输入及输出字符串。

```
01   /*Exam7-20,输入及输出字符串*/
02   #include <stdio.h>
03   int main(void)
```

```
04    {
05        char name[15];
06        int i;
07        for(i=0;i<2;i++)
08        {
09            printf("What's your name?");
10            scanf("%s",name);
11            printf("Hi! %s,How are you?\n\n",name);
12        }
13        return 0;
14    }
/*Exam7-20 OUTPUT-----
What's your name?David
Hi! David,How are you?

What's your name?Tom Lee
Hi! Tom,How are you?
----------------------*/
```

程序解析

第一次执行循环时，这里输入 David，输出的结果是正确的，但是再次输入时，输入的是 Tom Lee，输出的却只有 Tom，为什么呢？这是因为利用%s 输入字符串时，scanf()读到【Enter】键或者第一个空格，就认为字符串已经输入完毕，即结束读取的操作，所以当利用 scanf()函数输入字符串时，必须确定字符串的内容是没有空格的，否则就会出现如同例 7-20 OUTPUT 的错误。

如果不能确定用户输入时是否会输入带有空格的字符串，就必须使用 gets()函数来输入字符串，以确保数据读入的正确性。

7.5.2　gets()与 puts()函数

gets()函数是 get string 的缩写，而 puts()函数是 put string 的缩写，它们是专门用来处理字符串的输入、输出函数，其 gets()的格式如下：

gets(字符数组名);

当用户输入字符串时，除非按【Enter】键，gets()才会将该字符串接收，并存放在指定的字符数组中，同时在字符串结尾处加上字符串结束字符\0。和 scanf()函数一样，在使用 gets()函数输入字符串时，其字符数组名前面并不需要加上&地址运算符，因为数组名本身就是指向实际的数组地址。此外，puts()的格式如下：

puts(字符数组名);

或

puts("字符串常数");

puts()会将字符串结束字符\0 转换成换行字符。使用 puts()函数输出字符串时，由于无法控制输出格式，而且在输出一个字符串后即会自动换行，所以使用 puts()函数的频率就比 printf()函数低许多。

下面利用 gets()及 puts()函数练习字符串的输入及输出。将例 7-20 里的 scanf()及 printf()函数更改为 gets()及 puts()函数，并做适当的修改。

【例7-21】使用gets()与puts()函数输入及输出字符串。

```
01    /*Exam7-21,输入及输出字符串*/
02    #include <stdio.h>
03    int main(void)
```

```
04  {
05      char name[15];
06      puts("What's your name?");
07      gets(name);
08      puts("Hi!");
09      puts(name);
10      puts("How are you?");
11      return 0;
12  }
/*Exam7-21 OUTPUT-----
What's your name?
David Young
Hi!
David Young
How are you?
-----------------------*/
```

程序解析

可以看到，不管是用 gets()还是用 puts()函数，都会在读取或输出字符串后换行，所以在使用上可以和 scanf()及 printf()函数交叉使用，以达到比较恰当的输入与输出格式。

7.6 字符串数组

和整数、字符、浮点数一样，也可以把字符串放在数组中。字符串本身就是一个数组，而字符串数组，就如同是二维数组，或是字符数组的数组。

7.6.1 字符串数组的声明与初始化赋值

字符串数组也和所有的变量、数组一样，都需要事先经过声明才能使用。字符串数组的声明及初始化赋值的格式如下：

char 字符数组名[数组大小][字符串长度];

或

char 字符数组名[数组大小 n][字符串长度]= {"字符串常量0","字符串常量1", …,"字符串常量n"};

字符串数组中的第一个下标"数组大小"，代表数组中的字符串数量，而第二个下标"字符串长度"则表示每个字符串最大可存放的长度。由于每个字符串的长度并不可能会完全相同，所以多多少少都会造成空间的浪费。下面的范例即为合法的字符串数组的声明。

char customer[6][15];

上面的语句即代表声明一个名为 customer 的字符串数组，可以容纳六个字符串，而每个字符串的长度为 15 B。

当直接赋字符串数组的初值时，在左、右花括号里所包围的部分即为数组的初值。要特别注意的是，以双引号包围的字符串常量本身就是一维数组，并不需要像一般的二维数组一样，将每个字符都以左、右花括号包围，但是每个字符串常量之间要以逗号分隔。下面的范例即为合法的字符串数组声明与初值的赋值。

char students[3][10]={"David","Jane Wang","Tom Lee"};
/*声明一个名为 students 的字符串数组，并赋其初值*/

上面的语句即代表声明一个名为 students 的字符串数组，可以容纳三个字符串，而每个字符串的长度为 10 B，其初值分别为 David、Jane Wang 及 Tom Lee。

7.6.2 字符串数组元素的引用及存取

字符串数组虽然看起来很像二维数组（实际上就是），但是其元素的输入与输出方式与一维数组很类似，以下面的程序为例，将数组 name 所有的元素输出来，并输出每行元素的地址，程序及执行，结果如下。

【例7-22】将数组name所有的元素输出来。

```
01    /*Exam7-22,字符串数组*/
02    #include <stdio.h>
03    int main(void)
04    {
05       char name[3][10]={"David","Jane Wang","Tom Lee"};
06       int i;
07       for(i=0;i<3;i++)                    /*输出字符串数组内容*/
08          printf("name[%d]=%s\n",i,name[i]);
09       printf("\n");
10       for(i=0;i<3;i++)                    /*输出字符串数组元素的地址*/
11       {
12          printf("address of name[%d]=%p\n",i,&name[i]);
13          printf("address of name[%d][0]=%p\n\n",i,&name[i][0]);
14       }
15       return 0;
16    }
/*Exam7-22 OUTPUT-----------
name[0]=David
name[1]=Jane Wang
name[2]=Tom Lee

address of name[0]=0253FDB8
address of name[0][0]=0253FDB8

address of name[1]=0253FDC2
address of name[1][0]=0253FDC2

address of name[2]=0253FDCC
address of name[2][0]=0253FDCC
-----------------------------*/
```

程序解析

可以看出，name[i]的地址其实就是 name[i][0]的地址。在输出字符串数组的时候，只要将第一个下标写出即可指向相对应的数组内容，用法很像是一维数组，如果觉得字符串数组比较难想象，只要把它想成一维数组就不难处理。图 7-9 中将字符串数组 name 化为图形表示，可以比较容易理解字符串数组的存储方式。

图 7-9 字符串数组 name 化为图形

由于声明数组时，编译器会分配给该数组一块连续的内存，所以 students[0] 与 students[1] 刚好差 10 B，而 students[1] 与 students[2] 也是差 10 B。了解了字符串数组的存储方式后，接下来，利用下面的程序，练习字符串数组的输入与输出。

【例7-23】字符串数组的输入与输出。

```
01    /*Exam7-23,字符串数组*/
02    #include <stdio.h>
03    int main(void)
04    {
05        char students[3][10];
06        int i;
07        for(i=0;i<3;i++)
08        {
09            printf("Input student%d's name:",i);
10            gets(students[i]);
11        }
12        puts("***OutPut***");
13        for(i=0;i<3;i++)
14            printf("students[%d]=%s\n",i,students[i]);
15        return 0;
16    }
/*Exam7-23 OUTPUT------------
Input student0's name:Mary Wang
Input student1's name:Queens
Input student2's name:Jerry Ho
***OutPut***
students[0]=Mary Wang
students[1]=Queens
students[2]=Jerry Ho
------------------------------*/
```

程序解析

在上面的程序中，为了避免用户输入带有空格的字符串，在程序第 10 行特别使用了 gets() 函数来输入字符串，不管是用 scanf() 还是用 gets() 函数，字符串数组 students 都要加上下标 [i]，标明输入的字符串要放在数组的哪一个位置里。

学习下面的程序，将字符串数组 students 的内容复制到另一个数组 copystr，再将复制后的数组内容输出。

【例7-24】字符串数组的复制。

```
01    /*Exam7-24,字符串数组的复制*/
02    #include <stdio.h>
03    #define MAX 3
04    #define LENGTH 10
05    int main(void)
06    {
07        char students[MAX][LENGTH]={"David","Jane Wang","Tom Lee"};
08        char copystr[MAX][LENGTH];
09        int i,j;
10        for(i=0;i<MAX;i++)  /*将数组 students 的内容复制到 copystr 数组中*/
```

```
11      {
12         for(j=0;j<LENGTH;j++)
13           if(students[i][j]=='\0')
14             break;
15           else
16             copystr[i][j]=students[i][j];
17         copystr[i][j]='\0';
18      }
19      for(i=0;i<MAX;i++) /* 输出数组 copystr 的内容 */
20         printf("copystr[%d]=%s\n",i,copystr[i]);
21      return 0;
22   }
/*Exam7-24 OUTPUT---
copystr[0]=David
copystr[1]=Jane Wang
copystr[2]=Tom Lee
---------------------*/
```

程序解析

（1）程序第 3 行～第 4 行，利用#define 定义 MAX 为 3，LENGTH 为 10，用来作为字符串数组的大小。

（2）程序第 7 行～第 8 行，声明两个相同大小的字符串数组，都可以容纳三个字符串，而每个字符串的长度为 10 B。

（3）程序第 9 行，声明整型变量 i 及 j，为循环控制变量及数组的下标。

（4）程序第 10 行～第 18 行，将数组 students 的内容复制到 copystr 数组中。复制的方式是一个字符一个字符地复制，当某个字符为\0 时，即表示该字符串结束，用 break 语句跳出内层循环，在外层循环中再将\0 加入，直到外层循环执行完毕。

（5）程序第 19 行～第 20 行，输出复制后数组 copystr 的内容。

上面这个复制字符串数组的程序，其实在 C 语言的函数库中已经写好了，就是 strcpy()函数，在此模拟 strcpy()函数的运作方法，可以找 C 函数库中的内置函数为对象，试着写程序。

下面的程序中，将字符串数组中的字符由小写转换成大写，小写字母 a 的 ASCII 值为 97，b 为 98，…，z 为 122，而大写字母 A 为 65，B 为 66，…，Z 为 90，发现大、小写相对应的字母其 ASCII 值相差 32，所以要先判断字符串数组中的元素是否为\0，再判断元素值是否在 97～122（a～z）之间，若是找到符合转换条件的元素，就将元素值减去 32，即转换为大写字母。其他字符如数字、符号因为不属于小写字母的范围，都不做任何的转换操作。

【例7-25】小写字母转换成大写字母。

```
01   /*Exam7-25,小写转换成大写*/
02   #include <stdio.h>
03   #define SIZE 3
04   #define LENGTH 12
05   void convert();
06   int main(void)
07   {
08      int i;
09      char a[SIZE][LENGTH]={"Bloodshed","VC++","Examram20"};
```

```
10      printf("Before process..\n");
11      for(i=0;i<SIZE;i++)
12        printf("a[%d]=%s\n",i,a[i]);
13      convert(a);
14      printf("\nAfter process..\n");
15      for(i=0;i<SIZE;i++)
16        printf("a[%d]=%s\n",i,a[i]);
17      return 0;
18    }
19    void convert(char m[SIZE][LENGTH])               /* 小写转换成大写 */
20    {
21      int i,j;
22      for(i=0;i<SIZE;i++)
23        for(j=0;j<LENGTH;j++)
24          if(m[i][j]=='\0')
25            break;
26          else if((m[i][j]>=97) && (m[i][j]<=122))
27              m[i][j]-=32;
28      return;
29    }
/*Exam7-25 OUTPUT---
Before process..
a[0]=Bloodshed
a[1]=VC++
a[2]=Examram20
After process..
a[0]=BLOODSHED
a[1]=VC++
a[2]=EXAMRAM20
----------------------*/
```

程序解析

将字符串中的字符转换成大写或者小写，在 C 语言的函数库中也已经编写好了，本书的附录 A 中有详细的说明。在此特地模仿一下该函数的实现过程，通过此例熟悉字符串数组的使用方式。

在处理日常生活的数据上，不是数据就是文字，而数组都可以存储这两种数据类型，协助人们处理数据。同时，数组在 C 语言里是个相当重要的数据类型，除了可以存放相同类型的数据外，还可以在数据结构的应用上找到数组。

小　结

本章的主要内容是数组、字符串和字符串数组。数组是 C 语言程序设计的重要内容，在实际应用中用得很多。另外数组通常和循环配合使用，使用很有规律。大部分情况下，一维数组由一重循环实现，二位数组由二重循环来实现。字符串是带有字符结束符'\0'的字符，不论它是常量还是变量。本章重点掌握数组的下标变化规律，注重典型例题，如求最大、最小值，注重矩阵转置和排序等知识点的理解，只有理解了，在实际生活中才能够灵活的应用。

实验　数组及字符程序设计

一、实验目的

本实验的目的是熟练掌握一维、二维数组及字符数组的定义、初始化和使用方法。熟悉常用的字符串处理函数。在调试程序的过程中，逐步熟悉一些与数组有关的出错信息，提高程序调试技巧。

二、实验内容

1. 改错题

（1）下列程序的功能为：计算数组中为 100 的元素的个数，纠正程序中存在的错误，使程序实现其功能。

```
#include stdio.h
void Main()
{ int i;
  float score[5]={98,100,99,67,100};
  int score;
  for(i=0;i<5;i++)
  { if(score[i]==100)
     Score++;
  }
  printf("100 分的有%d 个",score);
}
```

（2）下列程序的功能为：将数组中的各元素倒序输出。纠正程序中存在的错误，使程序实现其功能。

假设：原数组中元素为 1 2 3 4 5 6；倒序后数组元素为 6 5 4 3 2 1。

```
#include stdio.h
main()
{ int N=6;
  int a[N]={1,2,3,4,5,6};
  for(i=0;i<=N,i++)
    printf("%4d",a[i]);
  for(i=0;i<N;i++)
  {  temp=a[N-i-1];
     a[N-i-1]=a[i];
     a[i]=temp;
  }
  printf("\n");
  for(i=0;i<=N;i++)
      printf("%4d",a[i]);
}
```

2. 填空题

（1）N 个有序整数数列已放在一维数组中，给定的下列程序中，函数 fun()的功能是：利用这般查找法查找整数 m 在数组中的位置。若找到，则返回其下标值；反之，则返回 "not be found!"。请勿改动主函数 main()和其他函数中的任何内容，仅在函数 fun()的横线上填入所编写的若干表达式或语句。

```c
#include <stdio.h>
#define N 10
int fun(int a[],int m)
{ int low=0,high=N-1,mid;
  while(low<=high)
  { mid=_____;
   if(m<a[mid])
   high= _____;
   else
   if(m>a[mid])
   low=mid+1;
   else
   return(mid);
   }
_____(-1);
}
main()
{
  int i,a[N]={-3,4,7,9,13,24,67,89,100,180},k,m;
  printf("a 数组中的数据如下: ");
  for(i=0;i<N;i++);
  printf("%d",a[i]);
  printf("Enter m:  ");
  scanf("%d",&m);
  k=fun(a,m);
  if(k>=0)
      printf("m=%d,index=%d\n",m,k);
  else
      printf("Not be found\n");
}
```

（2）下列给定的程序中，函数 fun()的功能是：求出以下分数序列的前 n 项和。

2/1,3/2,5/3,8/5,13/8,21/13,…

其值通过函数值返回 main()函数。例如，若输入 n=5，则应输出 8.391667。

请勿改动主函数 main()和其他函数中的任何内容，仅在函数 fun()的横线上填入所编写的若干表达式或语句。

```c
#include <stdio.h>
#include <conio.h>
double fun(int n)
{ int a=2,b=1,c,k;
  double_____;
  for(k=1;k<=n;k++)
  { s=s+1.0*a/b;
      c=a;a+=_____ ;b=c;
  }
return(s);
}
main()
{ int n=5;
  printf("\nThe value of function is:%1f\n",_____);
}
```

3. 编程题

（1）对 10 个任意随机整数进行从大到小排序，要求使用冒泡法和选择法排序。

（2）编写程序，计算里约热内卢奥运会倒计时的天数并输出（2016 年 8 月 5 日伦敦奥运会开幕，输入日期的范围是 2016 年 1 月 1 日—2016 年 8 月 5 日）。

三、实验评价

完成表 7-2 所示的实验评价表的填写。

表 7-2　实验评价表

能力分类	内　容		评价				
	学习目标	评 价 项 目	5	4	3	2	1
职业能力	一位数组与二维数组	熟练掌握数值型一维、二维数组的定义和初始化方法					
		掌握一维、二维数组使用方法					
		在调试程序的过程中，逐步熟悉一些与数组有关的出错信息，提高程序调试技巧					
	字符型数组和字符串	掌握字符数组的定义和引用方法以及初始化方法					
		熟悉常用的字符串处理函数					
通用能力	阅读能力						
	设计能力						
	调试能力						
	沟通能力						
	相互合作能力						
	解决问题能力						
	自主学习能力						
	创新能力						
综合评价							

习　题

一、选择题

1. 下列定义数组的语句中，正确的是（　　）。

   A. int N=10;int x[N];　　B. #define N 10　　C. int x[0...10];　　D. int x[];int x[N];

2. 若要定义一个具有五个元素的整型数组，以下错误的定义语句是（　　）。

   A. int a[5]={0};　　B. int b[]={0,0,0,0,0};　　C. int c[2+3];　　D. int i=5,d[i];

3. 有以下程序

```
#include <stdio.h>
main()
{ char a[30],b[30];
  scanf("%s",a);
  gets(b);
  printf("%s\n%s\n",a,b);
}
```

程序运行时若输入：how　are　you? I am fine 并按【Enter】键，则输出结果是（　　　）。

    A. how are you?　　　　B. how　　　　　　C. how are you? I am fine　D. how　are you?

       I am fine　　　　　　　　are you? I am fine

4. 有以下程序

```
#include <stdio.h>
#define s(x)  4*(x)*x+1
main()
{ int k=5,j=2;
  printf("%d\n",s(k+j));
}
```

程序运行后的输出结果是（　　　）。

    A. 197　　　　　　　　B. 143　　　　　　　C. 33　　　　　　　　　D. 28

5. 有以下程序（strcat()函数用以连接两个字符串）

```
#include <stdio.h>
#include <ctype.h>
void fun(char *p)
{ int i=0;
  while(p[i])
  { if (p[i]==' '&&islower(p[i-1]))    p[i-1]=p[i-1]-'a'+'A';
    i++;
  }
}
main()
{ char s1[100] ="ab cd EFG!";
  Fun(s1);printf("%s\n",s1);
}
```

程序运行后的输出结果是（　　　）。

    A. ab cd EFG!　　　　　　　　　　　B. Ab Cd Efg

    C. Ab　Cd　EFG!　　　　　　　　　D. ab cd Efg!

6. 有以下程序

```
#include <stdio.h>
main()
{   int a[5]={1,2,3,4,5},b[5]={0,2,1,3,0},i,s=0
    for(i=0;i<5;i++) s=s+a[b[i]];
    printf("%d\n",s);
}
```

程序运行后的输出结果是（　　　）。

    A. 6　　　　　　　　　B. 10　　　　　　　　C. 11　　　　　　　　　D. 15

7. 有以下程序

```
#include <stdio.h>
main()
{ int b[3][3]={0,1,2,0,1,2,0,1,2},i,j,t=1;
  for(i=0;i<3;i++)
  for(j=i;j<=i;j++)
    t+=b[i][b[j][i]];
  printf("%d\n",t);
}
```

程序运行后的输出结果是（　　　）。

  A. 1　　　　　　　B. 3　　　　　　　C. 4　　　　　　　D. 9

8. 有以下程序

```c
#include <stdio.h>
int f(int t[],int n);
main()
{ int a[4]={1,2,3,4},s;
  s=f{a,4};
  printf("%d\n",s);
}
int f(int t[],int n)
{ if(n>0) return t[n-1]+f(t,n-1);
  else return 0;
}
```

程序运行后的输出结果是（　　　）。

  A. 4　　　　　　　B. 10　　　　　　　C. 14　　　　　　　D. 6

9. 以下函数 findmax()拟实现在数组中查找最大值并作为函数值返回，但程序中有错导致不能实现预定功能。

```c
#define MIN -2147483647
int findmax(int x[],int n)
{ int i,max;
  for(i=0;i<n;i++)
  {   max=MIN;
      if(max<x[i]) max=x[i];
  }
return max;
}
```

造成错误的原因是（　　　）。

  A. 定义语句"int I,max;"中，max 未赋初值

  B. 赋值语句"max=MIN;"中，不应给 max 赋 MIN 值

  C. 语句"if(max<x[i]) max=x[i];"中，判断条件设置错误

  D. 赋值语句"max=MIN;"放错了位置

10. 有以下程序

```c
#include <stdio.h>
main()
{ int a[]={2,3,5,4},I;
  for(i=0;i<4;i++)
  switch(i%2)
  { case 0:switch(a[i]%2)
    {   case 0:a[i]++;break;
        case 1:a[i]--;
    }break;
    case 1:a[i]=0;
  }
for(i=0;i<4;i++) printf("%d",a[i]);printf("\n");
}
```

程序运行后的输出结果是（　　　）。

　　A. 3 3 4 4　　　　　　B.2 0 5 0　　　　　　C.3 0 4 0　　　　　　D.0 3 0 4

二、填空题

1. 已知 a 所指的数组中有 N 个元素。函数 fun() 的功能是，将下标 k（k>0）开始的后续元素全部向前移动一个位置。请填空。

```c
void fun(int a[N],int k)
{ int i;
   for(i=k;i<N;i++) a[_____]=a[i];
}
```

2. 以下程序运行后的输出结果是_____。

```c
#include <stdio.h>
main()
{ int i,n[5]={0};
   for(i=1;i<=4;i++)
   { n[i]==n[i-1]*2+1;printf("%d",n[i]);}
   printf("\n");
}
```

3. 有以下程序

```c
#include <stdio.h>
main()
{int i,n[]={0,0,0,0,0};
 for(i=1;i<=4;i++)
 { n[i]=n[i-1]*3+1;
   printf("%d",n[i]);
}
```

程序运行后的输出结果是_____。

4. 以下 fun() 函数的功能是：找出具有 N 个元素的一维数组的最小值，并作为函数值返回，请填空。（设 N 已定义）

```c
int fun(int x[N])
{ int i,k=0;
   for(i=1;i<N;i++)
      if(x[i]<x[k])  k=_____;
         return x[k];
}
```

5. 有以下程序

```c
#include <stdio.h>
main()
{ int n[2],i,j;
   for(i=0;i<2;i++)  n[i]=0;
   for(i=0;i<2;j++)
   for(j=0;j<2;j++) n[j]=n[i]+1;
      printf("%d",n[1]);
}
```

程序运行后的输出结果是_____。

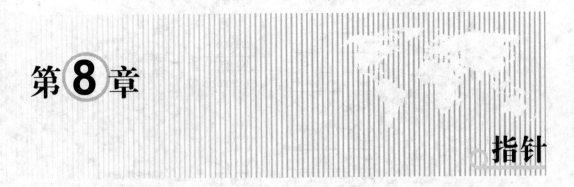

第 8 章

指针

指针是 C 语言的精髓，是一种数据类型，具有指针类型的变量可以对各种数据结构进行操作。例如，指针可以方便地操作数组及字符串，同时使用指针变量可以像汇编语言那样处理内存地址，从而编写出简洁、精炼且高效的程序。

8.1 指 针 概 述

C 语言提供了一种访问变量的特殊方式——指针。通过指针，可以不必用到变量的名称，却可以访问到变量的内容。使用指针的强大功能之前，先来了解指针的基本概念。

8.1.1 指针的概念

其实，指针（Pointer）是一种特殊的变量，用来存放变量在内存中的地址。当定义一个变量时，编译器会分配一块足够存储这个变量的内存给它。那么，程序怎么知道这块内存放在哪儿呢？当然是利用内存的地址。地址就像居住的门牌号码，它在程序里是独一无二的。系统可以按照地址来存取变量，就如同邮递员可以按照门牌号码来送达信件一样。

人们利用指针变量可以把变量在内存内的地址存入指针中，当应用到这个变量时，可以利用指针先找到该变量的地址，再由该地址取出地址内存所存储的变量值，这种按照地址来取值的特殊方式称为"间接寻址取值法"。图 8-1 中，指针变量里存放的是地址，根据地址找到变量的位置后，人们就可以自由地访问变量的内容。

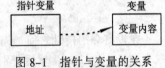

图 8-1 指针与变量的关系

以图 8-2 为例，定义了一个整型变量 a 及一个指针变量 ptr（在此先不要管指针变量是如何定义的）。假设变量 a 的值为 5，而其存放于内存中的地址为 0253FDD4。ptr 为指针变量，假设它所存放的是变量 a 的地址，即 0253FDD4。而指针变量也是变量的一种，因而系统也会安排一块适当大小的内存来存放这个指针变量，所以指针变量存放在内存中的地址为 0253FDE8。

通常变量的地址是由编译程序所决定的，大多数计算机采用"字节寻址法"，即把内存内每个字节按照顺序编号，而变量的地址即为最开头第一个字节的地址。在图 8-2 中，变量 a 的地址为 0253FDD4，指针变量 ptr 的地址为 0253FDE8，而 ptr 内所存放的是 0253FDD4，也就是指向变量 a 的地址。图 8-3 是各变量及地址的说明介绍，可以参考前面的语句与图中的说明。

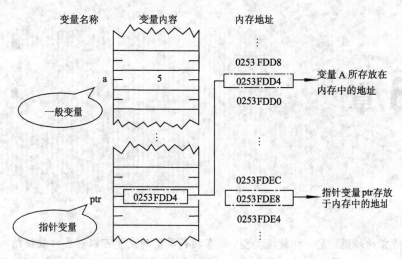

图 8-2　指针与变量在内存中的情形

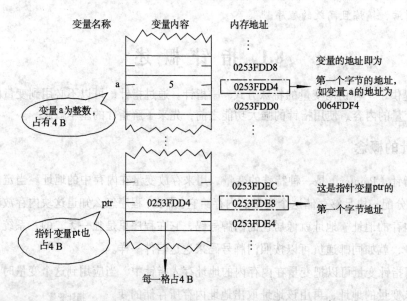

图 8-3　变量及地址的说明介绍

在没有介绍指针之前，先来学习变量的定义及内存分配的例子。以下面的程序为例，定义了三个变量 a、b 与 c，然后分别输出它们的值、所占内存的大小及其地址。

【例8-1】变量的定义及内存的分配。

```
01   /*Exam8-1，变量的定义及内存分配*/
02   #include <stdio.h>
03   int main(void)
04   {
05       int a,b=5;
06       float c=3.2f;
07       printf("a=%7d,sizeof(a)=%d,address=%u\n",a,sizeof(a),&a);
08       printf("b=%7d,sizeof(b)=%d,address=%u\n",b,sizeof(b),&b);
09       printf("c=%7.1f,sizeof(c)=%d,address=%u\n",c,sizeof(c),&c);
```

```
10      return 0;
11  }
```

```
/*Exam8-1 OUTPUT-----------------
a=    575,sizeof(a)=4,address=39058900
b=      5,sizeof(b)=4,address=39058896
c=    3.2,sizeof(c)=4,address=39058892
-----------------------------------*/
```

程序解析

（1）由于变量 a 并没有赋初值，因此以 printf()函数输出其值时，它的数值为一个不确定的数，也就是每次执行这个程序时，变量 a 的值可能会不一样。当然，读者执行结果也可能和本书所得的 575 不一样。此外，变量的地址是编译程序按照程序执行时的环境而自动赋值的，并没有办法改变它们，所以读者得到变量的地址可能与本书也不一样。图 8-4 为变量在内存中分配的情形。

（2）通常内存的地址是以十六进制来表示。在此例中，为了方便查看变量所占内存的大小，用十进制来显示地址。printf()函数中的%u 是代表数值以十进制的无符号整型（Unsign Integer）的格式来输出。如果希望地址以十六进制显示，只需要将%u 改成%p 即可。图 8-5 是以十六进制表示变量的地址。

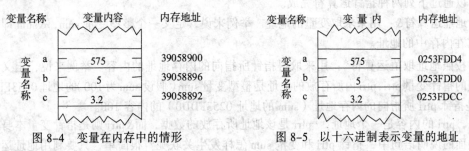

图 8-4　变量在内存中的情形　　　图 8-5　以十六进制表示变量的地址

不管选择的格式是十进制还是十六进制，所输出的变量地址都是指同样的内存地址。

8.1.2　为什么要用指针

既然很多人都觉得指针很难学，那么为什么还要学习指针呢？下面列出几个不得不学，以及不得不用指针的理由：

（1）从函数返回一个值，可以用 return，但当函数必须返回一个以上的值时，就必须使用指针。

（2）利用指针可以使得数组或字符串在函数间的传递更为容易且更有效率。

（3）较复杂的数据结构，如链表或二叉树等，都需要指针的协助才能将数据连接在一起。

（4）许多函数必须利用指针来传达内存的信息才能使函数正常地工作，如内存分配函数 malloc()与文件打开函数 fopen()等均需要借助指针的帮忙。

指针之所以让人觉得难学，最主要的原因就是它和地址有很大的关联，而内存的地址又是要靠想象才能描绘出来。当读者学会了指针之后，就会因为方便而使得指针在其程序中频频出现，这就是 C 语言中独特且吸引人的地方。叙述了指针的许多优点，下面就来学习指针的用法。

8.2　指　针　变　量

在 C 语言里，凡是要使用的变量都需要事先经过定义，指针变量也不例外。在本节中，要学习如何定义及使用指针变量。

8.2.1 指针变量的定义

指针变量所存放的内容并不是一般的数据，而是存放地址。也就是说，指针变量所存放的是某个数据在内存中的地址，而不是像数值、字符等数据内容，根据指针所指向的地址，即可找到该数据所存放的内容。指针变量的定义格式如下：

类型 *指针变量；

在变量的前面加上指针符号，即可将变量定义成指针变量类型。下面的语句为合法的指针变量定义范例。

```
int *ptri;        /*定义一个名为 ptri 的整型类型的指针变量*/
char *ptrch;      /*定义一个名为 ptrch 的字符类型的指针变量*/
```

上面的语句中，分别定义了一个整型类型的指针变量 ptri，以及字符类型的指针变量 ptrch。只要是在 C 语言中可以定义的数据类型（如整型、浮点数、字符、字符串等），都可以定义成指针。

8.2.2 指针变量的使用

使用指针变量时，不是取用存放在指针里的地址就是取用指针所指向地址的数据内容，这两种工作可以通过下列两种指针运算符完成。

（1）地址运算符&：用来求取变量的地址。举例来说，定义一个整型变量 sum，&sum 即代表取出 sum 在内存中的地址。

（2）按照地址取值运算符*：用来取得指针所指向的内存地址的内容。举例来说，定义一个整型类型的指针变量 ptri，ptri 内所存放的地址是整型变量 sum（假设 sum 为 100）的地址 0253FDD0，*ptri 就是指针 ptri 所指向的内存地址（sum 的地址 0253FDD0）的内容 100。

所以，ptri 的内容是一个地址，*ptri 是该地址所存放的数据，而&ptri 则是指针变量本身的地址。在上面的说明语句中，指针 ptri 和变量 sum 怎样发生关联呢？很简单，只要利用地址运算符（&）将 ptri 赋值为 sum 的地址，就会使得指针 ptri 指向 sum 了，如下面的语句：

```
ptri=&sum;
```

通过上面的赋值后，ptri 的内容即为 sum 的地址，*ptri 所指向的数据内容就是 sum 的数据。下面将这些说明转化成如下的程序，会比较容易了解。

【例8-2】指针变量定义。

```
01    /*Exam8-2，指针变量的定义*/
02    #include <stdio.h>
03    int main(void)
04    {
05        int *ptri,sum=100;
06        ptri=&sum;                          /*将 sum 的地址赋给指针 ptri 存放*/
07        printf("sum=%d,address=%p\n",sum,&sum);/*输出 sum 的内容及地址*/
08        printf("*ptri=%d,ptri=%p\n",*ptri,ptri);  /*输出 ptri 所指向的数据及内容*/
09        return 0;
10    }
/*Exam8-2 OUTPUT----
sum=100,address=0253FDD0
*ptri=100,ptri=0253FDD0
address of ptri=0253FDD4
-----------------------*/
```

程序解析

（1）程序第 5 行，分别定义整型类型的指针变量 ptri 及整型变量 sum，并将 sum 赋值为 100。经过定义后，内存地址的分配如图 8-6 所示。

（2）程序第 6 行，将 ptri 赋值为 sum 的地址，如此一来，ptri 的内容即为 sum 的地址，就会使得指针 ptri 指向 sum，如图 8-7 所示。

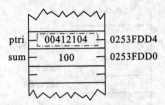

图 8-6　由于 ptri 还没有赋值，在定义后
　　　所分配的内存内留有原值

图 8-7　将 ptri 赋值为 sum 的地址

（3）程序第 7 行，输出 sum 的内容 100 及地址 0253FDD0。

（4）程序第 8 行，输出 ptri 所指向的数据 100、内容 0253FDD0 及其地址 0253FDD4。

由执行的结果可知，ptri 为指针变量，用来存放所指向变量的地址；*ptri 是用来取出在 ptri 地址内所存放的变量值，而&ptri 则是指针变量本身的地址。接下来再来看看下面的程序。

【例8-3】指针变量的定义及引用。

```
01   /*Exam8-3，指针变量的定义及取用*/
02   #include <stdio.h>
03   int main(void)
04   {
05       int a=5,*ptri;
06       float b=3.2f,*ptrf;
07       ptri=&a;                          /*将 a 的地址赋给指针 ptri 存放*/
08       ptrf=&b;                          /*将 b 的地址赋给指针 ptrf 存放*/
09       printf("a=%3d,address=%p\n",a,&a);
10       printf("b=%2.1f,address=%p\n",b,&b);
11       printf("*ptri=%3d,ptri=%p\n",*ptri,ptri);
12       printf("address of ptri=%p\n",&ptri);
13       printf("*ptrf=%2.1f,ptrf=%p\n",*ptrf,ptrf);
14       printf("address of ptrf=%p\n",&ptrf);
15       printf("value at the address %p is %p\n",&ptri,*(&ptri));
16       printf("value at the address %p is %p\n",&ptrf,*(&ptrf));
17       return 0;
18   }
/*Exam8-3 OUTPUT--------------------
a= 5,address=0253FDD4
b=3.2,address=0253FDCC
*ptri= 5,ptri=0253FDD4
address of ptri=0253FDD0
*ptrf=3.2,ptrf=0253FDCC
address of ptrf=0253FDC8
value at the address 0253FDD0 is 0253FDD4
value at the address 0253FDC8 is 0253FDCC
----------------------------------------*/
```

程序解析

（1）程序第5行，分别定义整型变量 a 及整型类型的指针变量 ptri，并将 a 赋值为5。经过定义后，内存地址的分配如 8-8 所示。

（2）程序第6行，分别定义浮点数变量 b 及浮点数类型的指针变量 ptrf，并将 b 赋值为 3.2。经过定义后，内存地址的分配如 8-9 所示。

图 8-8　ptri 的值为内存内的残值

图 8-9　ptrf 的值为内存内的残值

（3）程序第7行，将 ptri 赋值为 a 的地址，如此一来，ptri 的内容即为 a 的地址，就会使得指针 ptri 指向 a。程序第8行，将 ptrf 赋值为 b 的地址，ptrf 的内容即为 b 的地址，就会使得指针 ptrf 指向 b，如图 8-10 所示。

（4）程序第 9 行~第 10 行，输出 a 的内容 5 及地址 0253FDD4，b 的内容 3.2 及地址 0253FDCC。

（5）程序第11行~第12行，输出 ptri 所指向的数据 5、内容 0253FDD4 及其地址 0253FDD0。

（6）程序第13行~第14行，输出 ptrf 所指向的数据 3.2、内容 0253FDCC 及其地址 0253FDC8。

图 8-10　将 ptri 赋值为 a 的地址，
将 ptrf 赋值为 b 的地址

（7）程序第 15 行~第 16 行，输出在 &ptri 及 &ptrf 地址内所存放的值。此例中，&ptri 地址为 0253FDD0，也就是 ptri 的地址，而 &ptrf 地址为 0253FDC8，也就是 ptrf 的地址，ptri 的内容为 0253FDD4，ptrf 的内容为 0253FDCC。

在例 8-3 中出现了 *(&ptri)，这是将 &ptri 地址内所存放的值取出。实际上，*(&ptri) 和 ptri 的内容是相同的。

指针变量和一般变量的长度有什么不同呢？下面的程序里定义了整型变量、字符变量及两个指针变量，分别让这两个指针指向整数及字符变量，在程序中将指针的长度输出。

【例8-4】 指针变量长度的输出。

```
01    /*Exam8-4,指针变量的大小*/
02    #include <stdio.h>
03    int main(void)
04    {
05        int a=5,*ptri;
06        char c='k',*ptrc;
07        ptri=&a;                      /*将 a 的地址赋给指针 ptri 存放*/
08        ptrc=&c;                      /*将 c 的地址赋给指针 ptrc 存放*/
09        printf("a=%d,address=%p\n",a,&a);
10        printf("c=%c,address=%p\n",c,&c);
11        printf("sizeof(ptri)=%d\n",sizeof(ptri));
12        printf("sizeof(ptrc)=%d\n",sizeof(ptrc));
```

```
13      printf("sizeof(*ptri)=%d\n",sizeof(*ptri));
14      printf("sizeof(*ptrc)=%d\n",sizeof(*ptrc));
15      return 0;
16   }
```
```
/*Exam8-4 OUTPUT---
a=5,address=0253FDD4
c=k,address=0253FDCF
sizeof(ptri)=4
sizeof(ptrc)=4          ─────► 指针变量都占有 4 B
sizeof(*ptri)=4
sizeof(*ptrc)=1
----------------------*/
```

程序解析

在 VC++中，无论指针指向哪种数据内容，指针变量均占有 4 B，指针所指向的数据内容长度则视所定义的数据类型的长度而定。

8.3　指针运算符

在上一节中曾经提到过指针运算符——地址运算符"&"及按照地址取值运算符"*"，在本节里，将仔细地讨论一下这两种运算符。

8.3.1　地址运算符&

利用地址运算符可以取得变量在内存中的地址，其使用格式如下：

&变量名称；

利用 scanf()函数输入数据时，其所对应的变量名称前面也有加上&地址运算符。原来在刚开始学 C 语言时，就已经用过地址运算符了。如下面的程序段：

```
int *ptri;
int a=10;
ptri=&a;
```

在上面的语句中，定义一个整型类型的指针变量 ptri 及整型变量 a，并将 a 的地址赋值给指针变量 ptri 存放，也就是说，经过赋值后，指针 ptri 会指向变量 a。

值得注意的是，&是将变量或数组元素的地址取出，所以并不适用于常量或者表达式，如&100、&(i++)等，这是不合法的使用方式。

8.3.2　按照地址取值运算符*

利用按照地址取值运算符则可以取得指针所指向的内存地址的内容，它会先取得指针内所存放的地址，再根据得到的地址去取出该内存的内容，其使用格式如下：

*变量名称；

这个星号和定义指针变量前的指针符号（*）所代表的意义不同，定义时使用的指针符号，是告诉编译器要在程序中使用指针类型的变量；而在程序中的变量名称前所使用的运算符（*），则是取得指针所指向的内存地址的内容。如下面的程序段：

```
int a,*ptri;      /*定义一个整型变量a及整型类型的指针变量ptri*/
ptri=&a;          /*a的地址赋值给指针变量ptri存放*/
*ptri=100;        /*将ptri所指向的地址内容赋为100*/
```

在上面的语句中，定义一个整型变量 a 及整型类型的指针变量 ptri，并将 a 的地址赋值给指针变量 ptri 存放，再将 ptri 所指向的地址内容赋值为 100。也就是说，经过赋值后，指针 ptri 指向变量 a，而变量 a 的值会被赋为 100，所以上面的程序段和下面的语句是相同的意思。

```
int *ptri;
int a=100;
ptri=&a;
```

也就是说，不管是利用变量还是指针，都可以更改变量里的值。但是不管如何，变量的地址却是无法更改的，因为它是由编译器所分配的，若是随意更改变量的地址，很可能不小心就占用到操作系统的地址，而造成死机等不可预期的错误。

8.3.3 定义指针变量所指类型的重要性

在前面的练习中不难发现，当定义一个整型变量时，其所指向该变量的指针类型也是整数，而定义一个字符变量，其所指向该变量的指针类型也是字符类型，为什么指针变量的类型要和所指向的变量类型相同呢？由于 C 语言允许各种数据内容的指针存在，而指针是记录着所指向变量的地址及长度，若是 A 类型的指针指向的是 B 类型的变量，在编译时，编译器会发出警告信息 incompatible types，警告指针和指向变量的类型不合，但是仍然会让程序执行，程序执行时就会发生数据被不正常截取的问题，而造成指向的变量内容不正确。

举例来说，下面的程序里分别定义了短整型变量 a、指针 ptri 及浮点数变量 b、指针 ptrf，并让 ptrf 指向 a，ptri 指向 b，再在程序中输出它们的值。

【例8-5】 错误指针类型举例。

```
01    /*Exam8-5，错误的指针类型*/
02    #include <stdio.h>
03    int main(void)
04    {
05        short int a=100,*ptri;
06        float b=3.2f,*ptrf;
07        ptri=&b;
08        ptrf=&a;
09        printf("sizeof(a)=%d\n",sizeof(a));
10        printf("sizeof(b)=%d\n",sizeof(b));
11        printf("a=%d,*ptri=%d\n",a,*ptri);
12        printf("b=%.1f,*ptrf=%.1f\n",b,*ptrf);
13        return 0;
14    }
/*Exam8-5 OUTPUT----------------------------------
sizeof(a)=2
sizeof(b)=4
a=100,*ptri=-13107
b=3.2,*ptrf=-50511170900066894000000000000000000000.0
-------------------------------------------------------*/
```

程序解析

指针和所指向的变量类型不同时，其指向的内容都不正确。可以用其他类型代替，就会发现即使是数据内容长度相同，结果仍然是错误的。所以人们在使用指针时，其类型要和所指向的变量类型一样。

8.4 指针的运算

指针变量和一般的变量一样，也有属于它们的运算。C 语言提供了指针的三种运算，分别是赋值运算、加减法运算及减法运算。有了这些运算，也使得指针可以增加不少的功能，提升使用指针的价值。

8.4.1 指针的赋值运算与赋值

利用赋值运算符（=）即可将运算符右边的值赋给左边的指针变量，使用的方式就如同一般的变量赋值方式，如下面的赋值语句：

```
int a,*ptr1;
ptr1=&a;                  /*将a的地址赋给ptr1存放*/
```

上面的赋值语句即是将变量 a 的地址指定给指针变量 ptr1 存放，经过赋值运算后，指针 ptr 就会指向变量 a。当然，也可以使用两个指针指向同一个变量，如下面的语句：

```
int a,*ptr1,*ptr2;
ptr1=&a;                  /*将a的地址赋给ptr1存放*/
ptr2=ptr1;                /*将ptr1的值赋给ptr2存放*/
```

由于 a 的地址已经赋给指针变量 ptr1 存放，因此将 ptr1 的值赋值给 ptr2 存放后，即是将 a 的地址赋给 ptr2。如此一来，指针 ptr1 及 ptr2 都是指向同一个变量 a。语句 ptr2=ptr1 也可以写成 ptr2=&a，这是 C 语言允许的指针赋值运算。

以下面的程序为例，先让 ptr1 指向变量 a，ptr2 指向变量 b，输出 a、b 的值后，将 ptr2 所指向地址的值赋值成 ptr1 所指向地址的值，再分别输出变量 a、b 及指针 ptr1、ptr2 的值。

【例8-6】指针变量的复制运算。

```
01   /*Exam8-6,指针的赋值运算*/
02   #include <stdio.h>
03   int main(void)
04   {
05      int *ptr1,*ptr2;
06      int a=100,b=200;
07      ptr1=&a;
08      ptr2=&b;
09      printf("before assignment...\n");
10      printf("a=%d,b=%d\n",a,b);
11      *ptr2=*ptr1;
12      printf("after assignment...\n");
13      printf("a=%d,*ptr1=%d,ptr1=%p\n",a,*ptr1,ptr1);
14      printf("b=%d,*ptr2=%d,ptr2=%p\n",b,*ptr2,ptr2);
15      return 0;
16   }
/*Exam8-6 OUTPUT---------
before assignment...
a=100,b=200
after assignment...
a=100,*ptr1=100,ptr1=0253FDCC
b=100,*ptr2=100,ptr2=0253FDC8
----------------------------*/
```

程序解析

（1）执行*ptr2=*ptr1 语句前，内存的分配情况如图 8-11 所示。

指针 ptr1 指向变量 a，a 值为 100，指针 ptr2 指向变量 b，而 b 值为 200。

（2）执行*ptr2=*ptr1 语句后，内存的分配情况如图 8-12 所示。

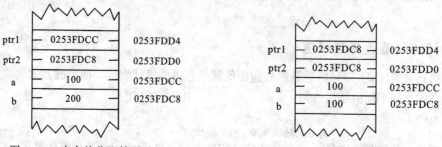

图 8-11　内存的分配情况（一）　　　　　图 8-12　内存的分配情况（二）

指针 ptr1 和 ptr2 所指向的变量并没有改变，但是 b 的值却通过指针的赋值运算而更改其值，变成 100。因此，除了可以利用变量更改其值外，还可以利用指针来更改所指向的变量的值。

此外，指针的赋值也很重要。如果没有赋值指针指向的变量，在定义时，编译器所分配给该指针的地址内可能含有残留的值；若是刚好这个值是指向系统区，而冒然使用并加以更改，将会破坏整个系统而造成无法预期的错误。

正因为如此，在使用指针时要特别小心，最好在程序刚经过定义后立刻将指针指向正确的变量，如果无法一开始就让指针赋值时，最好利用 NULL 使指针不指向任何的内存地址。如下面的程序段：

```
int a,*ptr1,*ptr2;
ptr1=&a;                 /*将 a 的地址赋给 ptr1 存放*/
ptr2=NULL;               /*将 ptr2 的值赋值为 NULL，即不指向任何地址*/
```

上面的语句中，将指针 ptr1 指向变量 a，指针 ptr2 的值赋值为 NULL，不指向任何的内存地址，这样可避免不小心误用而造成不可预期的情况发生。

8.4.2　指针的加法与减法运算

指针的加法与减法运算，指的是对于指针内的地址所做的运算，执行加法或减法运算时，是针对各个数据内容的长度来处理。举例来说，定义一个整型变量 a，并使指针 ptr 指向变量 a，当做指针加法运算 ptr++时，是将 a 的地址加上整型类型的长度 4，也就是说，若 a 的地址为 100，执行指针加法运算 ptr++（ptr 的值为 100）后，ptr 的值会变为 104，而不是 101。下面编写实际程序，观察程序执行结果。

【例8-7】指针的加减运算。

```
01    /*Exam8-7，指针的加减运算*/
02    #include <stdio.h>
03    int main(void)
04    {
05       int a=100,*ptri;
06       char b='k',*ptrch;
07       ptri=&a;                                    /*赋值指针的指向*/
08       ptrch=&b;
09       printf("*ptri=%d,ptri=%p,",*ptri,ptri);     /*输出指针的地址及内容 */
```

```
10      printf("address of ptri=%p\n",&ptri);
11      printf("*ptrch=%c,ptrch=%p,",*ptrch,ptrch);
12      printf("address of ptrch=%p\n",&ptrch);
13      ptri++;                              /*指针的加法运算*/
14      ptrch--;                             /*指针的减法运算*/
15      printf("\n");
16      printf("*ptri=%d,ptri=%p,",*ptri,ptri);
17      printf("address of ptri=%p\n",&ptri);
18      printf("*ptrch=%c,ptrch=%p,",*ptrch,ptrch);
19      printf("address of ptrch=%p\n",&ptrch);
20      return 0;
21  }
/*Exam8-7 OUTPUT-----------------------------------
*ptri=100,ptri=0253FDD4,address of ptri=0253FDD0
*ptrch=k,ptrch=0253FDCF,address of ptrch=0253FDC8


*ptri=39058968,ptri=0253FDD8,address of ptri=0253FDD0
*ptrch= ,ptrch=0253FDCE,address of ptrch=0253FDC8
-----------------------------------------------*/
```

程序解析

（1）执行 ptri++ 及 ptrch-- 语句前，内存的分配情况如图 8-13 所示。

指针 ptri 指向变量 a，a 值为 100，指针 ptrch 指向变量 b，而 b 值为 k。

（2）执行 ptri++ 及 ptrch-- 语句后，内存的分配情况如图 8-14 所示。

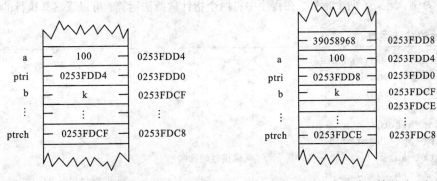

图 8-13　内存的分配情况（一）　　　　图 8-14　内存的分配情况（二）

指针 ptri 和 ptrch 所指向的变量已经改变，指针 ptri 由于加上一个数据内容的长度 4，所以指向变量 a 的下一个内存地址；而指针 ptrch 由于减去一个数据内容的长度 1，所以指向变量 b 的前一个内存地址。而输出来的是 *ptri 及 *ptrch 的内容则是该内存地址中的值。

指针能做一般的加、减、乘、除运算吗？在这里的加、减运算，是专门针对指针内的地址而做的运算，若要处理如同一般变量的运算也可以，但是这两种运算的对象不同，要把它们分清楚。以下面的程序为例，定义两个整型变量 a、b，利用指针指向 a、b 的方式，计算 b=a×a。

【例8-8】指针所指向的变量运算。

```
01  /*Exam8-8，指针所指向的变量运算*/
02  #include <stdio.h>
03  int main(void)
04  {
```

```
05      int a=10,b;
06      int *ptr1,*ptr2;
07      ptr1=&a;                        /*赋值指针的指向*/
08      ptr2=&b;
09      *ptr2=(*ptr1)*(*ptr1);          /*指针所指向的变量运算*/
10      printf("a=%d,*ptr1=%d\n",a,*ptr1);
11      printf("b=%d,*ptr2=%d\n",b,*ptr2);
12      return 0;
13  }
/*Exam8-8 OUTPUT---
a=10,*ptr1=10
b=100,*ptr2=100
----------------------*/
```

程序解析

在程序第 9 行中，为了将按照地址取值运算符（*）与乘号分辨清楚，特地将等号后面的指针用括号括起来，但是由于按照地址取值运算符的优先级大于乘号，所以实际上并不需要将指针括起来。同时，指针所指向的变量地址并不会因此而改变。此外，若是想处理指针所指内容的运算，在指针前面要加上按照地址取值运算符即可，以区别于处理指针内的地址运算。

8.4.3 指针的减法运算

在 C 语言里，编译器并不允许指针直接做加法运算，但是却允许两个相同类型的指针做减法运算，运算结果即为两个指针之间的距离，也就是相差的数据个数，其单位为数据内容的长度。以下面的程序为例，定义了两个指针，在程序中将两个指针做减法运算，可以观察其执行的结果。

【例 8-9】指针的减法运算。

```
01  /*Exam8-9，指针的减法运算*/
02  #include <stdio.h>
03  int main(void)
04  {
05      int a,sub;
06      int *ptr1,*ptr2;
07      ptr1=&a;                    /*赋值指针的指向*/
08      ptr2=&sub;
09      sub=ptr1-ptr2;              /*指针的减法运算*/
10      printf("ptr1=%p,ptr2=%p\n",ptr1,ptr2);
11      printf("ptr1-ptr2=%d\n",sub);
12      return 0;
13  }
/*Exam8-9 OUTPUT-------
ptr1=0253FDD4,ptr2=0253FDD0
ptr1-ptr2=1
------------------------*/
```

程序解析

由于整型类型的长度为 4 B，指针 ptr1 指向变量 a，指针 ptr2 指向变量 sub，ptr1 减去 ptr2 时，是以指针内的地址相减，再除以数据内容的长度 4，即为减法运算的结果。在此例中，ptr1 内的值为 0253FDD4，ptr2 内的值为 0253FDD0，ptr1-ptr2=0253FDD4-0253FDD0=4，再除以 4 所得到的结果 1，即为两个指针相差的数据个数。

　　若是指针类型不同，是否可以利用减法运算呢？在编译时，编译器会发出警告信息 incompatible types，提示指针和指向变量的类型不相容，执行时即无法正确地计算出两个指针所相差的数据个数，所以在使用减法运算时也要特别注意指针类型是否相同。

8.5　指针与函数

　　在函数中，若是想返回某个结果给原调用的函数，可以利用 return，但是 return 只能返回一个值，当程序中需要传递两个以上的值时，就无法利用 return。指针的另一个用处就是替人们解决在函数间传递多个返回值的问题。

　　例如，若是想将整数及字符类型的指针当作自变量传入函数 func()中，其返回值的类型也为整数，可以定义出如下的函数原型：

```
int func(int *,char *);          /*将指针当成自变量传入函数的函数原型的定义*/
```

　　在自变量类型后面再加上指针符号，即告知编译器所传入函数的自变量类型为指针类型。而在函数定义中的接收参数部分，假设接收的变量名称为 ptr1 及 ptr2，只要在变量名称前加上指针符号即可，如下面的函数定义：

```
int func(int *ptr1,char *ptr2); /*将指针当成自变量传入函数的函数的定义*/
```

　　经过定义后，即可将指针当成参数传入函数。同时，由于指针内的值是所指向变量的地址，传入函数的仍然是被指向变量的地址，所以不需经过 return 即可更改变量的值，这种方式在需要多个运算结果时是非常好用的。

　　举例来说，利用函数计算两个数相加与相减的结果，由于计算结果会有两个数值，就无法利用 return 返回计算结果，即可以通过指针直接计算其结果，程序的编写如下。

【例8-10】函数与指针的使用。

```
01   /*Exam8-10，函数与指针的使用*/
02   #include <stdio.h>
03   void list_ptr(int *,int *),func(int *,int *);
04   int main(void)
05   {
06     int a=20,b=15,*ptr1,*ptr2;
07     ptr1=&a;                          /*赋值指针的指向*/
08     ptr2=&b;
09     list_ptr(ptr1,ptr2);
10     printf("after process...\n");
11     func(ptr1,ptr2);
12     list_ptr(ptr1,ptr2);
13     return 0;
14   }
15   void list_ptr(int *ptr1,int *ptr2)   /*输出指针的内容*/
16   {
17     printf("*ptr1=%d,ptr1=%p\n",*ptr1,ptr1);
18     printf("*ptr2=%d,ptr2=%p\n",*ptr2,ptr2);
19     return;
20   }
21   void func(int *ptra,int *ptrb)         /*计算两数相加、减的结果*/
22   {
23     int i=*ptrb;
```

```
24        *ptrb=*ptra+*ptrb;
25        *ptra=*ptra-i;
26        return;
27    }
/*Exam8-10 OUTPUT-------
*ptr1=20,ptr1=0253FDD4
*ptr2=15,ptr2=0253FDD0
after process...
*ptr1=5,ptr1=0253FDD4
*ptr2=35,ptr2=0253FDD0
-------------------------*/
```

程序解析

（1）程序第 3 行，定义 list_ptr() 及 func() 函数原型，都为无返回值类型，自变量各有两个，为整型类型的指针。

（2）程序第 6 行，定义两个整型变量 a、b 及两个整型类型的指针变量 ptr1、ptr2，在程序第 7 行～第 8 行中将 ptr1 指向 a，ptr2 指向 b。

（3）程序第 9 行及第 12 行，调用 list_ptr() 函数，输出指针的内容及所指向变量的值。

（4）程序第 11 行，调用 func() 函数，计算 a+b 及 a−b 的结果。

（5）程序第 15 行～第 20 行，list_ptr() 函数主体，输出传入函数的指针内容及所指向变量的值。

（6）程序第 21 行～第 27 行，func() 函数主体，利用指针计算 a+b 及 a−b 的结果。

读者认为，想要有两个以上的返回值时，就把函数再细分成两个、三个……，这样就可以分别利用 return 传递数据回去了。事实上，分工太细的函数并不见得好，反而容易造成程序阅读的困难，更何况有些函数所产生的结果，是无法利用分割函数的方式得到的。

此外，有些运算必须通过指针的传递才能实现。举例来说，利用函数将变量 a 与 b 的值交换，无法以传值的方式来编写，而必须以指针的传递来完成。下面为一个错误程序的例子。

【例8-11】a与b值交换错误程序举例。

```
01    /*Exam8-11，将 a 与 b 值交换(错误示范)*/
02    #include <stdio.h>
03    void swap(int,int);
04    int main(void)
05    {
06        int a=3,b=5;
07        printf("Before swap...");
08        printf("a=%d,b=%d\n",a,b);
09        printf("After swap...");
10        swap(a,b);
11        printf("a=%d,b=%d\n",a,b);
12        return 0;
13    }
14    void swap(int x,int y)    /*将两数交换*/
15    {
16        int temp=x;
17        x=y;
18        y=temp;
19        return;
20    }
```

```
/*Exam8-11 OUTPUT-------
Before swap...a=3,b=5
After swap...a=3,b=5
------------------------*/
```

程序解析

（1）程序第 3 行，定义 swap() 函数原型，为无返回值类型，有两个整型类型的自变量。

（2）程序第 6 行，定义两个整型变量 a、b，并分别赋值为 3、5。变量 a 及 b 在内存中的分配情况如图 8-15 所示。

（3）程序第 7 行～第 8 行，调用 swap() 函数前，输出变量 a、b 的内容。

（4）程序第 10 行，调用 swap() 函数，将 a 与 b 的值交换。

（5）程序第 11 行，输出变量 a、b 的内容。

（6）程序第 14 行～第 20 行，swap() 函数主体，将传入函数的变量值交换。进入函数时，变量在内存中的分配情况如图 8-16 所示。

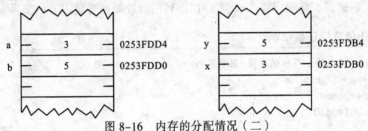

图 8-15　内存的分配情况（一）

图 8-16　内存的分配情况（二）

执行到程序第 16 行时，变量在内存中的分配情况如图 8-17 所示。

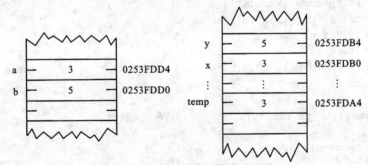

图 8-17　内存的分配情况（三）

执行到程序第 17 行时，变量在内存中的分配情况如图 8-18 所示。

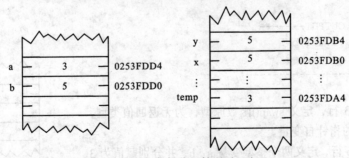

图 8-18　内存的分配情况（四）

执行到程序第 18 行时，变量在内存中的分配情况如图 8-19 所示。

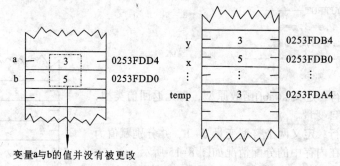

变量a与b的值并没有被更改

图 8-19　内存的分配情况（五）

　　为什么变量 a、b 的值并没有被更改到呢？在函数 swap() 中，不是也要将 x、y 的值交换吗？这就涉及变量的等级问题了。在前面的章节中，曾经提到过的局部变量，传递到 swap() 函数里的只是 a、b 的值，在函数中接收 a、b 值的是函数内的局部变量 x、y，虽然的确执行了交换的动作，x 与 y 的值也已经交换，但是当函数执行完毕，x、y 的生命周期也随之结束，a 与 b 的值并没有任何的变动。

　　针对例 8-11 的错误，将程序修改成例 8-12，利用指针处理变量内容的交换。

【例8-12】将a与b值交换正确举例。

```
01    /*Exam8-12，将 a 与 b 值交换(正确范例)*/
02    #include <stdio.h>
03    void swap(int *,int *);
04    int main(void)
05    {
06        int a=3,b=5;
07        printf("Before swap...");
08        printf("a=%d,b=%d\n",a,b);
09        printf("After swap...");
10        swap(&a,&b);
11        printf("a=%d,b=%d\n",a,b);
12        return 0;
13    }
14    void swap(int *x,int *y)              /*将两数交换*/
15    {
16        int temp=*x;
17        *x=*y;
18        *y=temp;
19        return;
20    }
/*Exam8-12 OUTPUT-------
Before swap...a=3,b=5
After swap...a=5,b=3
------------------------*/
```

程序解析

　　（1）程序第 3 行，定义 swap() 函数原型，为无返回值类型，有两个整型类型的指针自变量。

　　（2）程序第 6 行，定义两个整型变量 a、b，并分别赋值为 3、5。变量 a 及 b 在内存中的分配情况如图 8-20 所示。

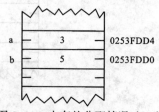

图 8-20　内存的分配情况（一）

　　（3）程序第 7 行～第 8 行，调用 swap() 函数前，输出变量 a、b 的内容。

（4）程序第 10 行，调用 swap() 函数，将 a 与 b 的值交换，自变量为 a 与 b 的地址。

（5）程序第 11 行，输出变量 a、b 的内容。

（6）程序第 14 行～第 20 行，swap() 函数主体，将传入函数的变量值交换。进入函数时，变量在内存中的分配情况如图 8-21 所示。

图 8-21　内存的分配情况（二）

执行到程序第 16 行时，变量在内存中的分配情况如图 8-22 所示。

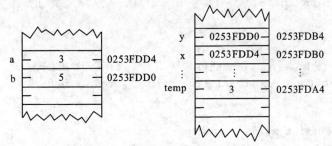

图 8-22　内存的分配情况（三）

执行到程序第 17 行时，变量在内存中的分配情况如图 8-23 所示。

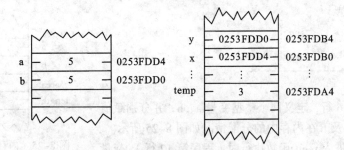

图 8-23　内存的分配情况（四）

执行到程序第 18 行时，变量在内存中的分配情况如图 8-24 所示。

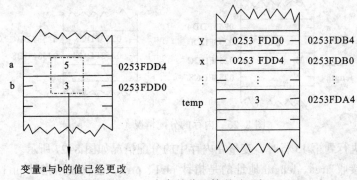

图 8-24　内存的分配情况（五）

例 8-11 与例 8-12 程序最大的不同就是传入 swap() 函数的自变量，例 8-11 是以变量 a、b 的值传入函数中，就是传值调用，而例 8-12 则是将变量 a、b 的地址传入函数，是传址调用。利用传址调用的方式，即可以直接将传入函数的变量 a、b 内容更改，而不仅仅是将值传到函数中处理。

接下来，下面的例子为可以返回多个数值的函数。试设计一个函数 rect(x,y,area,length)，传入一矩形的边长 x、y，函数会将这矩形的面积与周长，分别返回给 area 与 length 两个自变量，程序的编写如下。

【例8-13】设计一个函数rect(x,y,area,length)，传入一矩形的边长x、y，函数会将这矩形的面积与周长，分别返回给area与length两个自变量。

```
01   /*Exam8-13，返回多个数值的函数*/
02   #include <stdio.h>
03   void rect(int,int,int *,int *);
04   int main(void)
05   {
06       int a=5,b=8;
07       int area,length;
08       rect(a,b,&area,&length);           /*计算面积及边长*/
09       printf("area=%d,total length=%d\n",area,length);
10       return 0;
11   }
12   void rect(int x,int y,int *ptr1,int *ptr2)
13   {
14       *ptr1=x*y;
15       *ptr2=2*(x+y);
16       return;
17   }
/*Exam8-13 OUTPUT---
area=40,total length=26
-----------------------*/
```

程序解析

（1）程序第 6 行，定义两个整型变量 a、b，并分别赋值为 5、8。变量 a 及 b 在内存中的分配情况如图 8-25 所示。

（2）当程序进入 rect() 函数执行时（程序第 12 行），变量在内存中的分配情况如图 8-26 所示。

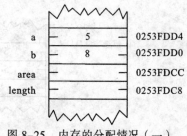

图 8-25 内存的分配情况（一）

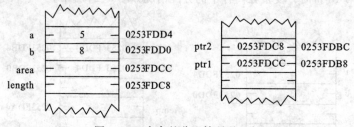

图 8-26 内存的分配情况（二）

（3）当函数执行到第 15 行时，变量在内存中的分配情况如图 8-27 所示。

rect() 函数中接收 area、length 地址的是指针 ptr1、ptr2，也就表示指针 ptr1、ptr2 所指向的地址为变量 area、length 的实际地址。如此一来，函数在执行的时候，就会直接访问指针所指向的地址，所以不需要利用 return，在 main()函数中即可得到运算结果，也就完成返回多个数值的要求。

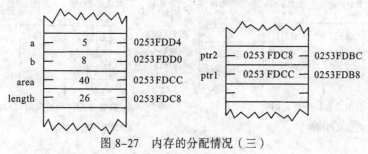

图 8-27　内存的分配情况（三）

8.6　指针与数组

　　数组也可以看成指针的一部分，但不同的是，数组是固定长度的内存块，而指针是一个变量，用来记录所指向变量的地址。此外，数组的元素排列还可以利用指针运算来访问。在本节中，将学习数组和指针的关系。

8.6.1　指针与数组的关系

　　利用下标即可取出数组的元素值，除了使用下标之外，也可以利用指针来完成。以下面的程序为例，分别定义整型类型的指针及数组，并将指针指向该数组，在程序中将数组各元素值输出，同时利用指针的加法运算，将指针指向数组内的各个元素并输出指针所指向的内容。

【例8-14】定义整型类型的指针及数组，将数组各元素值输出，并输出指针所指向的内容。

```
01    /*Exam8-14，指针与数组*/
02    #include <stdio.h>
03    int main(void)
04    {
05        int a[3]={5,7,9};
06        printf("a[0]=%d,&a[0]=%p,address of a=%p\n",*a,&a[0],a);
07        printf("a[1]=%d,&a[1]=%p,address of a+1=%p\n",*(a+1),&a[1],a+1);
08        printf("a[2]=%d,&a[2]=%p,address of a+2=%p\n",*(a+2),&a[2],a+2);
09        return 0;
10    }
/*Exam8-14 OUTPUT----------------------
a[0]=5,&a[0]=0253FDC8,address of a=0253FDC8
a[1]=7,&a[1]=0253FDCC,address of a+1=0253FDCC
a[2]=9,&a[2]=0253FDD0,address of a+2=0253FDD0
-------------------------------------------*/
```

程序解析

　　（1）在这里要特别说明的是，在上面的程序中，所定义的整型数组 a[3]={5,7,9}中的数组名 a 为此数组的起始地址。也就是说，a[0]的地址就等于 a，在数学上，a[i]的地址相当于 a 的地址+i*元素所占的字节。举例来说，假设 a[0]的地址为 0253FDC8，a 的地址也就为 0253FDC8，想求出 a[2]的地址，可以用 a 的地址 0253FDC8 加上两倍的元素所占的字节（整数占有 4 B），就等于 0253FDD0。

　　（2）由于编译器知道数组 a 的类型，即知道每一个元素所占的字节，所以在程序里 a+i 即代表 a[i]的地址，而*(a+i)就是 a[i]的元素值。利用指针的加减法运算，即可改变指针的指向，从而控制数组的各个元素。可以参考图 8-28 的对照说明。

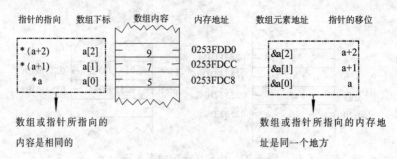

图 8-28　数组下标与内存地址的对照

（3）指针的加减运算后所指向的数组内容，与利用下标值所取得的数组元素值是相同的。也就是说，*(a+1)与 a[1]都是指向数组的第二个元素，而&a[2]与 a+2 都是指向内存 0253FDD0 的地址。

了解了指针与数组的关系之后，来做一些简单的练习。下面的程序是利用指针的表示方式，求一个数组内所有元素的总和。

【例8-15】利用指针的表示方式，求一个数组内所有元素的总和。

```
01    /*Exam8-15,利用指针求数组元素和*/
02    #include <stdio.h>
03    int main(void)
04    {
05        int a[3]={5,7,9};
06        int i,sum=0;
07        for(i=0;i<3;i++)
08            sum+=*(a+i);
09        printf("sum=%d\n",sum);
10        return 0;
11    }
/*Exam8-15 OUTPUT---
sum=21
-----------------------*/
```

程序解析

在程序第 8 行中，由于*(a+i)就等于是 a[i]的元素值，因此可以将程序写成如下面的语句：

sum+=*(a+i);

值得注意的是，利用指针的表示方式访问数组内容时，由于数组 a 的地址不能被更改，可以看成一个指针常量，因此要利用按照地址取值运算符指向地址内的值。下面再将例 8-15 进行一些修改，用指针变量 ptr 来指向数组 a。

【例8-16】将例8-15进行一些修改，用指针变量ptr来指向数组a。

```
01    /*Exam8-16,利用指针求数组元素和*/
02    #include <stdio.h>
03    int main(void)
04    {
05        int a[3]={5,7,9};
06        int i,sum=0;
07        int *ptr=a;
```

```
08      for(i=0;i<3;i++)
09        sum+=*(ptr++);
10      printf("sum=%d\n",sum);
11      return 0;
12    }
/*Exam8-16 OUTPUT---
sum=21
------------------------*/
```

程序解析

（1）要特别注意的是，在程序第 9 行中，因为 ptr++相当于 ptr=ptr+1，所以此处不能写成如下语句：

```
sum+=*(a++);
```

（2）由于数组 a 以指针的方式表示时，a 会被视为指针常量，在程序第 9 行的语句中，不能写成 sum+=*(a++)，a++就相当于 a=a+1，a 的值会因为无法被更改而在编译时出现错误，但是指针变量 ptr 就不同了，由于 ptr 是个变量，以 ptr++处理时并不会有问题。

下面再做一个简单的练习，将数组里的 n～m 个元素各加上 k，同时利用指针控制数组，程序如下所示。

【例8-17】将数组里的n～m个元素各加上k，同时利用指针控制数组。

```
01    /*Exam8-17，将数组的 n~m 个元素加 k*/
02    #include<stdio.h>
03    void add(int *,int,int,int);
04    int main(void)
05    {
06      int a[10]={1,2,3,4,5,6,7,8,9,10};
07      int i,n=3,m=8,k=5;
08      printf("Before process...\narray a=");
09      for(i=0;i<10;i++)              /*输出数组的内容*/
10        printf("%3d",a[i]);
11      add(a,n,m,k);                 /*调用自定义函数 add()*/
12      printf("\nAfter process...\narray a=");
13      for(i=0;i<10;i++)             /*输出数组的内容*/
14        printf("%3d",a[i]);
15      return 0;
16    }
17    void add(int *ptr,int n,int m,int k)
18    {
19      int i;
20      for(i=n;i<=m;i++)
21        *(ptr+i)+=k;
22      return;
23    }
/*Exam8-17 OUTPUT----------------
Before process...
array a=  1  2  3  4  5  6  7  8  9 10
After process...
array a=  1  2  3  9 10 11 12 13 14 10
--------------------------------------*/
```

程序解析

（1）前面的范例都是以数组的第 1 个元素开始处理的，而在此程序中，却是以第 n 个元素开始。由于指针是指向数组的起始地址，所以只要将指针加上 n，就会指向数组的第 n+1 个元素，再按照顺序将各个元素值加上 k，直到数组的第 m 个元素。

（2）函数是不是也可以返回指针类型的变量值呢？当然可以，只要在定义函数原型及定义函数时，在函数名称前面加上指针符号（*），即可返回指针。

下面举一个例子，可以了解该如何使用返回值类型为指针的函数，下面的程序是利用函数返回指针的方式返回数组中的最大值。

【例8-18】利用函数返回指针的方式返回数组中的最大值。

```
01   /*Exam8-18, 函数返回值为指针*/
02   #include <stdio.h>
03   #define SIZE 5
04   int *maximum(int *);
05   int main(void)
06   {
07     int a[SIZE]={3,1,7,2,6};
08     int i,*ptr;
09     printf("array a=");
10     for(i=0;i<SIZE;i++)
11       printf("%d ",a[i]);
12     ptr=maximum(a);
13     printf("\nmaximum=%d\n",*ptr);
14     return 0;
15   }
16   int *maximum(int *m)              /*查找并返回数组的最大值*/
17   {
18     int i,*max;
19     max=m;
20     for(i=1;i<SIZE;i++)
21       if(*max < *(m+i))
22         max=m+i;
23     return max;
24   }
/*Exam8-18 OUTPUT---
array a=3 1 7 2 6
maximum=7
-----------------------*/
```

程序解析

在上面的程序里定义了一个名为 maximum() 的函数，其返回值为整型类型的指针，在程序中，调用该函数时，在函数名称前面并不需要加上指针符号。而在函数中，使用 return 返回调用程序时，所返回去的是指针所指向的地址，而不是指针所指向的变量内容。如此一来，接收返回值的指针变量才会收到正确的地址，再根据该地址找到数组的元素值。

就像一般的变量一样，可以利用指针指向一个数组后，通过指针来访问数组中的元素。需要注意的是，指针的类型要和数组所定义的类型相同，否则也会出现获取数据不正确的问题。

8.6.2　字符串数组与指针数组

前面在讨论字符串数组时，曾经提到过由于每个字符串的长度不一，多少会造成数组空间的浪费，如果想避免这种情况的发生，可以利用指针数组来解决。以图 8-29 为例，可以看到字符串数组的存储方式。

图 8-29　字符串数组的存储方式

在字符串结束字符\0 之后的空间虽然没有使用，但是由于字符串在定义的时候，直接定义一块足够空间的内存，即使没有用到，也是闲置。若是利用指针数组，即可将这些被占用却没有使用的空间释放，图 8-30 即为指针数组的存储方式。

图 8-30　指针数组的存储方式

利用指针数组可节省这些没有用到的空间，当存储的数据量小时，不会觉得不恰当，但是当数据量大到上千万，这些会造成内存的巨大浪费。这时指针数组就可以发挥它的功能，达到使用的目的。以上面的指针数组为例，来看看程序该如何编写。

【例8-19】利用指针数组输出内容。

```
01    /*Exam8-19，指针数组*/
02    #include <stdio.h>
03    int main(void)
04    {
05       int i;
06       char *name[3]={"David","Jane Wang","Tom Lee"};
07       for(i=0;i<3;i++)            /*输出指针数组的内容*/
08          printf("name[%d]=%s\n",i,name[i]);
09       return 0;
10    }
/*Exam8-19 OUTPUT---
name[0]=David
name[1]=Jane Wang
name[2]=Tom Lee
----------------------*/
```

程序解析

（1）指针数组的定义综合了指针变量与数组的定义方式。也就是说，当定义指针数组时，在数组名前再加上按照地址取值运算符，所定义的数组即为指针数组，一维指针数组的定义格式如下：

类型 * 数组名[个数];

━━━━━━━━━━→ 数组名前要加上指针符号

（2）不管定义指针数组的维数有多少，在数组名前都必须加上指针符号，才是指针数组的合法定义方式。

（3）在例8-19中，所定义的指针数组 name[0]指向字符串 David 的起始地址，name[1]指向字符串 Jane Wang 的起始地址，而 name[2]指向字符串 Tom Lee 的起始地址，这和字符串数组的用法是一样的。字符串数组和指针数组所不同的，就是指针数组可以只用到最少的内存空间，而字符串数组就必须占用这些没有用到的内存。

8.7 指向指针的指针——双重指针

指针是指向某个变量的地址——通过指针内所存放的地址，即可访问该变量的内容，这就是学习指针的目的。读者也许会有疑问，是不是也有一种数据内容可以指向指针呢？在 C 语言里，指针不但可以指向任何一种数据内容的变量，还可以指向指针，这种指向指针的指针称为双重指针。

现在，暂时不考虑实际的地址概念，先看图 8-31 中指针的意义，指针内存放的是一组数字，这组数字代表内存中的某个变量的地址，通过指针即可根据这组数字找到变量的位置，就可以自由访问变量的内容。

双重指针内存放的也是一组数字，这组数字代表内存中的某个指针变量的地址，通过这组数字可以找到指针变量的位置，再间接访问指针所指向变量的内容，如图 8-32 所示。

图 8-31　指针的意义（一）　　　　　图 8-32　指针的意义（二）

双重指针变量所存放的内容并不是一般的变量地址，而是存放另一个指针的地址。也就是说，双重指针变量所存放的是某个指针在内存中的地址，而不是一般变量地址或是数值、文本等数据内容，根据所指向的指针地址即可找到所存放的变量内容。双重指针变量的定义格式如下：

类型 **指针变量；

在变量的前面加上两个指针符号，即可将变量定义成双重指针类型。也就是说，这个被定义的变量就是一个指向指针的指针变量。下面的语句即为合法的双重指针变量定义范例。

```
int **ptri;            /*定义一个整型类型的双重指针变量ptri*/
char *(*ptrch);        /*定义一个字符类型的双重指针变量ptrch*/
```

上面的语句中，分别定义了一个整型类型的双重指针变量 ptri 及字符类型的双重指针变量 ptrch，值得注意的是，在两个指针符号之间，即使不加上括号，也是合法的使用方式，可以按照自己的习惯及程序的编写情况决定是否加上括号。只要是在 C 语言中可以定义的数据内容（如整型、浮点数、字符、字符串等），都可以定义成双重指针类型。

举一个简单的例子来说明双重指针的使用。下面的程序中，分别定义整型变量 i、指针变量 a 及双重指针变量 b，并使 a 指向 i，b 指向 a，在程序里输出它们的内容及地址。

【例8-20】利用双重指针输出变量的内容和地址。

```
01    /*Exam8-20,双重指针*/
02    #include <stdio.h>
03    int main(void)
04    {
```

```
05      int i=5,*a,**b;
06      a=&i;
07      b=&a;
08
09      printf("i=%d,&i=%p,*a=%d,a=%p,&a=%p\n",i,&i,*a,a,&a);
10      printf("**b=%d,*b=%p,b=%p,&b=%p\n",**b,*b,b,&b);
11      return 0;
12  }
/*Exam8-20 OUTPUT---------------------
i=5,&i=0253FDD4,*a=5,a=0253FDD4,&a=0253FDD0
**b=5,*b=0253FDD4,b=0253FDD0,&b=0253FDCC
------------------------------------*/
```

程序解析

（1）在上面的程序里，b 为整型类型的双重指针，*b 代表所指向的指针 a 的内容 0253FDD4；而 b 所存放的内容即为指针 a 的地址 0253FDD0，**b 则是取出地址 0253FDD0 里存放的内容 0253FDD4 所指向的变量内容 5。可以参考图 8-33 的内存分配情况。

（2）因此，**b 的内容就是双重指针 b 最后所指向的变量内容，b 的内容是指针 a 的地址，a 的内容是变量 i 的地址，*b 存放的是指针 a 的内容。

我们以 3×3 的数组为例来说明如何利用指针表示数组元素。首先，定义一个 3×3 的整型数组：int num[3][3]。由于二维数组可以视为数个一维数组，所以数组 num 可以视为三个一维数组，每个一维数组中各有三个元素，如图 8-34 所示。为了方便观看及解说，将数组元素的值填入。

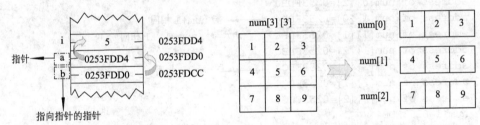

图 8-33　内存的分配情况　　　　　图 8-34　二维数组可以视为数个一维数组

数组的起始地址为 num，也就是第 0 行 num[0]的地址，以指针的方式表示成 num+0；第 1 行 num[1]的地址，以指针的方式表示成 num+1；第 2 行 num[2]的地址，以指针的方式表示成 num+2，如图 8-35 所示。

如果要取得每一行中的个别元素，又该如何做呢？以数组第 1 行 num[1]为例，num[1][0]就等于 num[1]的地址，指针表示法为*(num+1)。在此要特别注意，num+1 和*(num+1)是代表不同的意义，num+1 是数组的第 1 行，若是 num+1+1，则会变成 num+2，是指向数组的第 2 行；而*(num+1) 是数组的第 1 行第 0 个元素的地址，若是将*(num+1)+1，则是指向数组的第 1 行第 1 个元素的地址，如图 8-36 所示。

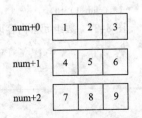

图 8-35　数组以指针表示

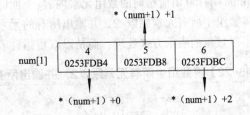

图 8-36　数组元素地址以指针表示

在下面的程序里，将数组元素的地址列出，并输出 num+1、num+1+1 及*(num+1)+1 的地址，请仔细观察程序执行的结果。

【例8-21】输出数组的地址。

```
01    /*Exam8-21,输出数组的地址*/
02    #include <stdio.h>
03    #define M 3
04    #define N 3
05    int main(void)
06    {
07      int num[M][N]={{1,2,3},{4,5,6},{7,8,9}};
08      int i,j;
09      for(i=0;i<M;i++)
10        for(j=0;j<N;j++)
11          printf("address of num[%d][%d]=%p\n",i,j,&num[i][j]);
12      printf("num+1=%p\n",num+1);
13      printf("num+1+1=%p\n",num+1+1);
14      printf("*(num+1)+1=%p\n",*(num+1)+1);
15      return 0;
16    }
/*Exam8-21 OUTPUT--------
address of num[0][0]=0253FDA8    ──→ 与 num 相同
address of num[0][1]=0253FDAC
address of num[0][2]=0253FDB0
address of num[1][0]=0253FDB4    ──→ 与 num+1 相同
address of num[1][1]=0253FDB8    ──→ 与*(num+1)+1 相同
address of num[1][2]=0253FDBC
address of num[2][0]=0253FDC0    ──→ 与 num+2 相同
address of num[2][1]=0253FDC4
address of num[2][2]=0253FDC8
num+1=0253FDB4
num+1+1=0253FDC0
*(num+1)+1=0253FDB8
--------------------------*/
```

程序解析

（1）由上面的执行结果即可验证前面的说明，num+1 是指向 num[1][0]的地址，num+1+1 就是 num+2，指向 num[2][0]的地址，而*(num+1)+1 则是指向 num[1][1]的地址。图 8-37 是以数组的第 1 行 num[1]为例，将数组元素的内容以指针表示出来。

（2）可以说，*(num+i)+j 就等于 num[i][j]的地址，找出了数组元素相对应的指针表示方式后，就可以利用 *(*(num+i)+j)取出所指向的数组元素内容。下面的程序即是将数组中所有元素乘以 2，并输出所有的元素值。下面不以数组的表示方式处理，而是以双重指针表示。

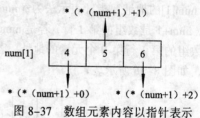

图 8-37　数组元素内容以指针表示

【例8-22】将数组中所有元素乘以2，并输出所有的元素值。

```
01    /*Exam8-22, 将数组元素乘以 2*/
02    #include <stdio.h>
03    int main(void)
```

```
04  {
05      int i,j;
06      int num[3][3]={{1,2,3},{4,5,6},{7,8,9}};
07      printf("Before process,num[i][j]=\n");
08      for(i=0;i<3;i++)                    /*输出数组内容*/
09      {
10          for(j=0;j<3;j++)
11              printf("%2d ",*(*(num+i)+j));
12          printf("\n");
13      }
14      for(i=0;i<3;i++)                    /*将数组元素乘以2*/
15          for(j=0;j<3;j++)
16              *(*(num+i)+j)*=2;
17      printf("After process,num[i][j]=\n");
18      for(i=0;i<3;i++)                    /*输出数组内容*/
19      {
20          for(j=0;j<3;j++)
21              printf("%2d ",*(*(num+i)+j));
22          printf("\n");
23      }
24      return 0;
25  }
/*Exam8-22 OUTPUT-----
Before process,num[i][j]=
 1  2  3
 4  5  6
 7  8  9
After process,num[i][j]=
 2  4  6
 8 10 12
14 16 18
------------------------*/
```

了解了二维数组元素的指针表示方法之后，下面来练习难度较大的程序。

【例8-23】利用双重指针查找二维数组中的最大值与最小值。

```
01  /*Exam8-23，查找二维数组中的最大值与最小值*/
02  #include <stdio.h>
03  void search(int a[][3],int b[]);
04  int main(void)
05  {
06      int a[4][3]={{26,5,7},{10,3,47},
07              {6,76,8},{40,4,32}};
08      int i,j,result[2]={0};
09      printf("elements in array:\n");        /*输出数组的内容*/
10      for(i=0;i<4;i++)
11      {
12          for(j=0;j<3;j++)
13              printf("%02d ",*(*(a+i)+j));
14          printf("\n");
15      }
16      search(a,result);
17      printf("maximum=%02d\n",*(result+0));
18      printf("minimum=%02d\n",*(result+1));
19      return 0;
```

```
20    }
21    void search(int a[4][3],int b[2])              /*自定义函数 search()*/
22    {
23        int i,j,max=*(*(a+0)+0),min=*(*(a+0)+0);
24        for(i=0;i<4;i++)
25          for(j=0;j<3;j++)
26          {
27            if(max<*(*(a+i)+j))                      /*查找最大值*/
28              max=*(*(a+i)+j);
29            if(min>*(*(a+i)+j))                      /*查找最小值*/
30              min=*(*(a+i)+j);
31          }
32        *(b+0)=max;
33        *(b+1)=min;
34        return;
35    }
/*Exam8-23 OUTPUT---
elements in array:
26 05 07
10 03 47
06 76 08
40 04 32
maximum=76
minimum=03
----------------------*/
```

指针的优点在于它的灵活性很大，不管是一维数组、二维数组、指针数组或者是双重指针，都可以用来表示相同的元素内容。读者可以按照个人的习惯或者程序的实际需求，决定要使用数组还是指针。

小　结

本章重点讲解了，正确定义指针变量，引用变量、一维数组元素、字符串。指针变量是用来存放变量和数组元素首地址的，当定义一个指针变量后，即让其指向一个变量、数组首地址或字符串，如没有指向任何元素，则指针为空。在应用的时候，能够正确区分指针数组与指向一维数组的指针变量、指针函数与指向函数的指针变量。指针数组定义为：int *a[4]，定义一个包含四个元素、每一个元素均为指向整型的指针变量；指向一维数组的指针变量定义为：int (*p)[4]，定义一个含有三个元素的一维数组；指针函数定义为 int *p(形式参数表)，说明定义一个函数其返回值为指针（地址）；指向函数的指针变量定义为 int (*p)();，说明 p 是一个指向函数的指针变量，该函数的返回值只是整型数据。

实验　指针程序设计

一、实验目的

通过下面的实验，理解指针的概念，掌握指针的定义和使用；了解指向一维数组的指针变量定义及应用；通过指针实现函数调用中的地址传递和访问一维数组元素；掌握指针数组的定义及应用。

二、实验内容

1. 程序改错题

（1）给定程序中函数 fun() 的功能是：将一个有八进制数字字符组成的字符串转换为与其值相等的十进制整数。规定输入的字符串最多只能包含 5 位八进制数字字符。

例如，若输入：77777，则输出将是：3276。

请改正程序中的错误，使其能得到正确的结果。

注意：不要改动 main() 函数，不得增行或删行，也不得更改程序的结构。

```
#include <stdio.h>
#include <string.h>
#include <stdlib.h>
int fun (char *p)
{ int n;
  /*******************found****************/
  n=*p-'o';
  p++;
  while(*p!=0){
  /*******************found****************/
    n=n*8+*p-'o';
    p++;
  }
return n;
}
main()
{   char s[6];int i;int n;
    printf("Enter a string(Ocatal digits):");
    gets(s);
    if(strlen(s)>5)
    { printf("Error:string too long !\n\n");
     exit(0);
    }
    for(i=0;s[i];i++)
      if(s[i]<'0' || s[i]>'7')
      { printf("Error:%c not is ocatal digits !\n\n",s[i]);
        exit(0);
      }
    printf("the original string:");
    puts(s);
    n=fun(s);
    printf("\n%s is convered to integer number: %d\n\n",s,n);
}
```

（2）给定程序中函数 fun() 的功能是：从低位开始取出长整型变量 s 中偶数位上的数，依次构成一个新数放在 t 中。高位仍在高位，低位仍在低位。

例如，当 s 中的数为 7654321 时，t 中的数为 642。

请改正程序中的错误，使它能得到正确结果。

注意：不要改动 main() 函数，不得增行或删行，也不得更改程序的结构。

```
#include <stdio.h>
  /*******************found****************/
```

```
void fun(long s,long t)
{ long s1=10;
  s/=10;
  *t=s%10;
/******************found*****************/
  while (s<0)
  { s=s/100;
    *t=s%10*s1+*t;
    s1=s1*10;
  }
}
main()
{ long s,t;
  printf("\nplease enter s:");
  scanf("ld",&s);
  fun(s.&t);
  printf("the result is :%ld\n",t);
}
```

2. 程序填空题

（1）请补充 fun() 函数，该函数的功能是：按'0'到'9'统计一个字符串中的奇数数字字符各自出现的次数，结果保存在数组 num 中。注意：不能使用字符串库函数。

例如，输入"x=1123.456+0.909*bc"，结果为：1=2, 3=1, 5=1, 7=0, 9=2。

注意：部分源程序给出如下。

请勿改动主函数 main() 和其他函数中的任何内容，仅在函数 fun() 的横线上填入所编写的若干表达式或语句。

```
#include <conio.h>
#include <stdio.h>
#define N 20
fun(char *tt,int num[])
{  int i,j;
   int bb[10];
   char *p=tt;
   for (i=0;i<10;i++)
   { num[i]=0;
     bb[i]=0;
   }
   while(_____)
   { if(*p>='0'&&*p<='9')
     _____;
     p++;
   }
   for(i=1,j=0;i<10;i=i+2,j++)
     _____;
}
main()
{   char str[N];
    int num[10],k;
    clrscr() ;
    printf("\nplease enter a string:");
```

```
        gets(str);
        printf("\n*******the original string ********\n");
        puts(str);
        fun(str,num);
        printf("\n*******the number of letter ********\n");
        for(k=0;k<5;k++)
        {
            printf("\n");
            printf("%d=%d",2*k+1,num[k]);
        }
        printf("\n");
        return;
}
```

（2）N 个有序整数数列已放在一维数组中，给定的下列程序中，函数 fun() 的功能是：利用折半查找法查找整数 m 在数组中的位置。若找到，则返回其下标值；反之，则返回 "NOT be found!"

注意：部分源程序给出如下。

请勿改动主函数和其他函数中的任何内容，仅在函数 fun() 的横线上填入所编写的若干表达式或语句。

```
#include <stdio.h>
#define N 10
int fun (int a[],int m)
{ int low=0,high=N-1,mid;
   while(low<=high)
   { mid=_____ ;
     if(m<a[mid])
     high=_____ ;
     else
     if(m>a[mid])
     low=mid+1;
     else
     return(mid);
     }
   _____ (-1);
}
main()
{ int i,a[N]={-3,4,7,9,13,24,67,89,100,180},k,m;
   printf("a 数组中的数据如下: ")
   for(i=0;i<N;i++);
   printf("%d",a[i]);
   printf("enter m:");
   scanf("%d",&m);
   k=fun(a,m);
   if(k>0)
   printf("m=%d,index=%d\n",m,k);
   else
   printf("not be found\n");
}
```

3. 程序设计题

（1）编写程序，定义一个整型类型的数组，其大小为 10，由键盘输入其元素值后，试利用指针的方式计算该数组的平均值。

（2）编写程序，输入三个整数，将三个数从大到小排列，请利用指针完成。

三、实验评价

完成表 8-1 所示的实验评价表的填写。

表 8-1　实验评价表

能力分类	学习目标	内　　容		评　　　价				
		评　价　项　目		5	4	3	2	1
职业能力	指针的使用	掌握指针的概念，学会定义和使用指针变量						
		掌握通过指针实现函数调用中的地址传递						
		掌握通过指针访问一维数组元素						
	编译预处理	掌握#include 命令、#define 命令的使用方法						
		掌握条件编译命令的使用方法						
通用能力	阅读能力							
	设计能力							
	调试能力							
	沟通能力							
	相互合作能力							
	解决问题能力							
	自主学习能力							
	创新能力							
综合评价								

习　　题

一、选择题

1. 若有定义语句：char s[3][10],(*k)[3],*p;，则以下赋值语句正确的是（　　　）。

　　A. p=s;　　　　　　B. p=k;　　　　　　C. p=s[0];　　　　　　D. k=s;

2. 有以下程序（说明：字母 A 的 ASCII 码值是 65）

```
#include <stdio.h>
void fun(char *s)
{ while(*s)
  { if(*s%2) printf("%c",*s);
    s++;
  }
}
main()
{ char a[]="BYTE";
  fun(a);printf("\n");
}
```

程序运行后的输出结果是（　　　）。

　　A. BY　　　　　　B. BT　　　　　　C. YT　　　　　　D. YE

3. 有以下程序

```
#include <stdio.h>
void fun(char *c)
{ while(*c)
  { if(*c>='a'&& *c<='z')  *c=*c-('a'-'A');
    c++;
  }
}
main()
{ char s[81];
  gets(s);fun(s);puts(s);
}
```

当执行程序时从键盘上输入 Hello Beijing，并按【Enter】键时，则程序的输出结果是（   ）。

    A. hello Beijing   B. Hello Beijing

    C. HELLO BEIJING   D. Hello   Beijing

4. 以下程序中关于指针输入格式正确的是（   ）。

    A. int *p;scanf("%d",&p);   B. int *p;scanf("%d",p);

    C. int k,*p=&k;scanf("%d",p);   D. int k,*p,*p=&k;scanf("%d",&p);

5. 有定义语句：int *p[4];，以下选项中与此语句等价的是（   ）。

    A. int p[4];   B. int **p;   C. int *(p[4]);   D. int (*p)[4];

6. 有以下程序

```
#include <stdio.h>
void f(int *p);
main()
{ int a[5]={1,2,3,4,5},*r=a;
  f(r);printf("%d\n",*r);
}
void f(int *p);
{p=p+3;printf("%d\n",*p)}
```

程序运行后的输出结果是（   ）。

    A. 1,4   B. 4,4   C. 3,1   D. 4,1

7. 有以下程序（函数 fun() 只对下标为偶数的元素进行操作）

```
#include <stdio.h>
void fun(int *a,int n)
{ int i,j,k,t;
  for(i=0;i<n-1;i+=2)
  { k=i;
    For(j=i;j<n;j+=2)  if(a[j]>a[k])  k=j;
    t=a[i];a[i]=a[k];a[k]=t;
  }
}
main()
{ int aa[10]={1,2,3,4,5,6,7};
  fun(aa,7);
  for(i=0;i<7;i++)  printf("%d, "aa[i]);
  printf("\n");
}
```

程序运行后的输出结果是（　　　）。

    A.　7,2,5,4,3,6,1　　　　　　　　　　　B.　1,6,3,4,5,2,7

    C.　7,6,5,4,3,2,1　　　　　　　　　　　D.　1,7,3,5,6,2,1

8. 以下不能将 s 所指字符串正确复制到 t 所指存储空间的是（　　　）。

    A.　hile(*t=*s) {t++;s++; }　　　　　　B.　for(i=0;t[j]=s[i];i++);

    C.　do {*t++=*s++;} while(*s);　　　　D.　for(i=0;j=0;t[i++]=s[j++];);

9. 以下程序，程序中库函数 islower(ch)用来判断 ch 中的字符是否为小写字母

```
#include <stdio.h>
#include <ctype.h>
void fun(char *p)
{ int i=0;
  while(p[i])
   { if(p[i]==' '&&islower(p[i-1])) p[i-1]=p[i-1]-'a'+'A';
     i++;
}
main()
{ char s1[100]="ab cd EFG !";
  fun(s1); printf("%s\n",s1);
}
```

程序运行后的输出结果是（　　　）。

    A.　ab cd EFG !　　　B.　Ab Cd Efg !　　　C.　aB　cD EFG !　　　D.　ab cd Efg!

10. 有以下程序

```
#include <stdio.h>
void fun(char *c,int d)
{ *c=*c+1;d=d+1;
  printf("%c,%c",*c,d);
}
main()
{ char b='a',a='A';
  fun(&b,a);printf("%c,%c\n",b,a);
}
```

程序运行后的输出结果是（　　　）。

    A.　b,B,b,A　　　　　B.　b,B,B,A　　　　C.　a,B,B,a　　　　　D.　a,B,a,B

二、填空题

1. 有以下程序，请在＿＿＿＿＿＿＿处填写正确语句，使程序课可正常编译运行。

```
#include <stdio.h>
 _____;
main()
{ double x,y,(*p)();
  scanf("%lf%lf",&x,&y);
  p=avg;
  printf("%f\n",(*p) (x,y));
}
double avg(double a,double b)
{return((a+b)/2);}
```

2. 以下程序运行后的输出结果是_____。

```c
#include <stdio.h>
#include <stdlib.h>
#include <string.h>
main()
{ char *p;int i;
  p=(char *)malloc(sizeof(char)*20);
  strcpy(p,"welcome");
  for(i=6;i>=0;i--) putchar(*(p+i));
  printf("\n");free(p);
}
```

3. 有以下程序

```c
#include <stdio.h>
int *f (int *p,int *q);
main()
{ int m=1,n=2,*r=&m;
  r=f(r,&n);printf("%d\n",*r);
}
int *f(int *p,int *q)
{return (*p>*q)? p:q;}
```

程序运行后的输出结果是_____。

4. 以下的程序的功能是：借助指针变量找出数组元素中最大值所在的位置，并输出该最大值。请在输出语句中填写代表最大值的输出项

```c
#include <stdio.h>
main()
{   int a[10],*p,*s;
    for(p=a;p-a<10;p++) scanf("%d",p);
    for(p=a,s=a;p-a<10;p++) if(*p>*s)  s=p;
      printf("max=%d\n,_____);
}
```

5. 有以下程序

```c
#include <stdio.h>
#include <string.h>
void fun(char *str)
{ char temp;   int n,i;
  n=strlen(str);
  temp=str[n-1];
  for(i=n-1;i>0;i--)  str[i]=str[i-1];
  str[0]=temp;
}
main()
{ char s[50];
  scanf("%s",s);
  fun(s);
  printf("%s\n",s);时
}
```

程序运行后输入：abcde 并按【Enter】键，则输出结果是_____。

第 **9** 章

结构体与其他数据类型

如果想将一组相同保存类型的数据存放在一起，数组是不错的选择，但如果想将一些有相关性却又不同类型的数据，如好友的姓名、电话、生日等内容存放在一起，数组就无用武之地了。可是生活中就是有许多这种类型的数据，分别在不同的数组存储似乎又有些麻烦，C 语言在整型、字符型等数据类型之外，还提供了结构体与共用体这两种类型，还可以自己定义新的数据类型。

9.1　结　构　体

利用 C 语言所提供的结构体（Structure），即可将若干个类型不同的数据组合在一起。在本节中，将要学习结构体的声明及使用，下面先学习如何声明结构体变量。

9.1.1　结构体的声明

如果要存储学生的姓名（字符串类型）、学号（字符串类型）、数学（整型类型）及英语（整型类型）成绩，根据前面学习的内容，只能利用四个不同的变量分别存储数据，有了 C 语言所提供的结构体，就可以将这些有关联性，类型却不同的数据存放在一起。结构体的定义及声明格式如下：

```
struct 结构体名称       ——►不需要加分号
{
      数据类型 字段名称1;
      数据类型 字段名称2;
        ⋮
      数据类型 字段名称n;
} ;       ——►记得要加分号
struct 结构体名称 变量1,变量2,……,变量m;
```

结构体的定义以关键字 struct 为首，struct 后面所接续的标识符，为所定义的结构体的名称；而左、右花括号所包围起来的内容就是结构体里面的各个字段，由于每个字段的类型可能不同，所以各字段就如同一般的变量声明方式一样，要定义其所属类型。如下面的结构体定义及声明范例：

```
struct mydata              /*定义结构体mydata*/
{
    char name[15];          /*各字段的内容*/
    char id[10];
    int math;
```

```
        int eng;
    };
    struct mydata student;    /*声明结构体mydata类型的变量student*/
```

上面的语句定义一个名为 mydata 的结构体，结构体内的字段包括了学生的姓名（字符串类型）、学号（字符串类型）、数学（整型类型）及英语（整型类型）成绩。定义完结构体之后，还是要声明结构体变量，在语句最后一行中，声明一个名为 student 的 mydata 结构体变量。除了前面所使用的声明格式外，也可以用以下格式来声明结构体：

```
struct 结构体名称┆ ┆ ────── 不需要加分号
{
        数据类型 字段名称1；
        数据类型 字段名称2；
            ⋮
        数据类型 字段名称n；
} 变量1,变量2,……,变量m；
```

如果想在定义结构体内容之后直接声明该结构体的变量，就可以使用第二个定义格式，这两种定义及声明格式的效果是相同的。下面的结构体定义及声明范例即为合法的格式。

```
struct mydata              /*定义结构体mydata*/
{
        char name[15];     /*各字段的内容*/
        char id[10];
        long math;
        long eng;
} student;                 /*声明结构体mydata类型的变量student*/
```

在上面的范例中所定义及声明的效果，和前面所举的例子是相同的，右花括号后面接的标识符，是结构体变量的名称，也就是说，结构体变量 student 的内容字段就是结构体 mydata 所定义的内容。图 9-1 为结构体变量 student 在内存中分配的情况。

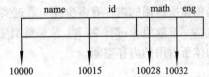

图 9-1 结构体变量 student 在内存中分配的情况

读者也许会有疑问，为什么在 id 字段与 math 字段之间会有一段空着不用的内存？这是因为编译器在处理结构体时，可能会使用较多的字节，让存放在内存的下一个变量的起始处为偶数地址。虽然结构体中会多出这一小块的内存，但最终还是无法正常使用到这个部分的内存空间。

9.1.2 结构体变量的使用及初始化

声明结构体变量后就可以使用这个好用的数据类型，可以利用小数点（.）来访问变量内的字段，在小数点前写上结构体变量的名称，小数点后则是想存取的字段名称，格式如下：

结构体变量名称.字段名称

以前面所声明的结构体变量 student 为例，结构体内的成员可以利用小数点（.）来访问，如 student.name、student.id、student.math 及 student.eng。而利用 scanf()由键盘输入数据后想存放在结构体内的成员时，在前面还是要加上地址运算符&。以下面的程序为例，在程序中定义并声明一个结构体变量后，从键盘中分别输入数据，再将结构体变量中的内容输出。

【例9-1】定义并声明一个结构体变量后，从键盘中分别输入数据，再将结构体变量中的内容输出。

```
01    /*Exam9-1,结构体变量的输入与输出*/
02    #include <stdio.h>
```

```
03   int main(void)
04   {
05      struct mydata                        /*定义并声明结构体变量*/
06      {
07         char name[15];
08         long math;
09      } student;
10      printf("Student's name:");           /*输入结构体变量*/
11      gets(student.name);
12      printf("Math score:");
13      scanf("%d",&student.math);
14      printf("*****Output*****\n");        /*输出结构体变量内容*/
15      printf("%s's Math score is %d\n",student.name,student.math);
16      return 0;
17   }
/*Exam9-1 OUTPUT-----------
Student's name:David Young
Math score:88
*****Output*****
David Young's Math score is 88
------------------------------*/
```

程序解析

　　使用结构体变量的方式和一般的变量差不多,可以把小数点前面的结构体变量名称当成数组名,小数点后面的字段名当成下标,以数组的排列方式来想象结构体,如此一来,就比较容易熟悉结构体变量的组成。

　　结构体所占用的内存有多少呢?通过实际的执行结果来查看。以例9-2为例,在程序中定义一个包括字符数组(占有 21 B)及长整型变量(占有 4 B)字段的结构体,利用 sizeof()函数求出该结构体所占用的内存空间。

【例9-2】定义一个包括字符数组(占有21 B)及长整型变量(占有4 B)字段的结构体,利用sizeof()函数求出该结构体所占用的内存空间。

```
01   /*Exam9-2,结构体的大小*/
02   #include <stdio.h>
03   int main(void)
04   {
05      struct mydata /*定义结构体*/
06      {
07         char name[21];
08         long math;
09      } student;
10      printf("sizeof(student)=%d\n",sizeof(student));
11      return 0;
12   }
/*Exam9-2 OUTPUT-------
sizeof(student)=28
--------------------------*/
```

程序解析

　　在 student 结构体变量中,字符数组 name 占有 21 B,整数变量则占有 4 B,但是利用 sizeof()

函数所取得的数据类型长度却是 28 B。由于编译器在编译时会让存放在内存的下一个变量的起始处为偶数地址，可能会因此而多使用一些内存空间。所以在程序中声明结构体时，其长度可能都会不太相同，也许正好为所有字段长度的总和，也许会多几个字节，这些内存分配的方式都是由编译器来决定的。

要如何才能赋结构体变量的初值呢？在声明结构体变量后，以赋值运算符（=）来赋结构体变量的初值。变量内容以左、右花括号包围起来，再按照结构体内容的定义类型，分别给予各个字段初值，字符以单引号将值包围，字符串以双引号包围，数值则直接填入，各字段以逗号分开。以下面的程序段为例，定义一个名为 mygood 的结构体内容，同时声明结构体变量 first 并赋值给该结构体变量。

```
struct mygood                          /*定义结构体mygood*/
{
    char good[15];                     /*货物名称*/
    int cost;                          /*货物成本*/
};
struct mygood first={"cracker",32};    /*声明结构体mygood类型的变量first,并赋值结构
                                       体内字段good的初值为cracker,字段cost的初值
                                       为32*/
```

在上面的语句中，赋结构体变量 first 的初值是：good（货物名称）为"cracker"，cost（货物成本）为 32，结构体中的每个字段以逗号分开，字段内容因各类型的不同而有不同的赋值方式，但赋值方式仍然按照 C 语言的规则赋值。当然也可以在结构体定义之后，直接声明并赋变量的初值。以上面的程序语句为例，结构体的定义、声明及赋值可以写成如下面的语句：

```
struct mygood                          /*定义结构体mygood*/
{
    char good[15];                     /*货物名称*/
    int cost;                          /*货物成本*/
} first={"cracker",32};                /*同时声明变量first，并赋初值*/
```

可以按照个人习惯选择赋值的编写方式。以例 9-3 所定义的结构体为例，查看在程序中如何赋结构体变量的初值，赋值完成后再将该变量的内容输出。

【例9-3】在程序中如何赋结构体变量的初值，赋值完成后再将该变量的内容输出。

```
01  /*Exam9-3，结构体变量的初值赋*/
02  #include <stdio.h>
03  int main(void)
04  {
05    struct mydata                              /*定义并声明结构体变量*/
06    {
07      char name[15];
08      int math;
09    };
10    struct mydata student={"Mary Wang",74};    /* 赋结构体变量初值 */
11    printf("Student's name:%s\n",student.name); /*输出结构体变量内容*/
12    printf("Math score=%d\n",student.math);
13    return 0;
14  }
/*Exam9-3 OUTPUT-----
Student's name:Mary Wang
Math score=74
-----------------------*/
```

程序解析

结构体变量的赋值方式与字符串数组很类似，但由于结构体可以包含不同的数据类型，所以在使用时还是有些小的差异。接下来，再来查看如何将两个相同的结构体 x、y，赋值成 x=y。

【例9-4】将两个相同的结构体x、y，赋值成x=y。

```
01    /*Exam9-4，结构体的赋值*/
02    #include <stdio.h>
03    int main(void)
04    {
05        struct mydata                                /*定义结构体*/
06        {
07            char name[15];
08            int age;
09        } x;                                         /*声明结构体变量*/
10        struct mydata y={"Lily Chen",18};
11        x=y;
12        printf("x.name=%s,x.age=%d\n",x.name,x.age);  /*输出结构体变量内容*/
13        printf("y.name=%s,y.age=%d\n",y.name,y.age);
14        return 0;
15    }
/*Exam9-4 OUTPUT-----
x.name=Lily Chen,x.age=18
y.name=Lily Chen,y.age=18
------------------------*/
```

程序解析

由上面的程序可以看到，当结构体的字段都相同时，就可以像一般变量一样，直接将 y 的值指定给 x 存放。

9.2 嵌套结构体

既然结构体可以存放不同的数据类型，可以在结构体中拥有另一个结构体吗？只要是 C 语言可以使用的数据类型，都可以在结构体中定义使用。这种在结构体里又包含另一个结构体的结构体，称为"嵌套结构体"（Nested Structure）。格式如下：

```
struct 结构体类型1        ─────►不需要加分号
{
    数据类型 字段名称1；
    数据类型 字段名称2；
        ⋮
    数据类型 字段名称n；
    };        ─────►记得要加分号
struct 结构体类型2        ─────►不需要加分号
{
        ⋮
    数据类型 字段名称1；
    数据类型 字段名称2；
        ⋮
    结构体类型1 字段名称k；

    数据类型 字段名称n；
```

} 变量1,变量2,……,变量m;

由于结构体类型 2 中使用到了结构体类型 1 的字段，所以结构体类型 1 必须定义在结构体类型 2 的前面，而结构体类型 2 就属于嵌套结构体的类型。以下面的程序为例，定义一个嵌套结构体 mydata，其字段包括学生姓名、学号、生日及数学、英语成绩，而生日又是另一个结构体，由月、日、年三个字段所组成。在程序中直接赋结构体变量初值，再将变量内容输出。

【例9-5】定义一个嵌套结构体mydata，其字段包括学生姓名、学号、生日及数学、英语成绩，而生日又是另一个结构体，由月、日、年三个字段所组成，在程序中直接赋结构体变量初值，再将变量内容输出。

```
01  /*Exam9-5,嵌套结构体*/
02  #include <stdio.h>
03  int main(void)
04  {
05     struct date                          /*定义结构体*/
06     {
07        int month;
08        int day;
09     };
10     struct mydata                        /*定义结构体*/
11     {
12        char name[15];
13        struct date birthday;
14        int math;
15     } student={"Mary Wang",{10,2},74};   /*声明及赋变量初值*/
16     printf("Student's name:%s\n",student.name);  /*输出结构体变量内容*/
17     printf("%s's birthday is %d/%d\n",student.name,
18            student.birthday.month,student.birthday.day);
19     printf("Math score=%d\n",student.math);
20     return 0;
21  }
/*Exam9-5 OUTPUT-------------
Student's name:Mary Wang
Mary Wang's birthday is 10/2
English score=74
-------------------------------*/
```

程序解析

（1）程序第 5 行～第 9 行，定义结构体 date，包括月、日两个字段，用来记录生日。

（2）程序第 10 行～第 15 行，定义结构体 mydata，包括姓名、生日及数学成绩三个字段，用来记录学生数据，而字段 birthday 为 date 结构体类型。同时声明结构体变量 student，并为其赋初值。由于字段 birthday 为 date 结构体类型，所以在赋值时要将该结构体类型以左、右花括号另行括起来。

（3）程序第 16 行～第 19 行，输出结构体变量 student 的所有内容。

在例 9-5 里，学生的 birthday（嵌套结构体）的字段该如何取出呢？在 date 结构体中分为 month 及 day 两个字段，student.birthday.month 即为月份，student.birthday.day 为日期。依此类推，要取出多重嵌套结构体变量的字段时，每多一层结构体，就必须多一个小数点，如此一来，才会得到正确的字段。再将 9-5 程序改成由键盘输入数据后，再输出各字段内容。

【例9-6】以例9-5为例，将程序改成由键盘输入数据后，再输出各字段内容。

```
01  /*Exam9-6，嵌套结构体 */
02  #include <stdio.h>
03  int main(void)
04  {
05    struct date                    /*定义结构体*/
06    {
07      int month;
08        int day;
09    };
10    struct mydata                  /*定义结构体*/
11    {
12      char name[15];
13      struct date birthday;
14      int math;
15    } student;                     /*声明结构体变量*/
16    printf("Student's name:");     /*输入结构体变量*/
17    gets(student.name);
18    printf("%s's birthday(month):",student.name);
19    scanf("%d",&student.birthday.month);
20    printf("%s's birthday(day):",student.name);
21    scanf("%d",&student.birthday.day);
22    printf("Math score:");
23    scanf("%d",&student.math);
24    printf("*****output*****\n")  ;    /*输出结构体变量内容*/
25    printf("Student's name:%s\n",student.name);
26    printf("%s's birthday is %d/%d\n",student.name,
27          student.birthday.month,student.birthday.day);
28    printf("Math score=%d\n",student.math);
29    return 0;
30  }
/*Exam 9-6 OUTPUT-------------
Student's name:James Lee
James Lee's birthday(month):6
James Lee's birthday(day):18
Math score:92
*****output*****
Student's name:James Lee
James Lee's birthday is 6/18
Math score=92
-------------------------------*/
```

熟悉了结构体的基本用法之后，下面分别将结构体用在数组、指针与函数之中，先来学习结构体数组。

9.3 结构体数组

所声明的结构体变量与一般的变量一样，只能存放一条数据，如果想同时存放两条以上的多条数据，就可以利用数组，多个个结构体所组成的数组就称为结构体数组。结构体数组的定义和一般的结构体相同，在声明结构体数组变量时，只要加上数组的方括号（[、]）即可，结构体数.

组的声明格式如下：

```
struct 结构体类型 结构体数组名[长度];
```

若是要取出结构体数组内某个元素的字段，只要在小数点前面、结构体数组名后面加上数组的方括号及其下标，就会得到正确的字段。

结构体数组会占有多少的内存空间呢？以例 9-2 所定义的 mydata 结构体为例，在下面的程序里声明 mydata 结构体类型的数组 student，其数组元素的个数为 10，下面利用 sizeof() 函数求出数组中其中一个元素及整个数组的长度。

【例9-7】 利用sizeof()函数求出数组中其中一个元素及整个数组的长度。

```
01   /*Exam9-7，结构体数组的大小*/
02   #include <stdio.h>
03   int main(void)
04   {
05      struct mydata /*定义结构体*/
06      {
07         char name[21];
08         int math;
09      } student[10];
10      printf("sizeof(student[3])=%d\n",sizeof(student[3]));
11      printf("sizeof(student)=%d\n",sizeof(student));
12      return 0;
13   }
/*Exam9-7 OUTPUT---
sizeof(student[3])=28
sizeof(student)=280
---------------------*/
```

程序解析

和例 9-2 执行的结果一样，数组中单个元素的大小与一般的变量是相同的，而数组是一组相同类型的元素所组成，它是一块连续的内存。以上面的程序为例，利用 sizeof() 函数计算出整个数组的长度时，就是 28 B × 10 个元素，得到 280 B。可以看到图 9-2 中结构体数组 student 的每个元素都可分为两个字段。

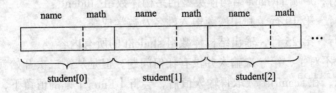

图 9-2 结构体数组 student 的字段示意

再以下面的程序为例，定义一个 mydata 结构体，其字段包括有学生姓名及数学成绩，同时声明 mydata 结构体类型的结构体数组，由键盘输入姓名及数学成绩，分别放入数组后，再将数组内容全部列出。

【例9-8】 由键盘输入姓名及数学成绩，分别放入数组后，再将数组内容全部列出。

```
01   /*Exam9-8,结构体数组*/
02   #include <stdio.h>
03   #define MAX 2
```

```
04    int main(void)
05    {
06      int i;
07      struct mydata                      /*定义结构体*/
08      {
09        char name[15];
10        int math;
11      };
12      struct mydata student[MAX];        /*声明结构体数组*/
13      for(i=0;i<MAX;i++)                  /*输入结构体变量*/
14      {
15        printf("Student's name:");
16        gets(student[i].name);
17        printf("Math score:");
18        scanf("%d",&student[i].math);
19      }
20      printf("**** Output ****\n");
21      for(i=0;i<MAX;i++)                  /*输出结构体变量内容*/
22      {
23        printf("Student's name:%s\n",student[i].name);
24        printf("Math score=%d\n",student[i].math);
25      }
26      return 0;
27    }
/*Exam9-8 OUTPUT (Error)---
Student's name:John Lin
Math score:86
Student's name:Math score:
----------------------------*/
```

程序解析

（1）程序第 3 行，定义 MAX 为 2，用来决定数组的大小，为了方便观看结果，在程序中将 MAX 赋值为 2。

（2）程序第 7 行～第 11 行，定义结构体 mydata，其中包括姓名及数学成绩两个字段。

（3）程序第 12 行，声明 mydata 结构体类型的结构体数组 student。

（4）程序第 13 行～第 19 行，利用嵌套输入姓名及数学成绩。

（5）程序第 20 行～第 25 行，输出结构体数组 student 的所有内容。

程序的执行结果不对了，第一次输入并没有任何问题，但是从第二次开始就无法输入姓名，这是为什么呢？原来，在 scanf() 函数取得输入值后，会将【Enter】键的值留下，刚好循环第二次时，首先输入的是字符串，就直接将【Enter】键的值直接存入数组所对应的字段里，而造成了执行的错误。该如何解决这个问题呢？很简单，直接加上 getchar(); 语句在循环体的最后面，如下面的程序段：

```
for(i=0;i<MAX;i++)    /*输入结构体变量*/
{
    printf("Student's name:");
    gets(student[i].name);
    printf("Math score:");
    scanf("%d",&student[i].math);
    getchar();                          ────► 用来接收 Enter 值
}
```

```
}
```

或者，也可以更改 mydata 结构体内 math 字段的类型，由整型类型更改成字符数组（char math[4]），如下面的程序。

【例9-9】 更改mydata结构体内math字段的类型，由整型类型更改成字符数组（char math[4]）。

```
01   /*Exam9-9，结构体数组*/
02   #include <stdio.h>
03   #define MAX 2
04   int main(void)
05   {
06      int i;
07      struct mydata                        /*定义结构体*/
08      {
09         char name[15];
10         char math[4];
11      };
12      struct mydata student[MAX];          /*声明结构体数组*/
13      for(i=0;i<MAX;i++)                    /*输入结构体变量*/
14      {
15         printf("Student's name:");
16         gets(student[i].name);
17         printf("Math score:");
18         gets(student[i].math);
19      }
20      printf("**** Output ****\n");
21      for(i=0;i<MAX;i++)                    /*输出结构体变量内容*/
22      {
23         printf("Student's name:%s\n",student[i].name);
24         printf("Math score=%s\n",student[i].math);
25      }
26      return 0;
27   }
```

程序经过修改后，正确的执行结果如下：

```
/*Exam9-9 OUTPUT---------
Student's name:David Young
Math score:75
Student's name:Paul Wang
Math score:68
**** Output ****
Student's name:David Young
Math score=75
Student's name:Paul Wang
Math score=68
--------------------------*/
```

程序解析

将 math 的类型更改为字符串后，若是程序需要做运算处理时，就必须经过 atoi()函数（将字符串转换成数值的函数）转换，如果对 C 语言还不是很熟悉，建议可以直接利用 getchar()函数，将【Enter】键值吸收。

9.4 结构体指针

指针可以指向 C 语言中所有类型的数据，结构体也不例外。结构体定义完成后，就可以声明指向结构体的指针，结构体指针的声明格式如下：

```
struct 结构体类型 结构体指针名称;
```

举例来说，在程序中定义如下的结构体类型：

```
struct mygood                /*定义结构体mygood*/
{
    char good[15];           /*货物名称*/
    int cost;                /*货物成本*/
};
```

要声明结构体变量及指向结构体的指针变量，可以做出如下的声明，同时还必须将指针指向该结构体变量。

```
struct mygood first;         /*声明结构体mygood类型的变量first*/
struct mygood *ptr;          /*声明结构体mygood类型的指针变量ptr*/
ptr=&first;                  /*将变量first的地址赋给指针变量ptr存放*/
```

经过声明及赋值后，指针变量 ptr 就会指向结构体变量 first，如此一来，就可以利用指针来访问结构体变量的内容。值得注意的是，在使用指针访问结构体变量的字段时，要用箭头（->）指向结构体变量的某个字段，以前面所声明的结构体变量 first 及指针 ptr 为例，ptr->cost;就是指向结构体变量 first 的字段 cost。也就是说，使用指针存取结构体变量的字段时，可以用以下格式完成：

```
结构体指针名称 -> 结构体字段名称;
```

以下面的程序为例，利用结构体指针输入学生的姓名、数学、英语成绩，计算数学、英语的平均分后，存放在 avg 字段里，再输出结构体变量的内容。

【例9-10】 利用结构体指针输入学生的姓名、数学、英语成绩，计算数学、英语的平均分后，存放在avg字段里，再输出结构体变量的内容。

```
01    /*Exam9-10, 结构体指针*/
02    #include <stdio.h>
03    int main(void)
04    {
05        struct mydata              /*定义结构体*/
06        {
07          char name[15];
08          int math;
09          int eng;
10          float avg;
11        } student,*ptr;            /*声明结构体变量*/
12        ptr=&student;
13        printf("Student's name:");    /*由键盘输入结构体变量*/
14        gets(ptr->name);
15        printf("Math score:");
16        scanf("%d",&ptr->math);
17        printf("English score:");
18        scanf("%d",&ptr->eng);
19        ptr->avg=(float)((ptr->math)+(ptr->eng))/2;
20        printf("**** Output ****\n");  /*输出结构体变量内容*/
```

```
21      printf("%s's math score=%d\n",ptr->name,ptr->math);
22      printf("%s's English score=%d\n",ptr->name,ptr->eng);
23      printf("average=%.1f\n",ptr->avg);
24      return 0;
25   }
/*Exam9-10 OUTPUT --------
Student's name:Alice Wu
Math score:80
English score:75
**** Output ****
Alice Wu's math score=80
Alice Wu's English score=75
average=77.5
-------------------------*/
```

程序解析

（1）程序第 5 行～第 11 行，定义结构体 mydata，并声明 mydata 类型的结构体变量 student 及指针变量 ptr。

（2）程序第 12 行，利用赋值运算符使指针变量 ptr 指向结构体变量 student。

（3）程序第 13 行～第 18 行，输入学生姓名及数学、英语成绩。

（4）程序第 19 行～第 23 行，计算数学、英语平均成绩后，存入 avg 字段内，并输出结构体变量 student 所有的内容。

在程序的输入部分，使用指针时除了要以箭头（->）来取得字段之外，和一般的变量一样，利用 scanf()函数输入数据时，还是要使用到地址运算符（&）。在输出部分，要取出某个结构体变量字段时，在结构体指针名称前面并不需要特别加上按照地址取值运算符。在本例中，由于要计算的是两个整数的平均值，运算结果会出现小数点的情况，所以必须在表达式前面做强制类型的转换。

接下来，以指针的表示方式存取结构体数组的元素。在下面的程序里，定义了 mydata 结构体，并声明及赋一个结构体数组的初值，利用指针的表示方式访问数组的各元素及其字段。

【例9-11】 定义了mydata结构体，并声明及赋一个结构体数组的初值，利用指针的表示方式访问数组的各元素及其字段。

```
01   /*Exam9-11，指针结构体*/
02   #include <stdio.h>
03   #define MAX 3
04   int main(void)
05   {
06      int i,sum=0;
07      struct mydata                    /*定义结构体*/
08      {
09         char name[15];
10         int age;
11      } woman[MAX]={{"Mary Wu",30},{"Flora",20},
12                   {"Alice Chen",24}};        /*声明结构体数组*/
13      for(i=0;i<MAX;i++)                /*输出结构体数组内容*/
14      {
15         sum+=(woman+i)->age;
16         printf("%s is %d\n",(woman+i)->name,(woman+i)->age);
```

```
17        }
18        printf("Average age=%.2f\n",(float)sum/MAX);
19        return 0;
20    }
/*Exam9-11 OUTPUT --------
Mary Wu is 30
Flora is 20
Alice Chen is 24
Average age=24.67
---------------------------*/
```

程序解析

（1）程序第 3 行，定义 MAX 为 3，用来决定数组的大小，为了方便查看结果，在程序中将 MAX 赋值为 3。

（2）程序第 6 行，声明整数变量 i 作为循环控制变量，sum 用来存放结构体中 age 字段的和，sum 的初值为 0。

（3）程序第 7 行～第 12 行，定义结构体 mydata，声明 mydata 类型的结构体数组 woman，数组大小为 MAX，同时赋数组的初值。

（4）程序第 13 行～第 17 行，利用循环计算所有结构体数组中 age 字段的和，并输出结构体数组 woman 的内容。

（5）程序第 18 行，计算并输出年龄的平均值。

由于数组可以看成是指针的一种，所以数组名 woman 就可以视为指针名称，而数组中的各个元素的变化，即可利用指针的加法或减法运算完成，也就是说，woman[1]相当于 woman+1，woman[2]就相当于 woman+2。元素内的各个字段，即可以利用指针专用的箭头指出其字段，所以当人们要以指针的方式表示结构体数组时，可用以下格式完成：

(结构体数组名+i)->结构体字段名称;

以例 9-11 为例，若要取出结构体数组 woman 中第一个元素的 name 字段，指针的表示方法为 (woman+1)->name，想取出数组中第二个元素的 age 字段，以指针的表示法即为(woman+1)->age。

9.5 结构体为自变量的函数传递

要将结构体当成自变量传递到函数中，其实就和其他数据类型的传递方式相同。在本节中将以程序范例来说明如何将结构体传递到函数中。

9.5.1 整个结构体传递到函数

直接将整个结构体变量传递到函数时，就像是一般的变量，是以传值调用的方式传递。也就是说，传递到函数中的结构体变量，并不是传入该结构体变量的地址，而只是它的值。下面的格式列出将结构体传递到函数中的格式范例。

```
struct 结构体名称1
{     数据类型 字段名称1;
        ⋮
      数据类型 字段名称n;    };
        ⋮
struct 结构体名称n
{     数据类型 字段名称1;
        ⋮
```

数据类型 字段名称n;　　};

⋮

返回值类型 函数名称(struct 结构体名称1 变量名称1,…,struct 结构体名称n 变量名称n);

int main(void)

{

⋮

函数名称(参数);

}

返回值类型 函数名称(struct 结构体名称1 变量名称1,…,struct 结构体名称n 变量名称n)

{　　…　　}

以下面的程序为例，在 main()函数中将结构体变量 woman 当成自变量传入函数 func()后，在 func()函数里更改结构体变量的值，仔细观察程序执行的结果。

【例9-12】在main()函数中将结构体变量woman当成自变量传入函数func()后，在func()函数里更改结构体变量的值。

```
01  /*Exam9-12，结构体与函数*/
02  #include <stdio.h>
03  struct mydata                          /*定义结构体*/
04  {
05      char name[15];
06      int age;
07  };
08  void func(struct mydata a);
09  int main(void)
10  {
11      struct mydata woman={"Mary Wu",5};    /*声明结构体变量*/
12      printf("before process...\n");        /*输出结构体变量内容*/
13      printf("In main(),%s's age is %d\n",woman.name,woman.age);
14      printf("after process...\n");
15      func(woman);                          /*调用 func()函数*/
16      printf("In main(),%s's age is %d\n",woman.name,woman.age);
17      return 0;
18  }
19  void func(struct mydata a)              /*自定义函数 func()*/
20  {
21      a.age+=10;
22      printf("In func(),%s's age is %d\n",a.name,a.age);
23      return;
24  }
/*Exam9-12 OUTPUT --------
before process...
In main(),Mary Wu's age is 5
after process...
In func(),Mary Wu's age is 15
In main(),Mary Wu's age is 5
---------------------------*/
```

程序解析

（1）程序第 3 行～第 7 行，定义结构体 mydata，其结构体成员包括字符数组 name 及整型变量 age 两个字段。

（2）程序第 11 行，声明 mydata 类型的结构体变量 woman，同时赋变量的初值。

（3）程序第 13 行，调用 func() 函数前输出结构体变量 woman 的内容。

（4）程序第 15 行，调用 func() 函数。

（5）程序第 16 行，调用 func() 函数后再输出结构体变量 woman 的内容。

（6）程序第 19 行~第 24 行，func() 函数主体，传入函数的参数为结构体变量，在函数内将结构体变量的 age 字段加 10 后输出变量内容。

由于传入 func() 函数的结构体变量是以传值调用的方式传递，所以在调用函数前、后所输出的结构体变量 woman 的内容都是相同的，而在 func() 函数内对 age 字段所做的运算就只会影响函数内的局部变量，函数执行完毕后并不会更改调用函数的自变量值。

此外，为了避免重复定义相同的类型，可以用外部变量的形式定义结构体。也就是说，只要将结构体定义在函数的外面，如在例 9-12 中所定义的 mydata 结构体，即是以外部变量的形式定义。如此即可让程序中所有的函数共享这个定义，不但使程序代码变得较为简洁，也提高不少程序编译时的效率。

9.5.2 结构体字段分别传递

如果只要使用到结构体变量中的某些字段，在传入函数时只要传递需要的结构体字段即可，而在接收函数的参数声明部分，也只需要根据传入的结构体字段类型加以分别声明。以下面的程序为例，将结构体变量 num 的 math 及 eng 字段传入 avg() 函数，计算并返回平均值。

【例9-13】将结构体变量num的math及eng字段传入avg()函数，计算并返回平均值。

```
01    /*Exam9-13, 将结构体字段分别传递到函数*/
02    #include <stdio.h>
03    struct mydata                              /*定义结构体*/
04    {
05        char name[15];
06        int math;
07        int eng;
08    };
09    float avg(int,int);
10    int main(void)
11    {
12        struct mydata num={"Alice",70,80};      /*声明结构体变量*/
13        printf("%s's Math score=%d\n",num.name,num.math);   /*输出结构体变量内容*/
14        printf("English score=%d\n",num.eng);
15        printf("average=%.2f\n",avg(num.math,num.eng));
16        return 0;
17    }
18    float avg(int a,int b)                      /*自定义函数 avg()*/
19    {
20        return (float)(a+b)/2;
21    }
/*Exam9-13 OUTPUT --------
Alice's Math score=70
English score=80
average=75.00
----------------------------*/
```

程序解析

虽然传入函数中的自变量是结构体变量 num 的字段，但是由于是分开成两个自变量传递，即可视为一般的变量，因此在函数接收的参数声明时，只要将相对应的自变量类型按照次序声明即可。同样，用这种分开传递结构体变量字段的方式时，也是使用传值调用。

9.5.3　传递结构体的地址

以指针传递结构体时，就是以传址调用的方式，直接传入该结构体变量的地址，使得函数在处理时可以立即更改该变量的内容。以下面的程序为例，利用指针的方式传递结构体变量 first 到 change() 函数，将变量中的 a、b 字段值交换，在调用 change() 函数前后都输出结构体变量 first 的值。

【例9-14】利用指针的方式传递结构体变量first到change()函数，将变量中的a、b字段值交换，在调用change()函数前后都输出结构体变量first的值。

```
01   /*Exam9-14, 以指针传递结构体到函数*/
02   #include <stdio.h>
03   struct data                              /*定义结构体*/
04   {
05       char name[15];
06       int a,b;
07   };
08   void change(struct data *ptr),prnstr(struct data in);
09   int main(void)
10   {
11       struct data first={"David Young",9,2};   /*声明结构体变量*/
12     prnstr(first);
13     printf("after process...\n");
14     change(&first);
15     prnstr(first);
16     return 0;
17   }
18   void change(struct data *ptr)             /*自定义函数 change()*/
19   {
20       int temp;
21       temp=ptr->a;                           /*将结构体的 a、b 字段值交换*/
22       ptr->a=ptr->b;
23       ptr->b=temp;
24       return;
25   }
26   void prnstr(struct data in)               /*输出结构体变量内容*/
27   {
28       printf("name=%s\n",in.name);
29       printf("a=%d\t",in.a);
30       printf("b=%d\n",in.b);
31       return;
32   }
/*Exam9-14 OUTPUT ---
name=David Young
a=9      b=2
after process...
name=David Young
a=2      b=9
----------------------*/
```

程序解析

若是要以传址调用的方式传递自变量，在调用函数的括号中，变量名称前要加上地址运算符 &，同时要将被调用函数里的参数声明成指针类型。

传递数组到函数时，也是传入该数组的地址。接下来，练习将结构体数组当成自变量传递到函数中。以下面的程序为例，利用 for 循环分别将结构体数组中的 a、b 字段值交换。

【例9-15】 利用for循环分别将结构体数组中的a、b字段值交换。

```
01  /*Exam9-15,传递结构体数组到函数*/
02  #include <stdio.h>
03  #define MAX 3
04  struct data                              /*定义结构体*/
05  {
06      char name[15];
07      int a,b;
08  };
09  void prnstr(struct data in[]),change(struct data in[]);
10  int main(void)
11  {
12      struct data num[MAX]={{"David",5,9},{"Tom Lee",8,6},{"John Ma",4,8}};
13      prnstr(num);
14      change(num);
15      printf("After process...\n");
16      prnstr(num);
17      return 0;
18  }
19  void change(struct data in[])            /*自定义函数 change()*/
20  {
21      int i,temp;
22      for(i=0;i<MAX;i++)                    /*将结构体内的 a、b 字段值交换*/
23      {
24          temp=in[i].a;
25          in[i].a=in[i].b;
26          in[i].b=temp;
27      }
28      return;
29  }
30  void prnstr(struct data in[])            /*自定义函数 prnstr()*/
31  {
32      int i;
33      for(i=0;i<MAX;i++)                    /*输出结构体数组内容*/
34          printf("name=%s\ta=%d,b=%d\n",in[i].name,in[i].a,in[i].b);
35      return;
36  }
/*Exam9-15 OUTPUT ---
name=David      a=5,b=9
name=Tom Lee    a=8,b=6
name=John Ma    a=4,b=8
After process...
name=David      a=9,b=5
name=Tom Lee    a=6,b=8
```

```
name=John Ma     a=8,b=4
-----------------------*/
```

程序解析

虽然在程序中并没有用到指针，但是由于传递数组到函数时，传过去的是数组的地址。因此，不管在原调用或是被调用函数中所做的更改，都会直接影响到数组中的元素值。

结构体最常用到的地方，就是数据结构体中的结点，由于每个结点都至少需要记录下一个指向的地址及结点内所存放的值，而这些数据的类型又都不尽相同，利用 C 语言所提供的结构体很方便，关于这个部分，有兴趣的读者可以参考数据结构体等相关的书籍。

9.6 共 用 体

Union 类型也称为共用体或者是联合体，它和结构体的使用方式类似，都可以使用不同类型的数据，而共用体则是利用一块共享的空间来存放数据。举例来说，在日常生活中常会填写一些表格，如果直接将这些表格以计算机化的方式输入，有些字段就会遇到不用填或者要填其他内容的情况，此时共用体就可以发挥它的功能。

假设有一个字段为"性别"，如果这个字段输入的是男性，就出现"是否服过兵役"字段；若是输入的是女性，则出现"是否饲养宠物"字段。如此一来，即可节省这些不必要的空间，当数据量很大时就会发现省下来的空间也是相当可观的。

9.6.1 共用体的定义及声明

共用体的定义及声明方式与结构体相同，其格式如下：

```
union 共用体名称        不需要加分号
{
    数据类型 字段名称1;
    数据类型 字段名称2;
        ⋮
数据类型 字段名称n;
    };        记得要加分号
union 联合类型 变量1,变量2,……,变量m;
```

共用体的定义以关键字 union 为首，union 后面所接续的标识符，即为所自定义的共用体名称；而左、右花括号所包围起来的内容，就是共用体里面的各个字段，由于每个字段的类型可能不同，所以各字段就如同一般的变量声明方式一样，要定义其所属类型。如下面的共用体定义及声明范例：

```
union mydata              /*定义共用体mydata*/
{
    char grade;
    int score;
};
union mydata student;    /*声明共用体mydata类型的变量student*/
```

上面的语句是定义一个名为 mydata 的共用体，包括成绩（整型类型）及年级（字符类型）两个字段。共用体定义完毕后，若要使用，需要声明共用体变量，在语句最后一行中，声明一个名为 student 的 mydata 共用体变量。除了前面所使用的格式外，也可以用以下的格式来定义及声明共用体。

```
union 共用体名称        不需要加分号
{
```

```
        数据类型 字段名称1;
        数据类型 字段名称2;
            ⋮
        数据类型 字段名称n;
        } 变量1,变量2,……,变量m;
```

如果在定义共用体内容之后直接声明变量，就可以使用第二个定义格式，这两种定义及声明格式的效果是相同的。下面的共用体定义及声明范例即为合法的格式。

```
union mydata              /*定义共用体mydata*/
{
    char grade;
    int score;
} student;                /*直接在定义后面声明共用体mydata类型的变量student*/
```

在上面的范例中所定义及声明的效果，和前面所举的例子是相同的，右花括号后面接的标识符，是共用体变量的名称。也就是说，共用体变量 student 的内容字段就是共用体类型 mydata 所定义的内容。

9.6.2　共用体与结构体的差异

结构体和共用体最大的不同就是在内存的安排上。现在以前面所声明的变量 student 来说明共用体与结构体的差异。

在图 9-3 中每一格代表内存中的 1 B。共用体是以字段中最长的类型为该共用体的长度，由于字段 score（long int 类型）占有 4 B，grade（char 类型）则只占 1 B，所以共用体变量 student 的长度为 4 B，至于 grade 字段是由低字节还是高字节开始存放，则由编译程序自行决定。

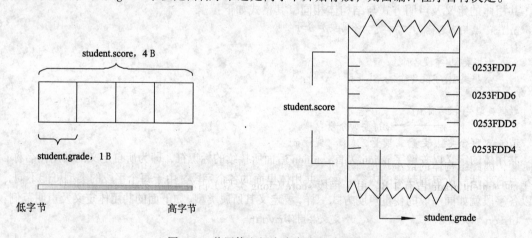

图 9-3　共用体空间在内存内的分配情况

什么是低字节及高字节呢？内存的地址编号是由 00000000、00000001、……，陆续增加。一般来说，在存放数据时，会由编号较小的地址开始存放，再按照顺序放到编号较大的地址，编号较小的地址就可以称为低字节，编号较大的地址就可以称为高字节。

以整型变量 a 为例，假设 a 的地址为 0253FDD4，即表示 a 所占用的内存地址为 0253FDD4、0253FDD5、0253FDD6 及 0253FDD7 共 4 B，0253FDD4 称为 a 的低字节，0253FDD7 就称为 a 的高字节。而所使用的地址表示法，都是取该变量的低字节为代表。

将图 9-3 编写成下面的程序，可以参考相关图文的解析。

【例9-16】 共用体的大小及地址的使用。

```
01  /*Exam9-16,共用体的大小及地址*/
02  #include <stdio.h>
03  int main(void)
04  {
05      union mydata   /*定义共用体*/
06      {
07         char grade;
08         long score;
09      } student;
10      printf("sizeof(student)=%d\n",sizeof(student));
11      printf("address of student.grade=%p\n",&student.grade);
12      printf("address of student.score=%p\n",&student.score);
13      return 0;
14  }
/*Exam9-16 OUTPUT -------------
sizeof(student)=4
address of student.grade=0253FDD4
address of student.score=0253FDD4
-------------------------------*/
```

程序解析

共用体的所有字段都是共享相同的一块内存，而要使用多少内存，则根据定义字段中长度最长的数据类型而定。由上面的程序可以看到共用体 mydata 中，long int 类型占有 4 B，是所有字段里长度最长的数据类型，所以共用体变量 student 的长度为 4 B。

下面再来学习结构体的内存安排。将前面所定义的共用体更改为结构体的程序段，要以它们作为范例说明结构体的内存安排。

```
struct mydata              /*定义结构体mydata*/
{
    long score;
    char grade;
} student;                 /*声明结构体mydata 类型的变量student*/
```

结构体是以所有字段的长度总和再加上数个字节，让存放在内存的下一个变量的起始处为偶数地址，因此结构体的最小长度即为所有字段的长度总和。图 9-4 中 student.score 占有内存中的 4 B，而 student.grade 占有 1 B。由于字段 score（long 类型）占有 4 B，grade（char 类型）占 1 B，因此结构体变量 student 的长度至少为 4 B。

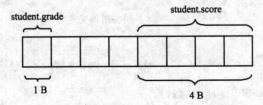

图 9-4　结构体的最小长度即为所有字段的长度总和

将图 9-4 编写成下面的程序，可以参考相关图文的解析。

【例9-17】 结构体的大小及地址。

```
01  /*Exam9-17,结构体的大小及地址*/
02  #include <stdio.h>
```

```
03   int main(void)
04   {
05     struct mydata  /*定义结构体*/
06     {
07       char grade;
08       long score;
09     } student;
10     printf("sizeof(student)=%d\n",sizeof(student));
11     printf("address of student.grade=%p\n",&student.grade);
12     printf("address of student.score=%p\n",&student.score);
13     return 0;
14   }
/*Exam9-17 OUTPUT -------------
sizeof(student)=8
address of student.grade=0253FDD0
address of student.score=0253FDD4
--------------------------------*/
```

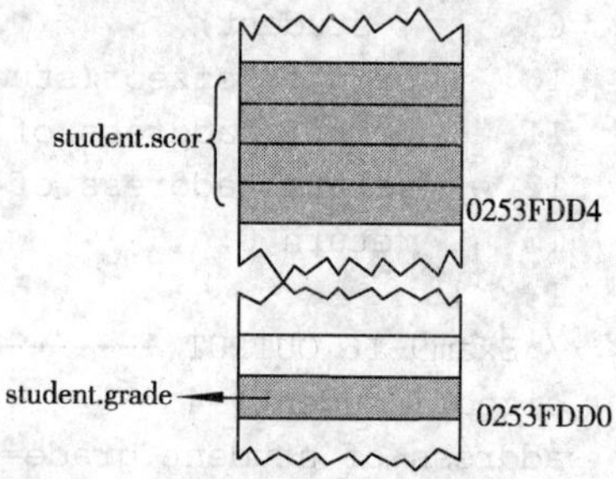

程序解析

由上面的程序里可以看到，字段 grade 的地址紧接着在 score 的后面，而并非与 score 共享同一个内存块，如图 9-5 所示。

图 9-5　结构的各个字段会相连，而非共享同一个内存块

9.6.3　共用体的使用及初始化

虽然共用体变量内部定义了许多的数据类型，但是这些数据类型却不是同时存在的，使用时它们只能有一个字段存于共用体变量，也就是说，若是使用了字段 A，就无法再使用其他字段。同样，如果使用了字段 B，其他字段也是无法再利用。如果用户执意要存放数据，就会造成数据被覆盖的情况。

下面的程序是以性别决定输入的数据，以共用体为例说明。

【例9-18】以性别决定输入的数据，以共用体为例说明。

```
01   /*Exam9-18,共用体的使用*/
02   #include <stdio.h>
03   int main(void)
04   {
05     union mydata            /*定义共用体*/
06     {
07       char grade;
08       long score;
09     } student;              /*声明共用体变量*/
10     char sex;
11     do{
12       printf("Your sex is (1)Male (2)Female:");   /*输入*/
13       sex=getchar();
14     }while((sex>50)||(sex<49));
15     if (sex=='1')
16     {
17       printf("Input score:");
18       scanf("%d",&student.score);
19     }
20     else
21     {
```

```
22        printf("Input grade:");
23        scanf(" %c",&student.grade);
24    }
25    printf("**** Output ****\n"); /*输出*/
26    if(sex=='1')
27        printf("student.score=%d\n",student.score);
28    else
29        printf("student.grade=%c\n",student.grade);
30    return 0;
31 }
/*Exam 9-18 OUTPUT ----------
Your sex is (1)Male (2)Female:1
Input score:78
**** Output ****
student.score=78
-------------------------------*/
```

程序解析

（1）程序第 5 行～第 9 行，定义 mydata 类型的共用体，包括等级、分数两个字段，同时声明该类型的共用体变量 student。

（2）程序第 10 行，声明字符变量 sex，用来记录输入者的性别。

（3）程序第 11 行～第 14 行，利用 do…while 循环将字符变量 sex 的输入值限定在 1（代表 Male，男性）或 2（代表 Female，女性）。1 的 ASCII 值为 49，2 的 ASCII 值为 50，若是 sex 的 ASCII 值大于 50 或小于 49，即符合循环执行的条件，直到输入值为字符 1 或 2 才结束输入。

（4）程序第 15 行～第 24 行，当 sex 为字符 1 时，即输入成绩，否则输入等级。也就是说，当输入者为男性（1）时，即输入成绩数据，若是女性就输入等级。

（5）程序第 25 行～29 行，输出共用体变量 student 的内容，还是按照 sex 来决定输出的内容。

由于 grade 与 score 只会有一个存在，所以可以定义成共用体类型。如此一来，可节省不必要的内存空间。程序中的共用体变量 student 的长度为 4 B，若是定义成结构体，则至少需要 5 B（由前面的练习可以得知为 8 B）。当数据量小时，并不觉得共用体的好用，但是当需要存储 100 个、1 000 个，甚至更多的数据时，所省下的内存空间就会相当的可观，这也是当初设计共用体的目的。

要如何才能赋共用体变量的初值呢？在声明共用体变量后，以赋值运算符（=）来赋变量的初值。变量内容以左、右花括号包围起来，再按照共用体内容的定义类型，给予字段初值，字符以单引号将值包围，字符串以双引号包围，数值则直接输入。但要注意的是，不管共用体所定义的字段有多少，都只能为其中一个字段赋初值。以下面的程序段为例，定义一个名为 mygood 的共用体，同时声明共用体变量 first 并赋值给该共用体变量。

```
union mygood                /*定义共用体mygood*/
{
    char good[15];          /*货物名称*/
    int cost;               /*货物成本*/
};
union mygood first={"cracker"}; /*声明共用体mygood类型的变量first,并赋初值为cracker*/
```
在上面的语句中，赋共用体变量 first 的初值为"cracker"。当然也可以在共用体定义之后，直接声明并赋变量的初值，以上面的程序语句为例，共用体的定义、声明及赋值可以写成如下面的语句：

```
union mygood                /*定义共用体mygood*/
{
```

```
    char good[15];          /*货物名称*/
    int cost;               /*货物成本*/
} first={"cracker"};        /*直接在定义后声明变量first,并赋初值为cracker*/
```
可以按照个人的习惯选择赋值的编写方式。下面来学习在程序中如何赋结构体变量的初值，赋值完成后再将变量内容输出。

【例9-19】 在程序中如何赋结构体变量的初值，赋值完成后再将变量内容输出。

```
01   /*Exam9-19,共用体的赋值*/
02   #include <stdio.h>
03   int main(void)
04   {
05       union mydata              /*定义共用体*/
06       {
07           int score;
08           char grade;
09       } student={65};          /*声明共用体变量*/
10       printf("sizeof(student)=%d\n",sizeof(student));
11       printf("student.score=%d\n",student.score);
12       return 0;
13   }
/*Exam9-19 OUTPUT----
student.score=65
----------------------*/
```

程序解析

在程序中为共用体变量赋值时，编译器怎么知道是要为哪一个字段赋值呢？由于各字段是共享一个块，所以数据存放在这个块后，就看用户要将哪种字段取出，以例 9-19 为例，所赋的初值为 65，虽然是整型类型，但若是将它以 grade 字段（字符类型）输出时，所得到的结果就会是字符 A，因为 A 的 ASCII 值为 65，以字符输出就变成 A，以数值输出就为 65。

如果所赋的初值是浮点数或字符串等常量类型时，以不同的类型输出就会发生数据不正确的问题，这个部分的检查就必须交给程序员执行。

9.7 枚 举 类 型

枚举类型（Enumeration）是一种特殊的常量定义方式，由枚举类型的声明，即可以将某个有意义的名称代表整型常量，使得程序的可读性提高，从而减少程序的错误。

9.7.1 枚举类型的定义及声明

枚举类型的定义及声明方式与结构体类似，其格式如下：
```
enum 枚举类型名称 [ ]  ──▶ 不需要加分号
{
    枚举常量1,
    枚举常量2,
    ⋮
    枚举常量n
} [;]  ──▶ 记得要加分号
```

```
enum 枚举类型名称 变量1,变量2,……,变量m;
```

枚举类型的定义以关键字 enum 为首，enum 后面所接续的标识符，即为所自定义的枚举类型名称；而左、右花括号所包围起来的内容，就是枚举序列中所要枚举的常量。如下面的枚举类型定义及声明范例：

```
enum desktop                          /*定义枚举类型 desktop*/
{pen,pencil,eraser,book,tape};
enum desktop mine;                    /*声明枚举类型 desktop 的变量mine*/
```

上面的语句是定义一个名为 mine 的枚举类型，包括 pen、pencil、eraser、book 与 tape 五个枚举常量。枚举类型定义完毕后，若是想要使用，还是要声明枚举类型变量，在语句最后一行中，声明一个名为 mine 的 desktop 枚举类型变量。除了前面所使用的格式外，也可以用以下格式来定义及声明枚举类型。

```
enum 枚举类型名称             ┌──────→不需要加分号
{
     枚举常量1,
     枚举常量2,
        ⋮
     枚举常量n
}变量1,变量2,……,变量m;
```

如果想在定义之后直接声明该枚举类型的变量，就可以使用第二个定义格式，这两种定义及声明格式的效果是相同的。下面的枚举类型定义及声明范例即为合法的格式。

```
enum desktop                  /*定义枚举类型 desktop*/
{  pen,pencil,eraser,
   book,tape
} mine;                       /*声明枚举类型 desktop 的变量mine*/
```

在上面的范例中所定义及声明的效果，和前面所举的例子是相同的，右花括号后面接的标识符，是枚举类型变量的名称。也就是说，枚举类型变量 mine 的内容就是枚举类型 desktop 所定义的内容。

9.7.2　枚举类型的使用及初始化

声明枚举类型变量后，这个变量的可能值就会是所列出的枚举常量中的一个。通常在没有特别指定的情况下，C 语言会自动给枚举常量一个整数值，枚举常量 1 的值为 0，枚举常量 2 的值为 1，……。举例来说，定义及声明出如下的枚举类型变量：

```
enum month                    /*定义枚举类型 month*/
{
     January,February,March,
     April,May,June
} six;                        /*声明枚举类型 month 的变量six*/
```

上面的常量语句中，定义一个名为 month 的枚举类型，并声明该枚举类型变量 six。在没有特别指定时，枚举常量 January 的值为 0，February 的值为 1，March 的值为 2，April 的值为 3，May 的值为 4，June 的值为 5。

为什么这些枚举常量会有一个整数值呢？编译器其实是将枚举类型的变量当成整型类型，在枚举序列中的枚举常量，就等于是一连串由 0 开始排列的整数。因此使用枚举类型变量时，并不是以枚举常量的名称输入或输出，而是以一个整数值来处理。以前面所声明的枚举类型变量 six 为例，下面列出了合法与不合法的赋值方式。

```
six=May;                      /*合法的枚举类型变量赋值*/
```

```
six=3;                           /*合法的枚举类型变量赋值*/
six="May";                       /*不合法的枚举类型变量赋值*/
six=July;                        /*不合法的枚举类型变量赋值*/
```

由于枚举变量的类型就是整数，所以在为变量赋值时，必须是整数值或所定义的枚举常量名称，因此枚举变量的长度与整型类型相同。若是在赋值时所使用的并非定义中的枚举常量名称，同样也会出现错误信息。此外，枚举常量是无法直接输出、输入的，只能在程序中使用这些枚举常量，以提高程序的可读性。

以前面所定义的枚举类型 month 及声明的枚举类型变量 six 为例，下面的程序段为错误的使用方法。

```
six=May;        /*错误的使用方法*/
printf("six=%s",six);
scanf("%d",&June);
```

在下面的程序中，声明一个枚举类型 month 的变量 six，在程序里输出该变量的长度，并输出枚举序列中枚举常量的值。

【例9-20】声明一个枚举类型month的变量six，在程序里输出该变量的长度，并输出枚举序列中枚举常量的值。

```
01   /*Exam9-20,枚举类型的使用*/
02   #include <stdio.h>
03   int main(void)
04   {
05     enum month                              /*定义枚举类型*/
06     { January,February,March,
07       April,May,June } six;
08     printf("sizeof(six)=%d\n",sizeof(six)); /*枚举类型的长度*/
09     printf("January=%d\n",January);         /*输出枚举常量的值*/
10     printf("February=%d\n",February);
11     printf("March=%d\n",March);
12     printf("April=%d\n",April);
13     printf("May=%d\n",May);
14     printf("June=%d\n",June);
15     return 0;
16   }
/*Exam9-20 OUTPUT----
sizeof(six)=4
January=0
February=1
March=2
April=3
May=4
June=5
----------------------*/
```

程序解析

由程序执行的结果可以看到，常量枚举类型变量的长度与整型类型相同，都为 4 B。在没有特别赋值的状况下，第一个枚举常量 January 的值为 0，第二个枚举常量 February 的值为 1，……。

若是在定义枚举类型时，中途另外赋枚举常量的值，则后面的枚举常量值会由所赋的值开始递增，如下面的程序。

【例9-21】在定义枚举类型时，中途另外赋枚举常量的值，则后面的枚举常量值会由所赋的值开始递增。

```
01   /*Exam9-21,枚举常量的赋值*/
02   #include <stdio.h>
03   int main(void)
04   {
05     enum month                            /*定义枚举类型*/
06     { January,February,March=4,           /*赋March的值为4*/
07       April,May,June };
08     printf("January=%d\n",January);       /*输出枚举常量的值*/
09     printf("February=%d\n",February);
10     printf("March=%d\n",March);
11     printf("April=%d\n",April);
12     printf("May=%d\n",May);
13     printf("June=%d\n",June);
14     return 0;
15   }
/*Exam9-21 OUTPUT----
January=0
February=1
March=4
April=5                枚举常量值因赋值
May=6                  而随之更改
June=7
----------------------*/
```

程序解析

在程序的常量枚举类型定义中，将 March 的值赋为 4，即表示在 March 之后的枚举常量值，也会因为赋值而更改，所以输出枚举常量 March 的值为 4，April 的值为 5，May 的值为 6，June 的值为 7。而在 March 之前的枚举常量值仍为原先默认的值。

如果希望能够输出枚举常量的名称或者其他的信息时，可以利用程序的技巧完成。以下面的程序为例，将枚举类型中的枚举常量输出，利用字符数组存放枚举常量的名称后，再利用 for 循环输出。

【例9-22】利用字符数组存放枚举常量的名称后，再利用for循环输出。

```
01   /*Exam9-22,枚举类型的使用*/
02   #include <stdio.h>
03   int main(void)
04   {
05     enum month                          /*定义枚举类型*/
06     { January,February,March,
07       April,May,June } six;
08     char a[6][9]={"January","February","March",
09                   "April","May","June"};
10     for(six=January;six<=June;six++)
11       printf("six(%d)=%s\n",six,a[six]);
12     return 0;
13   }
/*Exam9-22 OUTPUT----
six(0)=January
six(1)=February
```

```
six(2)=March
six(3)=April
six(4)=May
six(5)=June
-----------------------*/
```

程序解析

利用字符串数组的方式较占内存空间，除此之外，还可以利用 switch 语句完成相同的操作。例 9-23 是将例 9-22 修改成 switch 语句的范例，可以比较一下其中的不同。

【例9-23】枚举类型的使用。

```
01    /*Exam9-23,枚举类型的使用*/
02    #include <stdio.h>
03    int main(void)
04    {
05       enum month        /*定义枚举类型*/
06       { January,February,March,
07         April,May,June } six;
08       for(six=January;six<=June;six++)
09       {
10          printf("six(%d)=",six);
11          switch(six)
12          {
13             case 0:  printf("January\n");
14                  break;
15             case 1:  printf("February\n");
16                  break;
17             case 2:  printf("March\n");
18                  break;
19             case 3:  printf("April\n");
20                  break;
21             case 4:  printf("May\n");
22                  break;
23             case 5:  printf("June\n");
24          }
25       }
26       return 0;
27    }
/*Exam9-23 OUTPUT----
six(0)=January
six(1)=February
six(2)=March
six(3)=April
six(4)=May
six(5)=June
-----------------------*/
```

程序解析

虽然使用 switch 语句并不会浪费内存空间，但由于需要判断，反而会影响执行的速度。可以按照程序实际的需要，来决定使用哪种方式。

下面是利用枚举类型模仿鼠标的三个按钮的程序，当按下数字键 0 时，即模仿鼠标左键，数字键 1 代表鼠标右键，而数字键 2 为鼠标的中间按键。

【例9-24】 利用枚举类型模仿鼠标的3个按钮的程序，当按下数字键0时，即模仿鼠标左键，数字键1代表鼠标右键，而数字键2为鼠标的中间按键。

```
01   /*Exam9-24,枚举类型的使用 */
02   #include <stdio.h>
03   int main(void)
04   {
05      int key;
06      enum mykey                  /*定义枚举类型*/
07      {
08        left,right,middle
09      } mouse;                     /*声明枚举类型变量*/
10      do                           /*输入 0～2 的值*/
11      {
12        printf("Button press?(0)Left (1)Right (2)Middle: ");
13        scanf("%d",&key);
14      } while((key>2)||(key<0));
15      mouse=key;                   /*将 key 值指定给 mouse 变量存放*/
16      switch(mouse)                /*根据 mouse 的值输出字符串*/
17      {
18        case left: printf("Left Button Pressed!\n");
19                break;
20        case right:printf("Right Button Pressed!\n");
21                break;
22        case middle: printf("Middle Button Pressed!\n");
23      }
24      return 0;
25   }
/*Exam9-24 OUTPUT ---------------------
Button press?(0)Left (1)Right (2)Middle: 5
Button press?(0)Left (1)Right (2)Middle: 2
Middle Button Pressed!
-----------------------------------------*/
```

程序解析

（1）程序第 5 行，声明整型变量 key，用来输入按钮的选项。

（2）程序第 6 行～第 9 行，定义枚举类型 mykey，包括 left、right 及 middle 三个枚举常量，同时声明该类型的枚举变量 mouse。

（3）程序第 10 行～第 14 行，利用 do…while 循环将整型变量 key 的输入值限定在 0～2 之间，0 代表 left 鼠标左键，1 代表 right 鼠标右键，2 代表 middle 鼠标中间键。

（4）程序第 15 行，将 key 值赋给变量 mouse 存放。

（5）程序第 17 行～第 24 行，根据 mouse 的值输出所对应的枚举常量名称。

在窗口程序设计里，常会使用枚举类型的定义来处理鼠标的按键，这是因为可以利用枚举常量来代替难以记忆的 0、1……数字。以上面的程序为例，使用 left 就比用 0 要好，当要用到鼠标左键时，若是一时忘记 0 代表左键，就把 1 当成左键，不但会造成程序执行时发生语义上的错误，同时也会使得程序的可读性降低，使用 left 代替左键，就可以避免这种错误。

要如何才能赋枚举变量的初值呢？在声明枚举变量后，只要以赋值运算符（＝）即可赋变量的初值。以下面的程序片段为例，定义一个名为 sports 的枚举类型，同时声明枚举变量 favorite 并赋值给该变量。

```
enum sports                    /*定义枚举类型 sports*/
{
   tennis,swimming,
   baseball,ski };
enum sports favorite=2;        /*声明枚举类型 sports 的变量 favorite,并赋初值为 2*/
```

在上面的语句中，赋枚举变量 favorite 的初值为 2，这代表枚举变量 favorite 的值为枚举序列中值为 2 的枚举常量（为 baseball）。当然也可以直接赋枚举变量的值为某一特定的枚举常量，如下面的语句：

```
enum sports                    /*定义枚举类型 sports*/
{
   tennis,swimming,baseball,ski
} favorite=ski;                /*声明枚举类型 sports 的变量 favorite,并赋初值为 ski*/
```

可以按照个人的习惯选择赋值的编写方式。实际来看看在程序中如何赋枚举变量的初值，赋值完成后再将变量所对应的内容输出。

【例9-25】如何赋枚举变量的初值，赋值完成后再将变量所对应的内容输出。

```
01   /*Exam9-25,枚举变量的赋值*/
02   #include <stdio.h>
03   int main(void)
04   {
05     enum sports              /*定义枚举类型*/
06     {
07        tennis,swimming,baseball,ski
08     } favorite=ski;          /*声明枚举变量并赋值*/
09     printf("favorite=");   /*输出枚举变量所对应的内容*/
10     switch(favorite)
11     {
12        case 0:printf("tennis\n");
13              break;
14        case 1:printf("swimming\n");
15              break;
16        case 2:printf("baseball\n");
17              break;
18        case 3:printf("ski\n");
19     }
20     return 0;
21   }
/*Exam9-25 OUTPUT---
favorite=ski
----------------------*/
```

程序解析

可以将程序第 8 行改写成 favorite=3，和原先的方式比较一下，就可以很快地了解到枚举常量的好用性，它的确可以增加程序的可读性。

简单地介绍了枚举类型的概念及使用方式外，希望对在设计程序时能够有所帮助。接下来，讨论另一种用户自定义的类型——typedef。

9.8　使用自定义的类型——typedef

typedef 是 type definition 的缩写，顾名思义，就是类型的定义。利用 typedef 可以将已经有的数据类型重新定义其标识名称。也就是说，它可以让定义属于自己的数据类型。如此一来，可以使程序的声明变得较为清楚，也可以提高程序的移植性。typedef 的使用格式如下：

typedef 数据类型 标识符；

自定义类型的定义以关键字 typedef 为首，typedef 后面所接续的数据类型，就是原先 C 语言所定义的类型，最后面的标识符即为自定义的类型名称。如下面的类型定义及声明范例：

```
typedef int clock;              /*定义 clock 为整型类型*/
clock hour,second;              /*声明 hour,second 为 clock 类型*/
```

第一行语句是定义 clock 为整型类型，经过定义之后，clock 就像 C 语言中默认的数据类型一样，即可将变量声明成 clock 类型，如第二行语句，声明之后变量 hour、second 为 clock 类型，也为整型类型的变量。

当需要将程序移植到其他机器或编译器时，只要修改（甚至不需要修改）typedef 这一行的命令，不需要更改其他数据类型。这种将某个数据类型以另一个自定义的标识符来称呼的方法，将可以提高程序的可移植性。

typedef 发生作用的区域根据其定义的位置而定，若是放置在函数之中，则利用 typedef 定义的类型就只能在函数之内使用；若是放在函数之外，所定义的类型就会是全局的，其他函数都可使用这个新定义的类型，和一般变量的生命周期与作用范围的规定是相同的。

例 9-26 是利用 typedef 自定义数据类型的范例，将摄氏（c）转换成华氏（f）温度的公式 f=(9/5)*c+32。由键盘输入摄氏温度，即可求出华氏温度。

【例9-26】利用typedef自定义数据类型的范例，将摄氏（c）转换成华氏（f）温度的公式f=(9/5)*c+32。

```
01   /*Exam9-26,自定义类型——typedef 的使用*/
02   #include <stdio.h>
03   int main(void)
04   {
05     typedef float temper;        /*定义自定义类型*/
06     temper f,c;                  /*声明自定义类型变量*/
07     printf("Input Celsius degree:");
08     scanf("%f",&c);
09     f=(float)(9.0/5.0)*c+32;
10     printf("%.2f Celsius is equal to %.2f Fahrenheit degree\n",c,f);
11     return 0;
12   }
/*Exam9-26 OUTPUT----------------------------
Input Celsius degree:0
0.00 Celsius is equal to 32.00 Fahrenheit degree
------------------------------------------------*/
```

程序解析

在程序第 5 行中，定义了属于自定义的数据类型 temper，再声明变量 f、c 为 temper 类型的变量，而 temper 的类型为浮点数。利用新的 temper 类型来声明变量 f、c，会比直接使用 float 声明要容易理解其变量的意义。

在某些情况下可以发现 #define 可以取代 typedef，如本节前面所使用的语句。

```
typedef int clock;                    /*定义 clock 为整型类型*/
clock hour,second;                    /*声明 hour,second 为 clock 类型*/
```

在此即可将#define 取代为 typedef，而成为如下面的语句：

```
#define CLOCK int                     /*定义 CLOCK 为类型 int*/
CLOCK hour,second;                    /*预处理器会将 CLOCK 替换为 int*/
```

在简单的情况之下，#define 的确可以达到与 typedef 相同的功能，但是如果要用来定义较为复杂的数据类型，如指针、结构体等，#define 就无用武之地了。此外，值得注意的是，在程序中使用 typedef 时是由编译器来执行，而#define 则是由预处理主导，两者的处理时间不同。

要如何利用 typedef 来定义一个新的结构体类型呢？用一个例子来说明，如下所示的程序段：

```
typedef struct    ────► 要定义的数据类型
{
    float real;
    float image;    ────► 新的数据类型名称
} complex;
```

在上面的语句中，定义以关键字 typedef 为首，typedef 后面所接续的数据类型，就是原先 C 语言所定义的类型，由于要定义的是结构体类型，所以 typedef 后面的数据类型即为 struct，最后面的标识符 complex，即为自定义的类型名称。经过定义之后，就可声明 complex 类型的结构体变量了。

再以一个简单的例子来说明，下面的程序是定义一个 time 类型的结构体，同时声明 time 类型的结构体数组 t，利用函数计算 t[2]=t[0]+t[1]的结果后，将整个数组输出。

【例9-27】定义一个time类型的结构体，同时声明time类型的结构体数组t，利用函数计算t[2]=t[0]+t[1]的结果后，将整个数组输出。

```
01    /*Exam9-27,自定义类型——typedef 的使用*/
02    #include <stdio.h>
03    typedef struct                    /*定义自定义类型*/
04    {
05        long hour;
06        int minite;
07        float second;
08    } time;
09    void subs(time t[]);
10    int main(void)
11    {
12        int i;
13        time t[3]={{6,24,45.58f},{3,40,17.43f}};
14        subs(t);                        /*调用 subs()函数，计算 t[0]+t[1]*/
15        for(i=0;i<3;i++)
16          printf("t[%d]=%02d:%02d:%05.2f\n",i,t[i].hour,t[i].minite,t[i].second);
17        return 0;
18    }
19    void subs(time t[])                          /*自定义函数 subs()*/
20    {
21        int count2=0,count3=0;
22        t[2].second=t[0].second+t[1].second;          /*秒数相加*/
23        while(t[2].second>=60)
24        {
25            t[2].second-=60;
26            count3++;
```

```
27        }
28        t[2].minite=t[0].minite+t[1].minite+count3;      /*分数相加*/
29        while(t[2].minite>=60)
30        {
31           t[2].minite-=60;
32           count2++;
33        }
34        t[2].hour=t[0].hour+t[1].hour+count2;            /*时数相加*/
35        return;
36    }
/*Exam9-27 OUTPUT---
t[0]=06:24:45.58
t[1]=03:40:17.43
t[2]=10:05:03.01
---------------------*/
```

程序解析

（1）程序第 3 行～第 8 行，定义自定义的数据类型 time，其字段包括 hour（时）、minite（分）及 second（秒），同时 time 数据类型定义在函数外面，让所有的函数都能使用。

（2）程序第 13 行，声明自定义 time 类型的数组 t，仅赋数组元素 t[0] 与 t[1] 的初值。

（3）程序第 14 行，调用 subs()函数，计算 t[0]+t[1]。

（4）程序第 15 行～第 16 行，输出数组 t 的内容。

（5）程序第 19 行～第 36 行，subs()函数主体，将 t[0]+t[1] 的结果存放在 t[2]。程序第 21 行，声明整型变量 count2 及 count3，分别用来存放分数、秒数相加后的进位值，其初值都为 0；程序第 22 行～第 27 行，计算秒数相加，当 t[2].second>=60，即计算进位的次数，将 t[2].second 每减去 60 一次，就将 count3 的值加 1。

（6）程序第 28 行～第 33 行，计算分数相加，还要加上秒数的进位值 count3，当 t[2].minite>=60，即计算进位的次数，将 t[2].minite 每减去 60 一次，就将 count2 的值加 1；程序第 34 行，计算时数相加，除了两个时数相加之外，还要加上分数的进位值 count2。

除了可以计算两个时间的相加之外，可以试着计算两个时间的相减。利用 typedef 可以使程序阅读起来更有意义，同时提高程序的可移植性，这也是 C 语言受欢迎的原因之一。

小　结

本章主要介绍了 C 语言中的两种构造数据类型，即结构体和共用体。它们和前面使用的基本数据类型有两个显著的区别：一是结构体和共用体不是系统固有的，而是用户自己定义的，在一个程序中可以有多个不相同的结构体和共用体类型；二是一个结构体或共用体数据类型是由多个不同成员组成的，这些成员可以具有不同的数据类型。另外还介绍了枚举类型变量的定义和应用，枚举元素是常量，不是变量，枚举变量通常由赋值语句赋值，枚举元素虽可由系统或用户定义一个顺序值，但枚举元素和整数不同，它们属于不同的类型。

共用体和结构体类型比较相似，但也存在明显的区别。共用体是由多个成员组成的一个组合体，其本质是使多个变量共享同一段内存。共用体变量中的值是最后一次存放的成员的值，共用体变量不能初始化，其存储空间长度是成员中最大长度值的值。结构体是以所有字段的长度总和再加上数个字节，让存放在内存的下一个变量的起始处为偶数地址，因此结构体的最小长度即为所有字段的长度总和。

实验　结构体程序设计

一、实验目的

通过实验了解和领会结构体类型数据的定义和引用方法，掌握结构体数组的使用；理解共用体类型数据的定义和饮用方法，掌握共用体程序的分析与编写，最后会编译、运行和修改结构体和共用体类型的程序。

二、实验内容

1. 程序改错题

（1）下列程序的功能是：定义一学生结构体，输出学生的学号、姓名及成绩。纠正程序中存在的错误，使程序实现其功能。

```c
#include <stdio.h>
#include <string.h>
void main()
{  struct student
   {   int num;
       char name[20];
       float score;
   };
   student.num=1001;
   strcpy(student.name,"wanghao");
   student.score=80;
   printf("%d %s %d",student.num,student.name,student.score);
}
```

（2）下列给定程序是建立一个带头结点的单向链表，并用随机函数为各结点赋值。函数 fun() 的功能是：将单向链表结点（不包括头结点）数据域为偶数的值累加起来，并作为函数值返回。

其累加和通过函数值返回 main() 函数。例如，若 n=5，则应输出 8.391667。

请改正程序中的错误，使它能得到正确结果。

注意：不要改动 main() 函数，不得增行或删行，也不得更改程序的结构。

```c
#include <stdio.h>
#include <stdlib.h>
typedef struct aa
{ int data;
  struct aa *next;
}NODE;
int fun(NODE *h)
{ int sum=0;
  NODE *p;
  /**************found*****************/
  p=h;
  while(p->next)
  {  if(p->data%2==0)
     sum+=p->data;
     /**************found****************/
     p=h->next;
  }
  return sum;
}
```

```
NODE *creatlink(int n)
{   NODE *h,*p,*s,*q;
    int i,x;
    h=p=(NODE *)malloc(sizeof(NODE));
    for(i=1;i<=n;i++)
    {   s=(NODE *) malloc(sizeof(NODE));
        s->data=rand()%16;
        s->next=p->next;
        p->next=s;
        p=p->next;
    }

    p->next=NULL;
    return h;
}
outlink(NODE *h,FILE *pf)
{
    NODE *P;
    p=h->next;
    fprintf(pf,"\n\nthe LIST :\n\n HEAD");
    while(p)
    { fpirntf(pf,"->%d",p->data);p=p->next;
    }
    fprintf(pf,"\n");
}
outresult(int s,FILE *pf)
{
    fprintf(pf,"\nthe sum of even numbers :%d\n",s);
}
main()
{
    NODE *head;int even;
    head=creatlink(12);
    head->data=9000;
    outlink(head,stdout);
    even=fun(head);
    printf("\nthe result :\n");outresult(even,stdout);
}
```

2. 程序填空题

（1）本程序功能是调用 fun()函数建立班级通讯录，通讯录中记录每位学生的编号、姓名和电话号码。班级的人数和学生的信息数从键盘读入，每个人的信息作为一个数据块写到名为 myfile5.dat 的二进制文件中。请将下述程序补充完整。（注意：不改动程序的结构，不得增行或删行。）

```
#include <stdio.h>
#include <stdlib.h>
#define N 5
typedef struct
{ int num;
  char name[10];
  char tel[10];
 }STYPE
void check();
int fun(_____ *std)
{ _____ *fp;
  int i;
```

```
     if (((fp=fopen("myfile5.dat","wb"))==null)
        return(0);
     printf("\noutput data to file!\n");
     For(i=0;i<N;i++)
        fwrite(&std[i],sizeof(STYPE),1,_____);
         fclose(fp);
         return(1);
   }
main()
{   STYPE s[10]={{1,"aaaaa","111111"},{2,"bbbbb","222222"},{3,"ccccc","333333"},
            {4,"ddddd","444444"},{5,"eeeee","555555"}};
    int k;
    k=fun(s);
    if(k==1)
    { printf("succeed!");check();}
    else
    printf ("fail!");
}
void check()
{ FILE *FP; int i;
  STYPE s[10];
  If((fp=fopen("myfile5.dat","rb"))==null)
  { printf("fail !!");exit(0);}
    printf("\nread file and output to screen:\n");
    printf("\n num name tel\n");
    for(i=0;i<N;i++)
        {fread(&s[i],sizeof(STYPE),1,fp);
         printf("%6d  %s  %s\n",s[i].num,s[i].name,s[i].tel);
         }
    fclose(fp);
}
```

（2）下面程序的功能是：统计一个班级（N 个学生）的学习成绩，每个学生的信息由键盘输入，存入结构数组 s[N]中，对学生的成绩进行优（90～100）、良（80～89）、中（70～79）、及格（60～69）和不及格（<60）的统计，并统计各成绩分数段学生人数。填写完整程序，使程序实现其功能。

```
#include <stdio.h>
#define N 30
struct student
{ int score;
  char name[10];
} s[N];
void main()
{ int i,score90,score80,score70,score60,score_failed;
  for(i=0;i<N;i++)
  {switch(_____)
      { case 10:
        case 9: score90++;break;
        case 8: score80++;break;
        case 7: score70++;break;
        case 6: score60++;break;
        _____:score__failed++;
     }
   }
printf("优:%d  良:%d  中:%d 及格:%d   不及格:%d\n",score90,score80,score70,score60,
score_failed);
}
```

3. 程序设计题

（1）编写一段程序，由键盘输入学生数据，其项目包括学号、姓名、期中考试成绩、期末考试成绩及平时成绩，其学期成绩是以期中、期末考试占30%，平时成绩占40%计算。输出项目除了该生的数据之外，还要显示学期成绩。

（2）试编写一段程序，使其能够完成下列功能：

① 建立一个日期结构体，其结构体字段包括日、月及年。

② 由键盘输入值，并将值赋给该结构体存放。

③ 以mm/dd/yyyy的格式输出结构体值。mm代表月，占有2格；dd代表日，占有2格；yyyy代表年，占有4格，如06/18/2000。

三、实验评价

完成表9-1所示的实验评价表的填写。

表9-1 实验评价表

能力分类	内 容		评 价				
	学习目标	评价项目	5	4	3	2	1
职业能力	结构体的定义和使用	理解结构体类型数据的定义和引用方法					
		掌握结构体数据的使用、理解向函数传递结构体数据程序的分析与编写					
	共用体的定义和使用	理解共用体类型数据的定义和引用方法					
		掌握含有共用体类型程序的分析和编写					
	枚举类型的定义和使用	理解枚举类型数据的定义和引用方法					
		掌握含有枚举类型程序的分析和编写					
	会编译、运行、修改结构体、共用体和枚举类型程序						
通用能力	阅读能力						
	设计能力						
	调试能力						
	沟通能力						
	相互合作能力						
	解决问题能力						
	自主学习能力						
	创新能力						
综合评价							

习 题

一、选择题

1. 有以下程序

```
typedef struct S
{int g;char h;} T;
```

以下叙述中正确的是（   ）。

A. 可用S定义结构体变量

B. 可用T定义结构体变量

C. S是struct类型的变量

D. T是struct S类型的变量

2. 有以下程序

```
#include <stdio.h>
struct S
{int a,b;} data[2]={10,100,20,200};
main()
{struct S p=data[1];
 printf("%d\n",++(p.a)); }
```

程序运行后的输出结果是（   ）。

    A. 10   B. 11   C.20   D. 21

3. 有以下程序

```
#include <stdio.h>
#include <string.h>
struct A
{ int a;char b[10];double c;}
void f(struct A t);
main()
{ struct A a={1001,"zhangda",1098.0};
  f(a);
  printf("%d,%s,%6.if\n",a.a,a.b,a.c);
}
void f(struct A T)
{t.a=1002;strcpy(t.b,"changrong");t.c=1202.0;}
```

程序运行后的输出结果是（   ）。

    A. 1001,zhangda,1098.0   B. 1002,changrong,1202.0

    C. 1001,changrong,1098.0   D. 1002,zhangda,1202.0

4. 有以下定义和语句

```
struct workers
{ int num;char name[20];char c;
  struct
  {int day; int month; int year;}s;
}
struct workers w,*pw;
pw=&w;
```

能给 w 中 year 成员赋 1980 的语句是（   ）。

    A. *pw.year=1980   B. w.year=1980;

    C．pw->year=1980;   D. w.s.year=1980;

5. 下面结构体的定义语句中，错误的是（   ）。

    A. struct ord { int x; int y; int z;}; struct ord a;   B. struct ord { int x; int y; int z;} struct ord a;

    C. struct ord { int x; int y; int z;} a;   D. struct { int x; int y; int z;} a;

6. 有以下程序

```
#include <stdio.h>
struct ord
{int x,y;} dt[2]={1,2,3,4};
main()
{ struct ord *p=dt;
  printf("%d",++p->x);
  printf("%d",++p->y);
}
```

程序运行后的输出结果是（   ）。

    A. 1,2   B. 2,3   C. 3,4   D. 4,1

7. 有以下程序
```c
#include <stdio.h>
struct st
{int x,y;} data[2]={1,10,2,20};
main()
{ struct st *p=data;
  printf("%d,",p->y); printf("%d\n",(++p)->x);
}
```
程序运行的结果是（   ）。

  A. 10,1   B. 20,1   C. 10,2   D. 20,2

8. 有以下程序
```c
#include <stdio.h>
struct tt
{int x;struct tt *y;} *p;
struct tt a[4]={20,a+1,15,a+2,30,a+3,17,a};
main()
{ int i;p=a;
  for (i=1;i<=2;i++) {printf("%d",p->x); p=p->y;}
}
```
程序的运行结果是（   ）。

  A. 20,30   B. 30,17   C. 15,30   D. 20,15

9. 有以下程序
```c
typedef struct{int b,p;} A;
void f(A c)
{ int j;
  c.b+=1;c.p+=2;}
main()
{ int i;
  A a={1,2};
 f(a);  printf("%d,%d\n",a.b,a.p);}
```
程序运行后的输出结果是（   ）。

  A. 2,3   B. 2,4   C. 1,4   D. 1,2

10. 有以下程序
```c
struct S {int n;int a[20];};
void f(struct S *p)
{ int i,j,t;
  for(i=0; i<p->n-1;i++)
  for(j=j+1;j<p->n-1;j++)
     if(p->a[i]>p->a[j])
        {t=p->a[i];p->a[i]=p->a[j];p->a[j]=t;}
}
main()
{ int i;struct S s{10,{2,3,1,6,8,7,5,4,10,9}};
  f(&s);
  for(i=0;i<s.n;i++)  printf("%d",s.a[i]);
}
```
程序运行后的输出结果是（   ）。

  A. 3   B. 4   C. 5   D. 6

二、填空题

1. 有以下程序
```c
#include <stdio.h>
```

```
typedef struct
{ int num;double s;} REC;
void fun1(REC x) {x.num=23;x.s=88.5;}
main()
{ REC a={16,90.0};
  fun1(a);
  printf("%d\n",a.num);
}
```

程序运行后的输出结果是_____。

2. 下列程序的运行结果是_____。

```
#include <stdio.h>
#include <string.h>
struct A
{int a;char b[10];double c;};
void f(struct A *t);
main()
{ struct A a=(1001,"zhangda",1098.0);
  f(&a);printf("%d,%s,%6.1f",a.a,a.b,a.c,);
}
void f(struct A *T)
{strcpy(t->b,"changrong");}
```

3. 函数 main()的功能是：在带头结点的单链表中查找数据域中值最小的结点。请填空。

```
#include <stdio.h>
struct node
{ int data;
   struct node *next;
}
int main(struct node *first)
{ struct node *p;int m;
  p=first->next;m=p->data;p=p->next;
  for(;p!=null;p=_____)
  if(p->data<m)m=p->data;
  return m;
}
```

4. 设有说明

```
 Struct DATE{int year;int month;int day;};
```

请写出一条定义语句，该语句定义 d 为上述结构体变量，并同时为其成员 year、month、day 依次赋初值 2006、10、1：_____;。

5. 以下程序运行后的输出结果是_____。

```
struct   NODE
{ int k;
   struct NODE *link;
};
main()
{ struct NODE m[5],*p=m,*q=m+4;
  int i=0;
  while(p!=q)
  { p->k=++i;  p++;
    q->k=i++;  q--;}
  q->k=I;
  for(i=0; i<5; i++) printf("%d",m[i].k);
  printf("\n");
}
```

第10章

文件

当人们开始使用计算机时，就已经接触到许多的"文件"，通过文件，就可以将数据永久存储，以供后续使用。本章所要讨论的主题即为数据文件的处理，也就是探讨如何将数据写入文件中，以及如何读取文件里的数据。

10.1　文件的概念

将一组数据存储在内存（如磁盘）中，并且给予这块内存一个名称，就是文件。文件按照目的的不同可分为三种不同的类型，分别为程序文件、执行文件与数据文件。C 语言的程序代码所存成的文件即为程序文件；编译与连接过后的可执行文件即为执行文件；数据文件则为程序执行产生的结果，或是程序执行时所需要的数据。

不论文件是哪种类型，它们存储在内存里的形式可以分为两种：文本文件（Text File）及二进制文件（Binary File）。文本文件在磁盘中是以 ASCII 码存储，每个字符都占有 1 B。举例来说，若是将数值 182 956 存储在文本文件中，则会当成六个字符来保存，如图 10-1 所示。

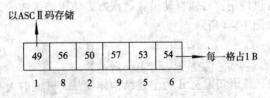

图 10-1　文本文件的存储

一般来说，文本数据都是用这种方式存储起来的，文本文件的内容可以在 DOS 环境下以 TYPE 命令将文件内容显示出来。

二进制文件则是将数据以二进制的格式存储，如影像文件，在 DOS 环境下以 TYPE 命令将二进制文件内容显示出来时，屏幕上就只会出现一堆看不懂的乱码。再以整数值 182 956 为例，以二进制格式保存时，会以 182 956 的二进制值 1011001010101100 存储，如图 10-2 所示。

图 10-2　二进制文件的存储

数据以二进制格式保存时，是以其数据类型的长度（字节）为存储单位，整数 182 956 在 VC++6.0 中占有 4 B，以二进制格式存储时就是 4 B。在相同的数据下，以二进制格式存储的文件会比以文本文件要小，所以大部分的图形文件、声音文件、影像文件都是以二进制格式来存取。

10.2 文件的操作方式

在介绍 C 语言的文件处理之前，先来认识一下什么是缓冲区（Buffer）。程序在执行的过程中，常需要一些额外的内存来存放数据，以提高程序执行的效率与程序执行的速度，这个临时存放的区域就称为缓冲区。

C 语言关于文件处理的函数可分为两类，一类为有缓冲区的文件处理函数，也称标准 I/O 或 stream（数据流）I/O 函数；另一类种则是没有缓冲区的文件处理函数，也称系统 I/O 或低级 I/O 函数。

有缓冲区的文件处理函数以缓冲区作为程序与数据文件之间的桥梁。如果是从文件里读取数据，则有缓冲区的文件处理函数会先到缓冲区里读取数据；如果缓冲区里没有数据，则会从数据文件里读取数据至缓冲区后，再由缓冲区把数据读至程序中。同样，若是把数据写入文件，有缓冲区的文件处理函数会先把数据放在缓冲区中，待缓冲的数据装满或文件关闭时，再一并将数据从缓冲区写入数据文件中，其过程如图 10-3 所示。

图 10-3 有缓冲区的文件处理

没有缓冲区的文件处理函数则是仿 UNIX 操作系统的文件处理方式来进行文件的输入与输出。由于并没有缓冲区可供使用，必须自动设置数据所需使用的缓冲区，同时，系统也不会将数据做任何的格式转换，如图 10-4 所示。

图 10-4 无缓冲区的文件处理

无论用户使用的是哪种性质的文件处理函数，在处理文件时，所执行的就是读取数据、将数据写入文件、更新文件内容、增加数据到文件等，其步骤如下：

（1）打开文件，将要新建或修改的文件打开。

（2）更新文件内容，将新数据写入到文件中。

（3）关闭文件，文件使用完毕，要将文件关闭才能确保数据全部写入文件。

在 C 语言中一次可以同时打开 20 个文件，打开及关闭文件虽然是以简单的命令完成，但却是必要的，否则编译器会不知道要使用或者结束的是哪一个文件，所以在编写文件处理的程序时，要养成好习惯，记得文件不再使用时就随即关闭。

至于该如何更新文件内容，就要认识有关闭文件处理的函数，接下来，学习有缓冲区的文件处理函数。

10.3 有缓冲区的文件处理函数

有缓冲区的文件处理，就是数据在存取时会先将数据放置到一块缓冲区中，并不会直接和磁盘产生联系。利用这种方式处理数据的好处就是不需要不断地做磁盘的输入与输出，可以增加程序执行的速度。其缺点是，必须占用一块内存空间，此外，如果没有关闭文件或者系统关机，会因为留在缓冲区里的数据尚未写入磁盘而造成数据的流失。

有缓冲区的文件处理函数的原型定义于头文件 stdio.h 中。因此，在使用这些函数之前，必须在程序代码的最前面加上预处理命令#include，如下面的语句：

```
#include <stdio.h>
```

此外，在使用文件处理函数之前，如使用打开文件函数，必须先声明一个指向文件的指针结构。这个指针可以在文件打开之后，记录这个文件所使用的缓冲区的起始地址，声明格式如下：

<u>FILE</u> *变量1,*变量2,……,*变量n;

└──► FILE 要大写

指向文件的指针结构变量声明完成后，和一般的指针变量一样，需要将指针变量指向某个文件，待文件打开之后，这个指针变量即代表某个被指向的文件。如此一来，在使用输入与输出函数时，就不需要使用被打开文件的文件名称，如下面的声明范例：

```
FILE *fptr;        /*声明 fptr 为一个指向文件的指针变量*/
```

经过声明后，指针变量 fptr 就会是一个可以指向文件的指针，它目前仍然没有指向任何文件。利用 fopen()函数即可处理有缓冲区的文件，其格式如下：

<u>FILE</u> *fopen(const char *filename,const char *accsee_mode);

└──► 返回值类型为文件指针结构

上面的格式中，filename 为要打开的文件名称，而 accsee_mode 为文件存取的模式，共有九种方式，如表 10-1 所示。

表 10-1 有缓冲区文件存取的模式

存 取 模 式	代码	说　　　明
读取数据	r	打开一个只可以读取的文件，在打开前，此文件必须先保存在磁盘驱动器内。如果文件不存在，则打开文件函数 fopen()打开文件失败，无法执行
写入数据	w	打开一个只可以写入数据的新文件。如果文件已经存在，则该文件的内容将被覆盖。如果文件不存在，则系统会自动创建此文件
附加于文件之后	a	打开一个文件，让用户将数据写入此文件的末端。如果文件不存在，则系统会自动创建此文件
写入旧文件	r+	打开一个可以读取与写入数据的已存在文件，在打开前此文件必须先存在于磁盘驱动器内。如果文件不存在，则 fopen()打开文件失败，无法执行
新文件读写	w+	打开一个可以读取与写入数据的新文件。如果文件已经存在，则该文件的内容将被覆盖。如果文件不存在，则系统会自动创建此文件
读取与附加	a+	打开一个可以读取或附加数据的文件。如果文件不存在，则系统会自动创建此文件
二进制文件的读取	rb	打开一个仅供读取数据的二进制文件（Binary file）
二进制文件的写入	wb	打开一个仅供写入数据的二进制文件
二进制文件的附加	ab	打开一个可以附加数据的二进制文件

利用 fopen() 函数打开文件时，若是打开失败，会返回 NULL 值；若是打开成功，则会返回一个指向该文件的指针结构。这个结构里包含了该文件目前的大小、数据缓冲区的地址、缓冲区的大小等信息。此时，就可以利用前面所声明的指向文件的指针变量来接收。举例来说，想打开一个名为 abc.txt 的文件以读取数据，可以写出如下语句：

```
FILE *fptr;                    /*声明 fptr 为一指向文件的指针变量*/
fptr=fopen("abc.txt","r");    /*打开 abc.txt 以读取数据，并赋给文件指针变量 fptr 存放*/
```

若是想指出文件所在的文件夹，则必须将路径中有反斜线（\）的部分再加一个反斜线。举例来说，想打开一个在 c:\c_Exam 下的文件 abc.txt 以读取数据，可以写成如下语句：

```
FILE *fptr;
fptr=fopen("c:\\c_Exam\\abc.txt","r");    /*打开 c:\c_Exam\abc.txt 以读取数
                                            据，并赋给指针 fptr 存放*/
```

由于反斜线是 C 语言中的转义字符，如果不多加一个反斜线，则编译程序会将反斜线视为转义字符，而造成执行时的错误，文件也就无法顺利打开，所以要特别注意。

此外，由于在 DOS 模式下及早期的 C 语言编译器所允许的文件夹及文件名称长度为八个，因此，若是在 DOS 模式下想将路径切换到 Windows 所支持的长文件名形式的文件夹，如 c:\my documents，可以在 Windows 模式下，选择"开始"→"程序"→"MS-DOS 模式"选项，Windows 默认切换的路径为 C:\WINDOWS，此时输入 cd c:\mydocu~1 命令，即会将路径更改到 c:\my documents 文件夹中，如下所示：

```
C:\WINDOWS>cd c:\mydocu~1
C:\My Documents>
```

10.3.1 有缓冲区文件处理函数的整理

除了文件打开函数 fopen() 之外，stdio.h 头文件中还有定义一些处理文件时会使用到的函数，下面学习有缓冲区的文件处理函数，如表 10-2 所示。

表 10-2 有缓冲区的文件处理函数

函 数 功 能	格 式 及 说 明
打开文件	FILE *fopen(const char *filename, const char *accsee_mode); 打开指定的文件及存取模式，返回值为文件指针结构，打开文件失败，返回 NULL
关闭文件	int fclose(FILE *fptr); 关闭指定的文件，关闭文件成功返回 0
读取字符	int getc(FILE *fptr); 由文件缓冲区里读取一个字符，返回值为被读取的字符
写入字符	int putc(int ch,FILE *fptr); 将一个字符写入指定的文件缓冲区
读取字符串	char *fgets(char string,int maxchar,FILE *fptr); 由文件缓冲区里读取一个字符串，返回值为被读取的字符串
格式化输出	int fprintf(FILE *fptr,const char *format_string); 将数据以指定的格式写入指定的文件缓冲区
格式化输入	int fscanf(FILE *fptr,const char *format_string); 至指定的文件缓冲区中将数据以指定的格式读取
检查文件是否结束	int feof(FILE *fptr); 检查文件是否到达文件结束位置，返回值为 0 时，表示文件尚未结束；返回非 0 的值时，表示文件已结束

续表

函 数 功 能	格 式 及 说 明
检查错误	int ferror(FILE *fptr); 检查文件是否在存取时发生错误，返回值为 0 表示正确，非 0 表示有错误
移动文件指针位置	int fseek(FILE *fptr,long offset,int origin); 移动文件指针位置到指定的地方，返回值为 0 表示操作成功，非 0 表示失败。offset 为指定的位置与起始位置 origin 的距离，origin 为移动指针的起始点——SEEK_SET:文件开始处，SEEK_CUR:当前指针的位置，SEEK_END:文件结尾
块输入	size_t fread(void *buffer,size_t size,size_t count,FILE *fptr); 由当前文件的指针位置开始以指定的块数目 count 及指定的块大小 size 读取数据,返回值为成功读取数据的个数
块输出	size_t fwrite(const void *buffer,size_t size,size_t count,FILE *fptr); 将数据以指定的块数目 count 及指定的块大小 size 写入至指定的文件缓冲区中,返回值为成功写入数据的个数

　　文件打开成功后，就可以利用表 10-2 中的各个函数完成文件的处理，如读取文件内容、增加数据到文件中、更新文件内容等。当完成处理后，切记一定要将文件以关闭文件函数 fclose()关闭，如此一来，在文件缓冲区中的数据才不会因程序结束而没有写入文件，利用 fclose()函数即可避免这种错误。

　　此外，关闭文件的另一个目的，就是释放出这个文件所占用的内存区域，以供其他文件使用，而文件所占用的内存区域包括缓冲区及文件的结构。

10.3.2　有缓冲区文件处理函数的练习

　　了解了常用的有缓冲区文件处理函数有哪些之后，要实际应用在程序中。下面是一个可以计算文件里包含有多少字符的程序，它同时会将所打开的文件内容输出。

【例10-1】计算并输出文件内容。

```
01    /*Exam10-1,计算并输出文件内容*/
02    #include <stdio.h>
03    int main(void)
04    {
05      FILE *fptr;
06      char ch;
07      int count=0;
08      fptr=fopen("c:\\c_Exam\\abc.txt","r");/*打开文件*/
09      if(fptr!=NULL)                        /*文件打开成功*/
10      {
11        while((ch=getc(fptr))!=EOF)         /*判断是否到达文件尾*/
12        {
13          printf("%c",ch);                  /*一次输出一个字符*/
14          count++;
15        }
16        fclose(fptr);                        /*关闭文件*/
17        printf("\ntotal character is %d\n",count);
18      }
19      else                                   /*文件打开失败*/
20        printf("File Opening Failure!!\n");
21      return 0;
22    }
```

```
/*Exam 10-1 OUTPUT-----------
Time gets you wound up
like a clock inside your head.
total character is 53
-----------------------------*/
```

程序解析

（1）程序第 5 行，声明一个指向文件的指针 fptr。

（2）程序第 7 行，声明整型变量 count，其初值为 0，记录文件内有多少个字符。

（3）程序第 8 行，打开 c:\c_Exam\abc.txt，其存取模式为 r，所打开的文件为只读类型的已存在文件，同时将指针 fptr 指向 c:\c_Exam\abc.txt。

（4）程序第 9 行～第 20 行，为 if...else 语句，若是 fptr!=NULL，表示文件打开成功；反之，则打开文件失败。当文件打开成功时，执行程序第 11 行～第 17 行，一次从文件中读取一个字符，并判断是否到达文件结尾 EOF。若是已经到达文件尾即离开 while 循环；否则输出该字符，同时 count 加 1，直到读取到文件结束。

（5）程序第 16 行，文件处理完毕即关闭文件。

（6）程序第 17 行，输出所打开的文件中所包含的字符数 count 值。

（7）程序第 19 行～第 20 行，文件打开失败时输出"File Opening Failure!!"字符串。

在上面的程序中，由于 fopen()函数里的存取模式为 r，除了限定所打开的文件必须要是已经存在的文件外，这个被打开的文件也只能用来读取，并不能写入任何的数据。若是打开文件时，fopen()函数根据指定的路径找不到要打开的文件，或是要打开的文件不存在，就会返回 NULL 值，代表文件打开失败，程序也就直接跳到第 19 行执行，输出文件打开失败的字符串。建议在打开文件时要做文件打开是否成功的判断，如此一来，即可避免文件没有打开，程序就直接结束的问题。

在程序中还出现了 EOF 字样，它是 C 语言的关键字，定义在 stdio.h 头文件中的一个整数值 -1，代表文件结尾 End Of File，它是由操作系统传送给程序的信号，当操作系统发现所打开的文件已经到达文件尾端，就会发出整数值-1 到程序中。也因为如此，才能在程序中判断文件是否已经到文件尾，再决定程序流程该如何进行。

在打开文件后，文件指针会指向文件的起始位置（请注意，在此的文件指针与指向文件的指针结构变量是不同的），每次利用 getc()函数读取文件中的一个字符之后，该文件指针就会向文件结尾的地方移一个位，直到指针移到文件结尾处即离开读取的操作，此时也完成字符的计数。要特别注意的是，在本程序中，空格键及换行字符也列入计算中，若是只要计算"看得见"的字符，则要在程序中加以判断，有兴趣的读者可以试试。

例 10-2 是练习将文本格式文件 A 的内容复制到文件 B，同样也是利用 getc()函数逐一读取文件中的数据。

【例10-2】利用getc()函数逐一读取文件中的数据。

```
01    /*Exam10-2,复制文件内容到其他文件*/
02    #include <stdio.h>
03    int main(void)
04    {
05        FILE *fptr1,*fptr2;
06        char ch;
07        fptr1=fopen("c:\\c_Exam\\abc.txt","r");
08        fptr2=fopen("c:\\c_Exam\\output.txt","w");
```

```
09    if((fptr1!=NULL) && (fptr2!=NULL))         /*文件打开成功*/
10    {
11        while((ch=getc(fptr1))!=EOF)            /*判断是否到达文件尾*/
12          putc(ch,fptr2);                       /*一次复制一个字符*/
13        fclose(fptr1);                          /* 关闭文件 */
14        fclose(fptr2);
15        printf("File copy successful!!\n");
16    }
17    else                                        /*文件打开失败*/
18        printf("File Opening Failure!!\n");
19    return 0;
20  }
/*Exam10-2 OUTPUT-----------
File copy successful!!
----------------------------*/
```

程序解析

（1）程序第 5 行，声明指向文件的指针 fptr1 及 fptr2。

（2）程序第 7 行，打开 c:\c_Exam\abc.txt，其存取模式为 r，所打开的文件为只读类型的已存在文件，同时将指针 fptr1 指向 c:\c_Exam\abc.txt。

（3）程序第 8 行，打开 c:\c_Exam\output.txt，其存取模式为 w，打开一个只可以写入数据的新文件。如果文件已经存在，则该文件的内容将被覆盖掉；若是文件不存在，则系统会自动创建此文件。同时将指针变量 fptr2 指向 c:\c_Exam\output.txt。

（4）程序第 9 行～第 18 行，为 if...else 语句，若是 fptr1 与 fptr2 都不等于 NULL，表示文件打开成功，反之则打开文件失败。当文件打开成功时，执行程序第 10 行～第 16 行。

（5）程序第 11 行～第 12 行，一次从 fptr1 文件中读取一个字符，判断是否到达文件结尾 EOF，若是已经到达文件尾即离开 while 循环，否则将被读取的字符写入 fptr2，直到读取到文件结束。

（6）程序第 13 行～第 14 行，文件处理完毕即分别关闭文件。

（7）程序第 15 行，输出文件复制成功的信息。

（8）程序第 17 行～第 18 行，文件打开失败时输出"File Opening Failure!!"字符串。

可以在 MS-DOS 模式下到 C:\c_Exam 文件夹中输入 type output.txt，即可以看到文件 abc.txt 的内容已经复制到 output.txt 中了。

```
C:\c_Exam>type output.txt
Time gets you wound up
like a clock inside your head.
```

利用 getc() 函数逐一读取 fptr1 文件中的数据，再逐一使用 putc() 函数将数据写入 fptr1 文件内，即达到文件复制的目的。一般在复制文件时，也是利用这个方式完成的。

下面的程序是输出文件计算文件 A 中出现了多少个 A～Z（包括 a～z）及其他非英文字母的个数后，根据统计的结果输出星号，并将结果输出到文件 B 里。

【例10-3】输出文件计算文件A中出现了多少个A～Z（包括a～z）及其他非英文字母的个数后，根据统计的结果输出星号，并将结果输出到文件B里。

```
01    /*Exam10-3,计算文件中出现A~Z(含a~z)的个数*/
02    #include <stdio.h>
03    #define MAX 1                    /*MAX 个字输出 1 个星号*/
04    int main(void)
```

```
05  {
06      FILE *fptr1,*fptr2;
07      char ch;
08      int a[27]={0},count=0,i,j;
09      fptr1=fopen("c:\\c_Exam\\abc.txt","r");
10      fptr2=fopen("c:\\c_Exam\\output.txt","w");
11      if(fptr1!=NULL)                      /*打开文件成功*/
12      {
13          while((ch=getc(fptr1))!=EOF)
14          {
15              fprintf(fptr2,"%c",ch);        /*将字符写入 fptr2*/
16              count++;                       /*计算全部字数*/
17              if ((ch>=65) && (ch<=90))      /*计算A~Z 字数*/
18                  a[ch-65]++;
19              else if((ch>=97) && (ch<=122))
20                  a[ch-97]++;
21              else a[26]++;
22          }
23          fclose(fptr1);                     /*关闭文件*/
24          fprintf(fptr2,"\ntotal character is %d\n",count);
25          for(i=0;i<26;i++)                  /*输出英文字母的统计图表*/
26          {
27              fprintf(fptr2,"%c or %c:%3d ",i+65,i+97,a[i]);
28              for(j=1;j<=a[i];j++)
29                  if ((j%MAX)==0)            /*MAX 个字输出 1 个星号*/
30                      fprintf(fptr2,"*");
31              fprintf(fptr2,"\n");
32          }
33          fprintf(fptr2,"others:%3d ",a[26]);
34          for(j=1;j<=a[26];j++)
35              if ((j%MAX)==0)               /*MAX 个字输出 1 个星号*/
36                  fprintf(fptr2,"*");
37          fclose(fptr2);                     /*关闭文件*/
38          printf("Computation successful!!\n");
39      }
40      else                                   /*打开文件失败*/
41          printf("File Opening Failure!!\n");
42      return 0;
43  }
/*Exam10-3 OUTPUT-----------
Computation successful!!
-------------------------------*/
```

此例中 abc.txt 的内容为例 10-2 的内容，以方便查看程序执行的结果。可以在 MS-DOS 模式下到 C:\c_Exam 文件夹中输入 type output.txt 即可以看到程序执行的结果，如下所示：

```
C:\c_Exam>type output.txt
Time gets you wound up
like a clock inside your head.
total character is 53
A or a: 2  **
B or b: 0
C or c: 2  **
```

```
D or d:  3  ***
E or e:  5  *****
F or f:  0
G or g:  1  *
H or h:  1  *
I or i:  4  ****
J or j:  0
K or k:  2  **
L or l:  2  **
M or m:  1  *
N or n:  2  **
O or o:  4  ****
P or p:  1  *
Q or q:  0
R or r:  1  *
S or s:  2  **
T or t:  2  **
U or u:  4  ****
V or v:  0
W or w:  1  *
X or x:  0
Y or y:  2  **
Z or z:  0
others:  11  ***********
```

程序解析

（1）程序第 3 行，定义 MAX 的值为 1，用来决定 MAX 个数据就输出一个星号。

（2）程序第 6 行，声明指向文件的指针 fptr1 及 fptr2。

（3）程序第 9 行，打开 c:\c_Exam\abc.txt，其存取模式为 r，所打开的文件为只读类型的文件（文件必须已经存在于指定的目录中），同时将指针 fptr1 指向 c:\c_Exam\abc.txt。

（4）程序第 10 行，打开 c:\c_Exam\output.txt，其存取模式为 w，打开一个只可以写入数据的新文件。如果文件已经存在，则该文件的内容将被覆盖掉；若是文件不存在，则系统会自动创建此文件。同时将指针变量 fptr2 指向 c:\c_Exam\output.txt。

（5）程序第 11 行～第 41 行，为 if…else 语句，若是 fptr1 与 fptr2 都不等于 NULL，表示文件打开成功；反之则打开文件失败。当文件打开成功时，执行程序第 13 行～第 39 行。

（6）程序第 13 行～第 22 行，一次从 fptr1 文件中读取一个字符，判断是否到达文件结尾 EOF，若是已经到达文件尾即离开 while 循环，否则将被读取的字符写入 fptr2，同时 count 加 1，根据 ch 的值 A(a)～Z(z) 分别累计各数组元素内的值，若 ch 不为英文字母，则数组 a 的最后一个元素 a[26] 累加，直到读文件结束。

（7）程序第 23 行，关闭文件 fptr1。

（8）程序第 24 行，输出文件 fptr1 的总字数 count。

（9）程序第 25 行～第 32 行，输出英文字母的统计图表，根据 a[i] 值决定星号的个数。

（10）程序第 33 行～第 36 行，输出非英文字母的统计图表，根据 a[26] 值决定星号的个数。

（11）程序第 37 行，关闭文件 fptr2。

（12）程序第 38 行，输出文件复制成功的信息。

（13）程序第 40 行～第 41 行，文件打开失败时输出 "File Opening Failure!!" 字符串。

除了使用 putc() 函数可以将数据写入文件之外，在程序中使用了格式化的输入函数 fprintf()，它的使用方式和 printf()函数很类似，差别只在 printf()函数是将数据输出到屏幕上，而 fprintf()函数是输出到文件中，所以要在 fprintf()函数中指定数据要输出的文件。

前面所做的练习，都是以一次一个字符的方式，将数据读取或写入。接下来学习如何一次写一个较大的块到文件中，程序中的数组 buffer 是模仿缓冲区，将数据以固定的块大小写到文件中。

【例10-4】 由键盘输入字符串，并附加到文件。

```
01    /*Exam10-4,由键盘输入字符串，并附加到文件*/
02    #include <stdio.h>
03    #include <conio.h>
04    #define ESC 27
05    #define MAX 128
06    int main(void)
07    {
08       FILE *fptr1;
09       char buffer[MAX],ch;
10       int i=0;
11       fptr1=fopen("c:\\c_Exam\\abc.txt","a");
12       if((fptr1!=NULL))                      /*文件打开成功*/
13       {
14          printf("Input a string,press ESC to quit:\n");
15          while((ch=getcher())!= ESC&&i<MAX)/*按【ESC】键或是 buffer 已满即停止输入*/
16             buffer[i++]=ch;                  /*一次增加一个字符到buffer*/
17          fwrite(buffer,sizeof(char),i,fptr1);
18          fclose(fptr1);                      /*关闭文件*/
19          printf("\nFile append successful!!\n");
20       }
21       else                                   /*文件打开失败*/
22          printf("File Opening Failure!!\n");
23       return 0;
24    }
/*Exam10-4 OUTPUT-----------
Input a string,press ESC to quit:
You are my dear friend.
File append successful!!
-------------------------------*/
```

此例中，abc.txt 的内容为例 10-2 的内容，由于文件存取模式为 a，即所写入的数据会加在原先数据的后面。可以在 MS-DOS 模式下到 C:\c_Exam 文件夹中输入 type abc.txt，即可以看到程序执行的结果，如下所示：

```
C:\c_Exam>type abc.txt
Time gets you wound up
like a clock inside your head.You are my dear friend.
```

程序解析

（1）程序第4行，定义【ESC】键的值为27，用来表示【ESC】键的键值。

（2）程序第5行，定义 MAX 的值为128，决定数组 buffer 的大小。

（3）程序第 11 行，打开 c:\c_Exam\abc.txt，其存取模式为 a，将数据写入此文件的末端，如果文件不存在，则系统会自动创建此文件，同时将指针 fptr1 指向 c:\c_Exam\abc.txt。

（4）程序第 12 行~第 22 行，为 if...else 语句，若是 fptr1 不等于 NULL，表示文件打开成功；反之，则打开文件失败。当文件打开成功时，执行程序第 13 行~第 22 行。

（5）程序第 15 行～第 16 行，一次从键盘输入一个字符，判断输入值是否为【ESC】键（键值为 27），若是按【ESC】键或是 buffer 已满（数组 buffer 大小设置为 128）即离开 while 循环，否则将字符存放在 buffer 中，直到按【ESC】键或是 buffer 已满为止。

（6）程序第 17 行，使用 fwrite() 函数将数组 buffer 中的数据，以 sizeof(char)（1 B）为单位，共取出 i 个数据项后存放在文件 fptr1 中。

值得注意的是，fwrite() 函数的格式中，第一项自变量类型为指针，由于传入 fwrite() 函数中的是数组 buffer，也可看成指针的一种，因此这是被允许的使用方式。此外，第二个自变量是告诉 fwrite() 函数，一个数据项的单位是多少字节，在此不用 1 表示，而是使用 sizeof(char) 的写法，虽然两者的意义相同，却可以增加程序的可读性。

学会了使用 fwrite() 函数将数据写入文件中，再来学习如何利用 fread() 函数读取文件内容，并将其内容输出。

【例10-5】如何利用fread()函数读取文件内容，并将其内容输出。

```
01   /*Exam10-5,使用 fread()函数读取文件内容*/
02   #include <stdio.h>
03   #define MAX 128
04   int main(void)
05   {
06     FILE *fptr1;
07     static char buffer[MAX];
08     int bytes;
09     fptr1=fopen("c:\\c_Exam\\abc.txt","r");
10     if((fptr1!=NULL))                      /*文件打开成功*/
11     {
12       while(!feof(fptr1))
13       {
14         bytes=fread(buffer,sizeof(char),MAX,fptr1);
15         if(bytes<MAX)
16           buffer[bytes]='\0';
17         printf("%s\n",buffer);             /*输出文件内容*/
18       }
19       fclose(fptr1);                       /*关闭文件*/
20     }
21     else                                   /*文件打开失败*/
22       printf("File Opening Failure!!\n");
23     return 0;
24   }
/*Exam10-5 OUTPUT--------------------------------
Time gets you wound up
like a clock inside your head.You are my dear friend.
-----------------------------------------------*/
```

程序解析

（1）程序第 8 行，声明整型变量 bytes，用来存放 fread() 函数返回的成功读取数据的大小。

（2）程序第 9 行，打开 c:\c_Exam\abc.txt，其存取模式为 r，所打开的文件为只读类型的已存在文件，同时将指针 fptr1 指向 c:\c_Exam\abc.txt。

（3）程序第 10 行～第 22 行，为 if...else 语句，若是 fptr1 不等于 NULL，表示文件打开成功；反之，则打开文件失败。当文件打开成功时，执行程序第 11 行～第 20 行。

（4）当文件 fptr1 尚未到达文件尾，即执行程序第 12 行～第 18 行，使用 fread()函数将文件 fptr1 中的数据，以 sizeof(char)（1 B）为单位，共读取出 MAX 个数据项存放到数组 buffer 里，同时判断所读取的数据项是否小于 buffer 的大小 MAX。如果判断成立，即表示已经读取到文件最后不足 MAX 大小的数据，此时将 buffer[bytes]的值（最后一个元素）设为\0，以确保数据输出时的正确性，再输出数组 buffer 的内容。

上面的程序中，当使用 fread()函数将文件里的数据以设置的大小存放到数组 buffer 后，若是要将 buffer 中的内容输出，除了可以使用 puts()函数，也可以利用字符串的输出格式%s 将数据输出。值得注意的是，由于每次从文件 fptr1 中都读取 MAX（程序中设置为 128）个字节的数据到数组中，一直到最后一次 bytes 的值并不一定会与 MAX 的值相同，所以为了避免数组 buffer 存放不需要的数据，要在最后一个数据后面加上数组结束字符\0。

本书程序代码的编排上，为了方便读者阅读程序，都为程序加上了编号，这可不是一个字一个字加入的。当然是利用功能强大的 C 语言完成的，下面的程序就是在文字前面加上编号的源代码。

【例10-6】 在文字前面加上编号的源代码。

```
01    /*Exam10-6,为文本加上行号*/
02    #include <stdio.h>
03    int main(void)
04    {
05        FILE *fptr1,*fptr2;
06        char str1[100];
07        int line=1;
08        fptr1=fopen("c:\\c_Exam\\abc.txt","r");        /*打开文件*/
09        fptr2=fopen("c:\\c_Exam\\output.txt","w");
10        if(fptr1!=NULL)                                 /*文件打开成功*/
11        {
12            while(fgets(str1,100,fptr1)!= NULL)
13            {
14                if(line<10)                             /*填入行号*/
15                    fprintf(fptr2,"0%d   ",line);
16                else
17                    fprintf(fptr2,"%2d   ",line);
18                fputs(str1,fptr2);
19                line++;
20            }
21            fclose(fptr1);                              /*关闭文件*/
22            fclose(fptr2);
23            printf("Line number listed!\n");
24        }
25        else                                            /*文件打开失败*/
26            printf("File Opening Failure!!\n");
27        return 0;
28    }
```

在此例中，为了方便观看程序执行的结果，特意将 c:\c_Exam\abc.txt 的内容更改为如下面的文字后，再将程序编译执行。

```
Finally, we have a group of articles about debugging,
including Stunt Debugging: Using the Set Next Statement
Command by Mike Blaszczak, who's been known to joke that
he needs to buy a vowel for his last name.
```

```
(Dr. GUI's father's "maiden name" is Zajaczkowski,
so there's no anti-Polish bias here.)
    The other debugging articles are:
    Detecting and Isolating Memory Leaks
    Using Microsoft Visual C++
    Using Microsoft's x86 Kernel Debugger
/*Exam10-6 OUTPUT---
Line number listed!
----------------------*/
```

程序解析

（1）程序第 7 行，声明整型变量 line，其初值为 1，为计算及列出行号的依据。

（2）程序第 8 行，打开 c:\c_Exam\abc.txt，其存取模式为 r，所打开的文件为只读类型的文件（文件必须已经存在于指定的目录中），同时将指针 fptr1 指向 c:\c_Exam\abc.txt。

（3）程序第 9 行，打开 c:\c_Exam\output.txt，其存取模式为 w，打开一个只可以写入数据的新文件。如果文件已经存在，则该文件的内容将被覆盖掉；若是文件不存在，则系统会自动创建此文件，同时将指针变量 fptr2 指向 c:\c_Exam\output.txt。

（4）程序第 10 行～第 26 行，为 if...else 语句，若是 fptr1 不等于 NULL，表示文件打开成功；反之，则打开文件失败。当文件打开成功时，执行程序第 11 行～第 24 行。

（5）使用 fgets()函数将文件 fptr1 中的数据，一次最多读取 100 个数据项存放到数组 str1 里，若是读取有误（表示文件已读取完毕），fgets()函数会返回 NULL 值，即离开 while 循环，执行第 21 行之后的语句；若是读取成功，即将行号 line 的值写入文件 fptr2 后，再将读取出来的字符串存放到文件 fptr2。由于想将行号 1～9 的格式输出成 01、02、……，因此加上 if...else 语句，以判断 line 的值。

可以在 MS-DOS 模式下到 C:\c_Exam 文件夹中输入 type output.txt，即可以看到文件 abc.txt 的内容已经复制并加上行号到 output.txt 中了，如下所示：

```
C:\c_Exam>type output.txt
01     Finally, we have a group of articles about debugging,
02  including Stunt Debugging: Using the Set Next Statement
03  Command by Mike Blaszczak, who's been known to joke that
04   he needs to buy a vowel for his last name.
05  (Dr. GUI's father's "maiden name" is Zajaczkowski,
06  so there's no anti-Polish bias here.)
07     The other debugging articles are:
08      Detecting and Isolating Memory Leaks
09      Using Microsoft Visual C++
10      Using Microsoft's x86 Kernel Debugger
```

学会了这个程序之后，就可以利用它来让程序输出更完美，这是个很实用的程序。既可以练习文件的打开，也可以实际应用在报告中。

简单地介绍了几个有缓冲区的文件处理函数之后，相信对于文件的认识与处理的方式有了一些概念，接着下面再继续认识无缓冲区的文件处理函数。

10.4　无缓冲区的文件处理函数

无缓冲区的文件处理，就是数据存取时直接通过磁盘，并不会先将数据放到一个较大的空间（缓冲区）。利用这种方式处理数据的好处，就是不需要占用一大块内存空间当成缓冲区，同时只要程序中一做数据的写入文件操作时，也可以马上就完成工作。如果系统突然关机，所受到的损失较小；其缺点是，由于磁盘运转的速度较慢，在读取或写入数据时容易拖累程序执行的速度。也因为如此，程序员通常在使用该类型的函数时，都会自动设置一块内存（如数组）当成缓冲区。

无缓冲区的文件处理函数定义在 fcntl.h 及 io.h 头文件中，fcntl 是 file control（文件控制）的缩写，这些函数是模仿 UNIX 操作系统的文件处理方式来进行文件的输入与输出，在使用前要利用预处理命令#include 将 fcntl.h 及 io.h 头文件包含到程序中，如下面的命令语句：

```
#include <fcntl.h>
#include <io.h>
```

如此一来，即可在程序中使用这些无缓冲区的文件处理函数，先来看看有哪些好用的函数后，再练习使用它们。

文件打开之后会返回一个整数值，即文件代号，因此在使用文件处理函数之前，必须声明一个整型变量来接收这个返回值，待文件打开之后，这个指针变量即代表某个文件，使用输入与输出函数时，就不需要使用所打开文件的文件名称，如下面的声明范例：

```
int f1,f2;    /*声明整型类型的变量 f1、f2，用来接收打开文件成功所返回的文件代号*/
```

经过上述声明后，就可以使用变量 f1 来接收某个文件代号。利用 open()函数即可打开无缓冲区的文件，其格式如下：

```
int open(const char *filename,int oflag[,int pmode]);
```

上面的格式中，filename 为想打开的文件名称；oflag 为文件打开的模式，共有八种方式，如表 10-3 所示。

表 10-3　无缓冲区文件打开的模式

文件打开模式	说　　　明
O_APPEND	打开一个可附加数据的文件，也就是将文件指针指向文件的结尾处。所打开的文件必须存在
O_CREAT	产生一个全新的，可供写入的文件
O_RONDLY	打开一个只读文件。所打开的文件必须存在
O_RDWR	打开一个可以读取与写入数据的文件，所打开的文件必须存在
O_TRUNC	打开一个已经存在的文件，并将长度设置为 0
O_WRONLY	打开一个仅供写入的文件，所打开的文件必须存在
O_BINARY	打开一个二进制文件（BinaryFile），所打开的文件必须存在
O_TEXT	打开文本文件，所打开的文件必须存在

在 open()函数的格式里最后一个自变量 pmode，是指出所要打开文件的存取权限。在一般的状况里，使用 open()函数只要写出前面两个自变量，即文件名称和文件的打开模式，但是当文件打开模式为 O_CREAT 时，才需要写出该文件的存取权限 pmode，因此以方括号括起，表示该项自变量为选用的格式。pmode 的定义是放在 sys/stat.h 中，表 10-4 为 O_CREAT 的存取权限模式。

表 10-4　无缓冲区文件打开的模式

存　取　模　式	说　　　明
S_IWRITE	仅供写入数据
S_IREAD	可供读取数据
S_IREAD	仅供读取数据
S_IREAD|_S_IWRITE	可供读取与写入数据

利用 open()函数打开文件时，若是打开失败，会返回整数值-1；若是打开成功，则会返回一个整数值，这个整数值就称为文件代号。此时，就可以利用前面所声明的整型变量来接收。举例来说，想打开一个名为 abc.txt 的文件以读取数据，可以写出如下语句：

```
int f1;
f1=open("abc.txt",O_RONDLY); /*打开已存在的只读文件 abc.txt，将文件代号赋给 f1 存放*/
```

同样，若是想指出文件所在的文件夹，则必须将路径中有反斜线（\）的部分再加一个反斜线。举例来说，想打开一个在 c:\c_Exam 下的文件 abc.txt 以读取数据，可以写成如下语句：

```
int f1;
f1=open("c:\\c_Exam\\abc.txt",O_RONDLY); /*打开一个已存在的只读文件 c:\c_Exam\
                                            abc.txt，并将文件代号，赋给 f1 存放*/
```

由于反斜线是 C 语言中的转义字符，如果不多加一个反斜线，则编译程序会将反斜线视为转义字符，而造成执行时的错误，文件也就无法顺利打开，所以要特别注意。

10.4.1 无缓冲区文件处理函数的整理

除了文件打开函数 open()之外，fcntl.h 头文件中还有定义一些处理文件时会使用到的函数，来看看这些无缓冲的文件处理函数，如表 10-5 所示。

表 10-5 无缓冲区的文件处理函数

函 数 功 能	格　　　式
打开文件	int open(const char *filename,int oflag[,int pmode]); 打开指定的文件及打开模式，返回值为文件代号，打开文件失败时返回-1。oflag 之后的方括号所包围的自变量 pmode 为可有可无，视文件的需要而取舍
关闭文件	int close(int handle); 关闭指定的文件，关闭文件成功返回 0，关闭文件失败返回 1
新建文件	int creat(const char *filename,int pmode); 创建一个全新的文件，其返回值为文件代号，打开文件失败时返回-1
读取数据	int read(int handle,char *buffer,unsigned count); 读取文件中指定数量的数据，返回值为实际读取数据的字节，若是返回-1，表示读取失败
写入数据	int write(int handle,char *buffer,unsigned count); 将指定数量的数据写入文件中，返回值为实际写入数据的字节，若是返回-1，表示写入失败
检查文件是否结束	int eof(int handle); 检查文件是否到达文件结束位置，返回值为 0 时即表示文件尚未结束，返回 1 时表示文件已结束，返回-1 时表示文件代号不正确
取得文件指针位置	long tell(int handle); 取得当前文件指针的位置，返回值为目前与文件起始位置的差距，-1 即表示文件代号有误
移动文件指针位置	int lseek(int handle,long offset,int origin); 移动文件指针位置到指定的地方，返回值为当前与文件起始位置的差距，-1 即表示有错误。offset 为指定的位置与起始位置 origin 的距离；origin 为移动指针的起始点——SEEK_SET:文件开始处；SEEK_CUR:当前指针的位置，SEEK_END:文件结尾

除了利用 open()函数可以打开文件之外，creat()函数也可以打开一个新建的文件。若是文件不存在，creat()函数会自动建立新的文件；若是文件已经存在，则文件中的数据会被覆盖。同样，在使用 creat()函数时，也必须写出该文件的存取权限 pmode，所以要另外包含 sys/stat.h 到程序中。

10.4.2　无缓冲区文件处理函数的练习

看了前面的介绍，读者也许会觉得很复杂，其实只要实际操作过，就不会觉得有困难了。下面的程序是利用无缓冲区函数复制文件内容的例子。

【例10-7】利用无缓冲区函数复制文件内容。

```
01    /*Exam10-7,复制文件内容*/
02    #include <stdio.h>
03    #include <fcntl.h>
04    #include <io.h>
05    #include <sys/stat.h>
06    #define SIZE 512
07    int main(void)
08    {
09      char buffer[SIZE];
10      int f1,f2,bytes;
11      f1=open("c:\\c_Exam\\abc.txt",O_RDONLY);
12      f2=creat("c:\\c_Exam\\output.txt",S_IWRITE);
13      if((f1!=-1)&&(f2!=-1))            /*文件打开成功*/
14      {
15        while(!eof(f1))
16        {
17          bytes=read(f1,buffer,SIZE);
18          write(f2,buffer,bytes);      /*复制文件内容*/
19        }
20        close(f1);                      /*关闭文件*/
21        close(f2);
22        printf("File copy successful!\n");
23      }
24      else                              /*文件打开失败*/
25        printf("File Opening Failure!!\n");
26      return 0;
27    }
```

同样，c:\c_Exam\abc.txt 与例 10-6 的 abc.txt 内容相同。

```
/* Exam 10-7 OUTPUT---
File copy successful!
-----------------------*/
```

程序解析

（1）程序第 2 行～第 5 行，分别包含头文件 stdio.h、fcntl.h、io.h 及 sys/stat.h 到程序中。

（2）程序第 10 行，声明整型变量 f1、f2 及 bytes，变量 f1 及 f2 是用来记录打开文件成功后的文件代号，bytes 则是用来存放 read()函数返回的成功读取的数据数。

（3）程序第 11 行，打开 c:\c_Exam\abc.txt，其打开模式为 O_RDONLY，所打开的文件为只读类型的已存在文件，同时变量 f1 即代表 c:\c_Exam\abc.txt。

（4）程序第 12 行，打开 c:\c_Exam\output.txt，其打开模式为 S_IWRITE，即打开一个只可以写入数据的新文件。如果文件已经存在，则该文件的内容将会被覆盖掉；若是文件不存在，则系统会自动创建此文件。同时变量 f2 即代表 c:\c_Exam\output.txt。

（5）程序第 13 行～第 25 行，为 if...else 语句，若是 f1 与 f2 不等于-1，表示文件打开成功；反之，则打开文件失败，执行程序第 24 行～第 25 行。文件打开成功时，执行程序第 14 行～第 23 行。

（6）当文件 f1 尚未到达文件尾，即执行程序第 16 行～第 19 行，使用 read()函数将文件 f1 读取出最多 SIZE 个数据项存放到数组 buffer 里，再将数组 buffer 以 bytes（read()函数所返回的读取成功数据数）个数据项写入文件 f2 中。

可以在 MS-DOS 模式下到 C:\c_Exam 文件夹中输入 type output.txt，即可以看到文件 abc.txt 的内容已经复制到 output.txt 中了，如下所示：

```
C:\c_Exam>type output.txt
Finally, we have a group of articles about debugging,
including Stunt Debugging: Using the Set Next Statement
Command by Mike Blaszczak, who's been known to joke that
 he needs to buy a vowel for his last name.
(Dr. GUI's father's "maiden name" is Zajaczkowski,
so there's no anti-Polish bias here.)
    The other debugging articles are:
        Detecting and Isolating Memory Leaks
        Using Microsoft Visual C++
        Using Microsoft's x86 Kernel Debugger
```

可以发现，read()、write()函数与 fread()、fwrite()函数很类似，都是允许数据一次存取一个指定的数据项，这种方式会比一个字符一个字符复制来得快。同时，若是所指定的数据项大小，如上面程序中所使用的 SIZE，也会影响到程序执行的速度，尤其是无缓冲区的文件处理函数。也就是说，当 SIZE 很小时，对磁盘的输出、输入操作就会比较频繁，相对地，就会多出许多等待写入及读取的时间，因此读者可以根据实际的需要来决定 SIZE 的大小。

接下来，再利用 read()函数读取文件内容后，输出到屏幕上。同样，c:\c_Exam\abc.txt 与例 10-6 的 abc.txt 内容相同。

【例10-8】利用read()函数读取文件内容后，输出到屏幕上。

```
01    /*Exam10-8,输出文件内容*/
02    #include <stdio.h>
03    #include <fcntl.h>
04    #include <io.h>
05    #define SIZE 512
06    int main(void)
07    {
08        char buffer[SIZE];
09        int f1,bytes;
10        f1=open("c:\\c_Exam\\abc.txt",O_RDONLY);
11        if((f1!=-1))                              /*文件打开成功*/
12        {
13            while(!eof(f1))
14            {
15              bytes=read(f1,buffer,SIZE);
16              if(bytes<SIZE)
17                 buffer[bytes]='\0';
18              printf("%s",buffer);               /*输出文件内容*/
19            }
```

```
20        close(f1);                                    /*关闭文件*/
21    }
22    else                                              /*文件打开失败*/
23        printf("\nFile Opening Failure!!\n");
24    return 0;
25 }
/*Exam10-8 OUTPUT------------------------------------
    Finally, we have a group of articles about debugging,
including Stunt Debugging: Using the Set Next Statement
Command by Mike Blaszczak, who's been known to joke that
 he needs to buy a vowel for his last name.
(Dr. GUI's father's "maiden name" is Zajaczkowski,
so there's no anti-Polish bias here.)
    The other debugging articles are:
    Detecting and Isolating Memory Leaks
    Using Microsoft Visual C++
    Using Microsoft's x86 Kernel Debugger
-----------------------------------------------------*/
```

程序解析

（1）程序第2行～第4行，分别包含头文件 stdio.h、fcntl.h 及 io.h 到程序中。

（2）程序第9行，声明整型变量 f1 及 bytes，变量 f1 用来记录打开文件成功后的文件代号，bytes 则是用来存放 read()函数返回的成功读取数据的大小。

（3）程序第10行，打开 c:\c_Exam\abc.txt，其打开模式为 O_RDONLY，所打开的文件为只读类型的文件（文件必须已经存在于指定的目录中），同时变量 f1 即代表 c:\c_Exam\abc.txt。

（4）程序第11行～第23行，为 if...else 语句，若是 f1 不等于-1，表示文件打开成功；反之，则打开文件失败，执行程序第22行～第23行。当文件打开成功时，执行程序第12行～第21行。

（5）当文件 f1 尚未到达文件尾，即执行程序第14行～第19行，使用 read()函数共读取文件 f1 中的 SIZE 个数据项，并存放到数组 buffer 里，同时判断所读取的数据项（即 bytes）是否小于 buffer 的大小 SIZE。如果判断成立，即表示已经读取到文件最后不足 SIZE 大小的数据，此时，将 buffer[bytes]的值（最后一个元素）设为\0，以确保数据输出时的正确性，再输出数组 buffer 的内容。

上面的程序与例 10-5 的功能是相同的，以不同的函数编写，程序内容也会因函数格式的不同而稍有差异，读者可以将两个程序互相比较一下。

经过前面的练习，相信读者对文件处理函数有了清楚地认识。细心的读者可能会发现，曾经在本章中提到过二进制文件，可是至目前为止所练习的都是文本文件，这是因为使用文本文件比较容易看到执行结果的变化，在下一节中将要讨论二进制文件的使用。

10.5　二进制文件的使用

不论是有缓冲区还是没有缓冲区的文件处理函数，都可以将数据以二进制格式存储。如此一来，人们就不必受程序语言的限制，选择不习惯或者不喜欢的方式来处理文件。在本节中，要学习如何使用二进制文件来节省磁盘的存储空间。

10.5.1 二进制文件有缓冲区函数的使用

二进制文件的函数和前面所介绍的文件处理函数是相同的，并没有因为二进制格式而有不同的函数来专门处理这类文件，但是在使用 open()或者 fopen()函数时，要指明所打开的文件为二进制格式。

表 10-6 为使用 fopen()函数打开二进制文件时的存取模式，虽然在 10.3 节中已经将文件存取的模式一一列出，但是为了让读者能够更清楚，特别将二进制文件的存取模式列成表格的形式。

表 10-6 二进制文件的存取模式

存 取 模 式	代码	说　　　明
二进制文件的读取	rb	打开一个仅供读取数据的二进制文件(Binary File)
二进制文件的写入	wb	打开一个仅供写入数据的二进制文件
二进制文件的写入	wb	打开一个可以追加数据的二进制文件

举例来说，若是想打开一个可以追加数据的二进制文件 test.bin，其 fopen()函数可以编写成如下语句：

```
FILE *fptr;                    /*声明 fptr 为一个指向文件的指针变量*/
fptr=fopen("test.bin","ab");/*打开可供追加数据的二进制文件 test.bin，使 fptr 指向这个文件*/
```

和一般的文本文件一样，若是想指出文件所在的文件夹，则必须将路径中有反斜线（\）的部分再加一个反斜线。举例来说，想打开一个在 c:\c_Exam 下的文件 abc.bin 以读取数据，可以写成如下语句：

```
FILE *fptr;
fptr=fopen("c:\\c_Exam\\test.bin","ab");/*打开可供追加数据的二进制文件 c:\c_Exam\
                                          test.bin，使 fptr 指向这个文件*/
```

由于二进制文件通常是可执行文件（.exe 或.com）或者是影像文件（.avi 等）、图形文件（.pcx 等）、声音文件（.wav），其扩展文件名会因为其文件的用途而不同，因此本书中所使用的二进制文件的扩展文件名都定为 bin。

下面的程序是利用 fopen()函数打开一个全新的二进制文件，利用 fwrite()函数写入数据，当输入 N、n 或者是 buffer 已满即停止输入。

【例10-9】利用fwrite()函数写入数据，当输入N、n或者是buffer已满即停止输入。

```
01   /*Exam10-9,输入数据到二进制文件*/
02   #include <stdio.h>
03   #define SIZE 512
04   #define FILENAME "c:\\c_Exam\\abc.bin"
05   int main(void)
06   {
07      int buffer[SIZE],i=0;
08      char ch;
09      FILE *fptr1;
10      fptr1=fopen(FILENAME,"wb");        /*打开文件*/
11      if((fptr1!=NULL))                  /*文件打开成功*/
12      {
13        do                              /*输入 N、n 或是 buffer 已满即停止输入*/
```

```
14          {
15             printf("Input an integer:");
16             scanf("%d",&buffer[i++]);      /*加一个元素到 buffer*/
17             printf("still input(press n or N to quit)?");
18             scanf(" %c",&ch);
19          } while((i<SIZE)&&(ch!=78)&&(ch!=110));
20          fwrite(buffer,sizeof(int),i,fptr1);
21          fclose(fptr1);                     /*关闭文件*/
22          printf("Data accepted!!\n");
23       }
24       else                                  /*文件打开失败*/
25          printf("\nFile Opening Failure!!\n");
26       return 0;
27    }
/*Exam10-9 OUTPUT-----------------
Input an integer:12
still input(press n or N to quit)?y
Input an integer:25
still input(press n or N to quit)?y
Input an integer:65
still input(press n or N to quit)?y
Input an integer:3
still input(press n or N to quit)?y
Input an integer:78
still input(press n or N to quit)?y
Input an integer:21
still input(press n or N to quit)?y
Input an integer:33
still input(press n or N to quit)?n
Data accepted!!
------------------------------------*/
```

程序解析

（1）程序第 4 行，定义 FILENAME 为字符串"c:\\c_Exam\\abc.bin"，为程序中要打开的文件名称及其所在的路径。

（2）程序第 10 行，打开 FILENAME，其打开模式为 wb，所打开的文件为仅供写入数据的二进制文件，同时指针变量 fptr1 代表 FILENAME。

（3）程序第 11 行～第 25 行，为 if...else 语句，若是 fptr1 不等于 NULL，表示文件打开成功；反之，则打开文件失败，执行程序第 25 行～第 26 行。文件打开成功，则执行程序第 12 行～第 24 行。

（4）程序第 14 行～第 19 行，使用 do...while 循环输入整数值，并将该数值依次放到整型数组 buffer 中，并询问用户是否继续输入，直到输入字符 n 或 N，或者数组已满即结束循环。

（5）程序第 20 行，使用 fwrite()函数将数组 buffer 中的数据，以 sizeof(int)（4 B）为单位，共取出 i 个数据项后存放在文件 fptr1 中。

可以在 MS-DOS 模式下到 C:\c_Exam 文件夹中输入 type abc.bin，即可以看到文件 abc.bin 的内容，如下所示：

```
C:\c_Exam>type abc.bin
♀ ↓ A ♥ N § !
```

将二进制文件以 type 命令列出其内容时，就只能看到一堆看不懂的乱码，那么如何才能读取二进制文件的内容呢？可以利用 fread()函数来完成，如下面的程序。

【例10-10】利用fread()函数，读取二进制文件的内容。

```
01  /*Exam10-10,读取二进制文件的内容*/
02  #include <stdio.h>
03  #define SIZE 512
04  #define MAX 128
05  #define FILENAME "c:\\c_Exam\\abc.bin"
06  int main(void)
07  {
08      int buffer[SIZE],item,i;
09      FILE *fptr1;
10      printf("File abc.bin contents:\n");
11      fptr1=fopen(FILENAME,"rb");              /*打开文件*/
12      if((fptr1!=NULL))                        /*文件打开成功*/
13      {
14          while(!feof(fptr1))
15          {
16              item=fread(buffer,sizeof(int),MAX,fptr1);
17              for(i=0;i<item;i++)              /*输出文件内容*/
18                  printf("%d ",buffer[i]);
19          }
20          printf("\n");
21          fclose(fptr1);                       /*关闭文件*/
22      }
23      else                                     /*文件打开失败*/
24          printf("\nFile Opening Failure!!\n");
25      return 0;
26  }
/*Exam10-10 OUTPUT----------------
File abc.bin contents:
12  25  65  3  78  21  33
-----------------------------------*/
```

程序解析

（1）第4行，定义 MAX 为 128，用来决定一次最多从文件中读取多少个数据到数组中。

（2）第 11 行，打开 FILENAME，其打开模式为 rb，所打开的文件为仅供读取数据的二进制文件，同时指针变量 fptr1 代表 FILENAME。

（3）第 12 行～第 24 行，为 if...else 语句，若是 fptr1 不等于 NULL，表示文件打开成功；反之，则打开文件失败，执行程序第 23 行～第 24 行。文件打开成功，则执行程序第 13 行～第 22 行。

（4）当文件 fptr1 尚未到达文件尾，即执行程序第 14 行～第 19 行，使用 fread()函数将文件 fptr1 中的数据，以 sizeof(int)（4 B）为单位，共读取出 MAX 个数据项存放到数组 buffer 里，再利用 for 循环输出数组 buffer 的内容。

可以发现不管文件是二进制或者是文本格式，其操作的方式都是一样的，唯一不同的是在文件打开时的存取模式。

10.5.2　二进制文件无缓冲区函数的使用

在 10.4 节中已经将文件打开的模式一一列出，虽然要打开的是二进制文件，但是它的文件打开模式还是必须一起使用。举例来说，若是想打开一个二进制文件 test.bin，存取模式为仅供读取，其 open()函数可以编写成如下语句：

```
int f1;              /*声明整数类型变量 f1，用来接收打开文件成功所返回的文件代号*/
f1=open("test.bin",O_BINARY|O_RDONLY); /*打开 test.bin，为只读的二进制文件，打开文件
成功后其文件代号赋值给 f1 存放*/
```

上面的语句中，open()函数的第二个自变量是 O_BINARY|O_RDONLY，表示所打开的文件为
二进制格式，同时它也是只读类型的文件，O_BINARY 与 O_RDONLY 中间以管线符号（|）分隔。
和一般的文本文件一样，若是想指出文件所在的文件夹，则必须将路径中有反斜线（\）的部分
再加一个反斜线。举例来说，想打开一个在 c:\c_Exam 下的文件 abc.bin 以附加的方式写入数据，
可以写成如下的语句：

```
int f1;
/*打开一个在 c:\c_Exam 下的文件 abc.bin 以附加的方式写入数据*/
f1=open("c:\\c_Exam\\test.bin",O_APPEND|O_BINARY);
```

大致了解无缓冲区的二进制文件如何打开后，来做个练习。下面的程序是由键盘输入结构变
量的内容后，将该变量写入文件中。

【例10-11】由键盘输入结构变量的内容后，将该变量写入文件中。

```
01   /*Exam10-11,输入数据到二进制文件*/
02   #include <stdio.h>
03   #include <fcntl.h>
04   #include <io.h>
05   #include <sys/stat.h>
06   #define FILENAME "c:\\c_Exam\\abc.bin"
07   struct mydata                          /*定义结构体*/
08   {
09      char name[15];
10      int math;
11   } buffer;                              /*声明结构体变量*/
12   int main(void)
13   {
14      int f1;
15      char ch;
16      f1=open(FILENAME,O_TRUNC|O_WRONLY|O_BINARY);
17      if((f1!=-1))                        /*文件打开成功*/
18      {
19        do
20        {
21          printf("Student's name:");     /*增加数据到文件*/
22          gets(buffer.name);
23          printf("Math score:");
24          scanf(" %d",&buffer.math);
25          write(f1,&buffer,sizeof(buffer));
26          printf("still input(press n or N to quit)?");
27          scanf(" %c",&ch);
28          getchar();
29        } while((ch!=78)&&(ch!=110));     /*输入 N 或 n 即停止输入*/
30        close(f1);                        /*关闭文件*/
31        printf("Data accepted!!\n");
32      }
33      else                               /* 文件打开失败 */
34        printf("\nFile Opening Failure!!\n");
```

```
35      return 0;
36   }
```
```
/*Exam10-11 OUTPUT----------------
Student's name:David Young
Math score:80
still input(press n or N to quit)?y
Student's name:Peter Chen
Math score:76
still input(press n or N to quit)?y
Student's name:Ann Lee
Math score:69
still input(press n or N to quit)?y
Student's name:Alice Wu
Math score:88
still input(press n or N to quit)?n
Data accepted!!
-----------------------------------*/
```

程序解析

（1）程序第 7 行～第 11 行，定义结构体更改 mydata，并声明 mydata 类型的结构体变量 buffer。

（2）程序第 16 行，打开 FILENAME，其打开模式为 O_TRUNC|O_WRONLY |O_BINARY，为仅供写入数据的已存在二进制文件，若是文件中有数据，则会将文件长度更改为 0。指针变量 f1 代表 FILENAME。

（3）程序第 17 行～第 34 行为 if...else 语句，若是 f1 不等于-1，表示文件打开成功；反之，则打开文件失败，执行程序第 33 行～第 34 行。文件打开成功，则执行第 18 行～第 32 行。

（4）程序第 19 行～第 29 行，使用 do...while 循环输入结构变量 buffer 的内容，并陆续存入文件 f1 中，直到输入 N 或 n 时停止输入。

（5）要特别注意的是程序第 25 行，使用 write()函数将结构变量 buffer 的数据，以 sizeof(buffer)（20 B）为单位，一次取出 1 个数据项存放在文件 f1 中。

接下来，再把例 10-11 所创建的二进制文件，利用 read()函数一一读取出来，程序的编写如下。

【例10-12】利用read()函数一一读取出来。

```
01   /*Exam10-12,读取二进制文件的内容*/
02   #include <stdio.h>
03   #include <fcntl.h>
04   #include <io.h>
05   #include <sys/stat.h>
06   #define FILENAME "c:\\c_Exam\\abc.bin"
07   struct mydata                         /*定义结构体*/
08   {
09     char name[15];
10     int math;
11   } buffer;                             /*声明结构体变量*/
12   int main(void)
13   {
14     int f1;
15     printf("File abc.bin contents:\n");
16     f1=open(FILENAME,O_RDONLY|O_BINARY);   /*打开文件*/
17     if((f1!=-1))                           /*文件打开成功*/
```

```
18        {
19          while(!eof(f1))
20          {
21            read(f1,&buffer,sizeof(buffer));
22            printf("%s's Math score=%d\n",buffer.name,buffer.math);
23          }
24          close(f1);                          /*关闭文件*/
25        }
26      else                                    /*文件打开失败*/
27          printf("\nFile Opening Failure!!\n");
28      return 0;
29    }
/*Exam10-12 OUTPUT----------------
File abc.bin contents:
David Young's Math score=80
Peter Chen's Math score=76
Ann Lee's Math score=69
Alice Wu's Math score=88
----------------------------------*/
```

程序解析

（1）程序第7行～第11行，定义结构体 mydata，并声明 mydata 类型的结构变量 buffer。

（2）程序第16行，打开 FILENAME，其打开模式为 O_RDONLY|O_BINARY，为仅供读取数据的已存在二进制文件。指针变量 f1 代表 FILENAME。

（3）程序第17行～第27行，为 if...else 语句，若是 f1 不等于-1，表示文件打开成功；反之，则打开文件失败，执行程序第26行～第27行。文件打开成功则执行第18行～第25行。

（4）当文件 f1 尚未到达文件尾，即执行程序第20行～第23行，使用 read() 函数将文件 f1 中的数据，以 sizeof(buffer)（20 B）为单位，一次读取出 1 个数据项存放到结构变量 buffer 里，再输出变量 buffer 中存放的内容。

经过以上练习之后，读者会觉得有缓冲区的文件处理函数比较简单。打开文件时，只要写上 r、b、w 等即可说明存取的模式。其实两种文件函数各有其好用的地方，如有缓冲区的函数在字符、格式化的 printf()、scanf() 函数等处理会比较方便，但是利用无缓冲区的函数处理一个块的数据，就会比较容易；再者，有缓冲区的函数虽然比较容易编写，但是无缓冲区的函数通常能够产生较有效率的执行代码，因此所产生的执行文件会较小，执行速度也较快。

10.6　文本模式及二进制模式的比较

在本章刚开始时，曾经简单地提到过，数值以文本模式与二进制模式存储时，会影响到文件的大小，在本节中还要再深入地讨论文本模式与二进制模式在存储时的差异。

10.6.1　以文本模式存储数值

以文本模式存储数值时，数值中的每一个字符，都是以 1 B 存入。也就是说，若是将数值 123 456 存入文本文件时，就会占有 6 B，同时，将文件以文本处理软件如 Word、Notepad 等打开时，可以很清楚地看到 123 456 出现在文件中。

为了让读者能够比较文本模式与二进制模式的文件大小，以有缓冲区的文件处理函数来说明。下面的程序中，一次取两个随机数（随机数值会在 0～32 767 之间），并使这两个随机数相乘后存到文件里，重复取 1 000 次。

【例10-13】一次取两个随机数（随机数值会在0～32 767之间），并使这两个随机数相乘后存到文件里，重复取1 000次。

```
01   /*Exam10-13,文本模式存储1 000 个随机数值*/
02   #include <stdio.h>
03   #include <stdlib.h>
04   #include <time.h>
05   #define MAXI 1000
06   int main(void)
07   {
08       int i=0;
09       FILE *fptr1;
10       fptr1=fopen("c:\\c_Exam\\abc.txt","w");
11       if(fptr1!=NULL)
12       {
13          srand((unsigned)time(NULL));
14          for(i=0;i<MAXI;i++)
15             fprintf(fptr1,"%010d ",rand()*rand());
16          fclose(fptr1);                /*关闭文件*/
17          printf("Data accessed!!\n");
18       }
19       else                            /*文件打开失败*/
20          printf("File opening Failure!!\n");
21       return 0;
22   }
/*Exam10-13 OUTPUT---
Data accessed!!
------------------------*/
```

程序解析

（1）可以在 Windows 模式下到 c:\c_Exam 文件夹中用鼠标右击选中文件 abc.txt，在弹出的快捷菜单中选择"属性"命令，即会出现图 10-5 所示的画面。

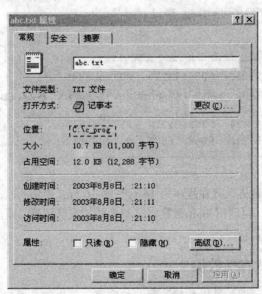

图 10-5　abc.txt 的"属性"对话框

（2）abc.txt 的文件大小为 10.7 KB，详细的大小是括号中的 11 000 B，为文件内容所占用的内存。在程序中所存储的数据项共有 1 000 个，每个数据项又有 10 位数，再加上两个数值之间以一个空格分隔，所以这 1 000 个数值数据项共占用了 1 000×10+1 000=11 000 B。这也就证明了前面所提到的文本文件存储的概念——每个字符都占有 1 B，不管是文本、数字还是符号。

要如何读取文本文件中的数值呢？可以利用 atoi()字符串转换成数值函数完成，以例 10-13 所产生的文件 abc.txt 为例，由于存储时是以 10 个位数存储，同时在两个数值之间以空格相隔，所以我们可以一次由文件中读取 11 个字符，再利用字符串转数值 atoi()函数进行转换后输出，程序的编写如下所示。

【例10-14】一次由文件中读取11个字符，再利用字符串转数值atoi()函数进行转换后输出。

```
01  /*Exam10-14,读取文本模式所存储的数值*/
02  #include <stdio.h>
03  #include <stdlib.h>
04  int main(void)
05  {
06    int i,j;
07    FILE *fptr1;
08    char a[11];
09    fptr1=fopen("c:\\c_Exam\\abc.txt","r");
10    if(fptr1!=NULL)
11    {
12      for(i=0;i<1000;i++)
13      {
14        for(j=0;j<11;j++)
15          a[j]=getc(fptr1);          /*读取文件内容*/
16        printf("%010d\t",atoi(a));    /*利用 atoi 函数*/
17      }
18      fclose(fptr1);                  /*关闭文件*/
19    }
20    else                              /*文件打开失败*/
21      printf("File opening Failure!!\n");
22    return 0;
23  }
/*Exam10-14 OUTPUT-----------------------------
0531041076  0027828045  0038542315  0086533840
0493483256  0157297968  0163178378  0108099338
              ⋮
0101652567  1056867434  0302031714  0174805900
0469941625  0057001312  0068916606  0342849962
--------------------------------------------*/
```

程序解析

上面的程序最特别的地方，就在程序第 14 行～第 16 行，使用 for 循环由文件中读取 11 个字符，分别放置在数组 a 里，再利用 atoi()函数将字符串转换成数值后，输出转换后的值。关于 atoi()函数，会在附录 B 中介绍。

10.6.2 以二进制模式存储数值

以二进制模式存储数值时，是以数据类型的长度存入，也就是说，若是将数值 123 456 存入二进制文件时，就只会占有 4 B。同样，以有缓冲区的文件处理函数来说明，下面的程序与例 10-13

很类似，但它是以二进制格式存储数据，一次取两个随机数，并使这两个随机数相乘后存到文件里，重复取 1 000 次。

【例10-15】 以二进制格式存储数据，一次取两个随机数，并使这两个随机数相乘后存到文件里，重复取1 000次。

```
01   /*Exam10-15,二进制模式存储1000个随机数值*/
02   #include <stdio.h>
03   #include <stdlib.h>
04   #include <time.h>
05   #define MAXI 1000
06   int main(void)
07   {
08      int i=0,buffer;
09      FILE *fptr1;
10      fptr1=fopen("c:\\c_Exam\\abc.bin","wb");
11      if(fptr1!=NULL)
12      {
13         srand((unsigned)time(NULL));
14         for(i=0;i<MAXI;i++)
15         {
16            buffer=rand()*rand();          /*取两个随机数相乘*/
17            fwrite(&buffer,sizeof(int),1,fptr1);
18         }
19         fclose(fptr1);                     /*关闭文件*/
20         printf("Data accessed!!\n");
21      }
22      else                                  /*文件打开失败*/
23         printf("File opening Failure!!\n");
24      return 0;
25   }
/*Exam10-15 OUTPUT---
Data accessed!!
------------------------*/
```

程序解析

可以在 Windows 模式下到 c:\c_Exam 文件夹中，用鼠标右击选中文件 abc.bin，在弹出的快捷菜单中选择"属性"命令，即会出现图 10-6 所示的对话框。

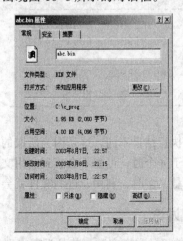

图 10-6　abc.bin 的"属性"对话框

abc.bin 的文件大小为 1.95 KB，详细的大小是括号中的 2 000 B，为文件内容所占用的内存。在程序中所存储的数据项共有 1 000 个，每个数据项都是以整数类型存储，各占有 2 B，所以这 1 000 个数值数据项共占用了 1 000×2=2 000 B。同样也说明了前面所提到的二进制文件存储的概念——每个数据项是以其类型长度来存储的，而非一个字符就占 1 B。

要取出二进制文件的数值，就比文本文件容易多了，由于存入文件时是以整型类型存储，所以只要以整型类型读取即可正确的得到数据，如下面的程序。

【例10-16】 读取二进制文件的内容。

```
01    /*Exam10-16,读取二进制文件的内容*/
02    #include <stdio.h>
03    #include <fcntl.h>
04    #include <io.h>
05    #include <sys/stat.h>
06    #define SIZE 1000
07    #define FILENAME "c:\\c_Exam\\abc.bin"
08    int main(void)
09    {
10      int i,f1,buffer[SIZE];
11      printf("File abc.bin contents:\n");
12      f1=open(FILENAME,O_RDONLY|O_BINARY);          /*打开文件*/
13      if((f1!=-1))                                  /*文件打开成功*/
14      {
15        while(!eof(f1))
16        {
17          read(f1,buffer,sizeof(buffer));
18          for(i=0;i<SIZE;i++)                       /*输出文件内容*/
19            printf("%010d\t",buffer[i]);
20        }
21        close(f1);                                  /*关闭文件*/
22      }
23      else                                          /*文件打开失败*/
24        printf("\nFile Opening Failure!!\n");
25      return 0;
26    }
/*Exam10-16 OUTPUT----------------------------
0225626085    0265976340    0379825365    0545101326
0118439016    0581321258    0046899369    0371324910
                       ⋮
0770465696    0069859692    0897188921    0054214587
0319958130    0119006282    0252615452    0016662324
-------------------------------------------------*/
```

程序解析

所得到的答案可能和书上的执行结果不同，这是因为所取的数值都是由随机数所产生的。当文件不会太大，或者数值位数小于 4 个时，可能不会感到利用文本文件存储数值会占用较多的磁盘空间。当数值位数很大，数据量又多时，利用二进制文件就会是比较节省空间的选择。

10.6.3　换行与文件结束的讨论

在例 10-1 中曾经计算过文件里的文字字数，若是没有特别控制被计算字符的种类时，getc()

函数会将文件里看得见或看不见的字都读取进来。也就造成了例 10-1 执行结果为 53 个字符,而实际上文字部分加上空格,也只有 52 个字的问题,为什么会如此呢?

这是因为在 C 语言的环境下,换行字符(\n,ASCII 值为 10,ASCII 码为 LF)被当成一个单一字符,执行例 10-1 时,abc.txt 文件中的第一行结尾处有换行字符,而第二行没有换行字符,所以在计算字符数时,换行字符仅视为 \n 一个字符,计算结果即为 53 个字。图 10-7 为文本文件在 C 语言的文本模式与 DOS 模式下,换行字符的转换示意图。

而在 DOS 中一行的结束是以 \r(ASCII 值为 13,ASCII 码为 CR)与 \n 两个字符来表示,若是在 DOS 模式下以 dir 指令显示文件信息时,就会看到由例 10-1 所产生的文件 abc.txt 大小为 54 B 节。

```
C:\c_Exam>TYPE ABC.TXT
Time gets you wound up ⃞ ─────→ 有换行字符
like a clock inside your head. ⃞ ─────→ 无换行字符
C:\C_Exam>DIR ABC.TXT
Volume in drive C has no label
Volume Serial Number is 2C25-1D08
Directory of C:\c_Exam
ABC      TXT           54   03-04-00 19:31 abc.txt
         1 file(s)            54 bytes
         0 dir(s)      11,421.48 MB free
```

当程序中将数据写到文本文件时,C 语言会将所有的换行字符(\n)转换成 CR/LF 两个字符,而程序里到文本文件中读取数据时,字符 CR/LF 又会被转换成 \n。因此,C 语言的程序会认为在 abc.txt 中,每行结尾处的换行字符只有一个,而 DOS 的命令 dir 会认为有两个字符。

结尾字符转换的情况,只会发生在文本文件中,并不会出现在二进制文件中。在此,修改例 10-1 中的 fopen()函数的格式,将文件存取模式更改为"rb"后,并执行该程序,可以看到程序执行的结果如下所示:

```
Time gets you wound up
like a clock inside your head.
total character is 54
```

文本文件 abc.txt 在二进制模式下打开时,字数计算的结果是 54,这和 DOS 的命令 dir 所看到的文件大小是相同的,也就是说,在二进制模式下,每行结尾处的换行字符和 DOS 一样,都是两个。图 10-8 是二进制文件在 C 语言的二进制模式与 DOS 模式下换行字符的转换示意图。

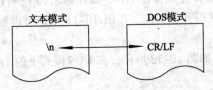

图 10-7　文本文件在 C 语言的文本模式
与 DOS 模式下,换行字符的转换示意图

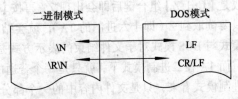

图 10-8　二进制文件在 C 语言的二进制模式
与 DOS 模式下换行字符的转换示意图

要如何才能证明前面所提到的文本与二进制格式的不同呢?很简单,以下面的文本作为 abc.txt 的内容,再将它们分别以文本格式及二进制格式打开后,以%d 输出文件内容。

```
Hi,C
Hi,World!
```

可以将程序执行的结果参考 ASCII 码表所对应的十进制值,如图 10-9 所示。

文本模式

| 72 | 105 | 44 | 67 | 10 | 72 | 105 | 44 | 87 | 111 | 114 | 108 | 100 | 33 |
| H | i | , | C | | H | i | , | W | o | r | l | d | ! |

图 10-9　文本模式下文字与所对应的 ASCII 值

在 C（十进制值为 67）与 H（十进制值为 72）之间出现一个 10，刚好是 abc.txt 中没有可以对应的字符。在 ASCII 码表中，十进制的 10 即为 ASCII 码的 LF，表示 Line Feed，就是换行字符。同样，看看以二进制格式打开 abc.txt 后的输出结果，如图 10-10 所示。

二进制模式

| 72 | 105 | 44 | 67 | 13 | 10 | 72 | 105 | 44 | 87 | 111 | 114 | 108 | 100 | 33 |
| H | i | , | C | | | H | i | , | W | o | r | l | d | ! |

图 10-10　二进制模式下文本与所对应的 ASCII 值

在 C（十进制值为 67）与 H（十进制值为 72）之间出现了 13 与 10，在 ASCII 码表中，十进制的 13 即为 ASCII 码的 CR，表示 Carriage Return，在 ASCII 码表中，十进制的 10 即为 ASCII 码的 LF，表示 Line Feed。以字符的方式输出文件内容，遇到 LF、CR 等换行字符，就会立刻换行，但是以数值输出时，就只是输出该字符的 ASCII 码的十进制值，并不会有换行的操作。

以 %d 的格式输出文件内容，也可以很容易地让读者了解，两种文件格式对于换行字符有不同的表示方式，除了换行字符不同之外，还有另一个不同点——文件结尾的结束方式。

这两种文件格式都会记录文件的总长度，同时，在文件到达这个长度时，会发出 EOF 信息，告知文件已经到达文件尾。文本模式对于 EOF 的处理是在文件最后一个字符后面再加上^Z（【Ctrl + Z】组合键），即十六进制的 1A（十进制值为 26）。所以当文本文件读取到^Z 时，会认为文件已经到达结尾，即返回 EOF 的信号。

这种方式也影响到 MS-DOS 对文件结尾的处理，DOS 命令 copy con 即是一个很好的说明。举例来说，想在 DOS 模式下创建 a.bat（batch file 批处理文件），其内容只是执行 dir 命令，其写法如下所示：

```
C:\>copy con a.bat
Dir ^Z                    按【F6】键即会出现^Z
        1 file(s) copied
```

在 DOS 模式下，当命令编写结束后，要让文件结束并存储其内容，只要按下键盘上的【F6】键或是【Ctrl+Z】组合键后即会出现^Z，再按【Enter】键即完成保存工作。如此一来，在执行 a.bat 时只要读取到^Z（即十六进制的 1A），就会结束这个被打开的文件。在图 10-11 中，可以看到文本模式与 DOS 模式对于文件结束的表示方式是相同的。

而 1A 在二进制模式下，就只是一个普通的数值，如图 10-12 所示，在 DOS 模式下的 1A，在二进制模式看来，只是文件内容中的一个部分而已。

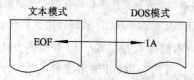

图 10-11　文本模式与 DOS 模式对于
文件结束的表示方式是相同

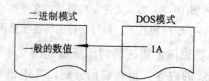

图 10-12　DOS 模式下的 1A，在二进制
的模式看来，只是一个普通的数值

它并不像文本模式，会将某个特殊字符放在文件最后面，因此使用二进制格式存储的文件，最好还是以二进制格式读取。如果以文本模式读取，而该二进制格式的文件中难免会有 1A，此时就会发生文本模式以为文件已经到达文件尾而结束读取的情况。

同样，当文本模式读取二进制格式的文件时，若是遇到数值为十进制的 10 时，文本模式会将 10 转换为 CR/LF，而造成错误转换。所以为了避免这种情况的发生，最好还是不要以文本模式读取二进制格式的文件。

10.6.4 输出相对应字符的十六进制码

下面的程序是模仿 DOS 实用程序 debug 的输出字符方式，每一行的右边字符，即是相对于左边的十六进制码。在程序中以二进制格式逐一读取文本文件中的字符，再将它的十六进制值输出来，而无法显示的字符，如 CR、LF 等以小数点替代。

【例10-17】在程序中以二进制格式逐一读取文本文件中的字符，再将它的十六进制值输出来，而无法显示的字符，如CR、LF等以小数点替代。

```
01   /*Exam10-17,输出相对应字符的十六进制码*/
02   #include <stdio.h>
03   #define MAX 12
04   int main(void)
05   {
06      FILE *fptr;
07      int i,ch,j;
08      char a[MAX+1];
09      fptr=fopen("c:\\c_Exam\\abc.txt","rb");
10      if(fptr!=NULL)              /*文件打开成功*/
11      {
12        while(!feof(fptr))        /*判断是否到达文件尾*/
13        {
14          for(i=0;i<MAX;i++)
15          {
16            ch=getc(fptr);
17            if(ch==-1)            /*不输出文件尾符号*/
18            {
19              for(j=i;j<MAX;j++)
20                printf("   ");
21              break;
22            }
23            if(ch>31)
24              a[i]=ch;
25            else
26              a[i]='.';
27            printf("%2X ",ch); /*一次输出一个字符*/
28          }
29          a[i]='\0';
30          printf("   %s\n",a);  /*输出该列字符串*/
31        }
32        fclose(fptr);            /*关闭文件*/
33      }
34      else                       /*文件打开失败*/
35        printf("File Opening Failure!!\n");
```

```
36     return 0;
37   }                              二进制模式的换行字符
/*Exam10-17 OUTPUT---------------------------
54 69 6D 65 20 67 65 74 73 20 79 6F    Time gets yo
75 20 77 6F 75 6E 64 20 75 70 D  A    u wound up        非输出字符，以小数点表示
6C 69 6B 65 20 61 20 63 6C 6F 63 6B    like a clock
20 69 6E 73 69 64 65 20 79 6F 75 72    inside your
20 68 65 61 64 2E                      head.
------------------------------------------------*/
```

程序解析

（1）程序第 3 行，定义 MAX 为 12，代表一行要输出的 MAX 个字符。

（2）程序第 8 行，声明字符数组 a，其长度为 MAX+1，存放由文件读取的字符，最后一个字符要存放字符串结束字符\0，所以长度要比 MAX 大 1 个。

（3）程序第 9 行，打开 c:\c_Exam\abc.txt，其打开模式为"rb"，为仅供读取数据的已存在二进制文件。指针变量 fptr 代表 c:\c_Exam\abc.txt。

（4）程序第 10 行～第 35 行，为 if…else 语句，若是 fptr 不等于 NULL，表示文件打开成功；反之则打开文件失败，执行程序第 34 行～第 35 行。文件打开成功，则执行程序第 11 行～第 33 行。

（5）当文件 fptr 尚未到达文件尾，即执行程序第 13 行～第 31 行，利用 for 循环一次读取出 1 个字符存放到变量 ch 里，一行要输出 MAX 个字符，根据 ch 的值决定存放在数组 a 的内容。若是 ch 等于-1，即表示读取到文件结尾。此时，要把剩余一行未输出完的部分以空格代替输出，再利用 break 命令离开 for 循环。

（6）由于 ASCII 码中，十进制值 0~31 皆为非打印字符，所以如果读取到这些字符时，就使 a[i]的值为'.'（小数点）。若是 ch>31，就直接将 a[i]设值为 ch，再输出 ch 的十六进制码。循环执行完毕后，再将 a[i]设值为\0，再输出数组 a 的内容。如此重复到文件读取结束。

若是对于十六进制不是很熟悉，可以参阅本书的附录 C，字符 a 的十六进制值是 61，A 的十六进制值是 41，换行字符 CR、LF 的十六进制则是 D 与 A，如果将文件存取的模式更改为"r"，即以文本模式输出，就只会看到一个换行字符的十六进制值 A。当然，也可以用八进制或者十进制码来表示所对应的字符，只要将程序稍加修改即可。

10.7 顺序存取与随机存取

在前面的章节里，都是以顺序的方式增加数据到文件中，读取文件内容时也是以顺序的方式，一条一条将数据取出后再做处理，这种文件称为顺序文件。而随机文件则是有别于顺序文件的处理方式，它可以通过用户的设置，指向文件中的其中一条记录，直接针对该数据做存取的操作。

首先，将下面的数据以结构类型存入 c:\c_Exam\abc.txt 中。可以将例 10-11 进行修改，由于程序内容相似，因此不再将程序列出。

ID	NAME	SCORE
891001	Alice Wu	76
891003	Peter Chang	86
891005	Amy Lee	92
891007	Johnson	63
891009	Cathy Wang	74
891011	David Young	88

接下来，来练习如何利用顺序与随机的方式在文件中做查找。

10.7.1 顺序存取

利用顺序存取（Sequential Access）的方式做数据查找时，会从文件第一条数据开始一一比较，直到文件的最后一条数据或者找到符合查找条件的数据。也就是说，不管数据在文件的哪一处，都必须逐一查找，因此在某些情况下，顺序存取的方式是相当缓慢的，尤其是当数据量非常庞大的时候。

下面的程序即是利用学生的 ID 作为查找的键值，以顺序存取的方式逐项查找数据，直到文件结束或者找到符合条件的 ID，若找到数据，就将该数据输出。

【例10-18】 以顺序存取的方式逐项查找数据，直到文件结束或者找到符合条件的ID，若找到数据，就将该数据输出。

```
01   /*Exam10-18,顺序查找*/
02   #include <stdio.h>
03   struct mydata                              /*定义结构体*/
04   {
05       int id;
06       char name[12];
07       int score;
08   } buffer;                                  /*声明结构体变量*/
09   int main(void)
10   {
11       FILE *fptr;
12       int idkey;
13       printf("Input ID to search:");         /*输入欲查找的 ID*/
14       scanf("%d",&idkey);
15       fptr=fopen("c:\\c_Exam\\abc.txt","r");
16       if(fptr!=NULL)                         /*文件打开成功*/
17       {
18           while(!feof(fptr)&&(idkey!=buffer.id))
19           {
20               fread(&buffer,sizeof(buffer),1,fptr);
21               if(buffer.id==idkey)           /*找到符合条件的 ID*/
22               {
23                   printf("Yes! You got it!\n");
24                   printf("Student's ID:%d\n",buffer.id);
25                   printf("Student's NAME:%s\n",buffer.name);
26                   printf("Student's score:%d\n",buffer.score);
27               }
28           }
29           if(idkey!=buffer.id)               /*没有找到*/
30               printf("Sorry,no data found!\n");
31           fclose(fptr);                      /*关闭文件*/
32       }
33       else                                   /*文件打开失败*/
34           printf("\nFile Opening Failure!!\n");
35       return 0;
36   }
/*Exam10-18 OUTPUT-----
Input ID to search:891009
```

```
Yes! You got it!
Student's ID:891009
Student's NAME:Cathy Wang
Student's score:74
---------------------------*/
```

程序解析

在 while 循环里，每次依次读取一条文件中的数据，若是想查询的键值和读取出的数据相符，即表示找到该条数据，就把内容输出。当数据找到或者已经到达文件结尾，就不符合 while 循环的执行条件，即离开循环的执行。在这个程序中，还可以将文件存取模式更改为"r+"（打开一个可擦写的已存在文件），即可在找到数据后将数据修改后再存储到文件中。关于这个练习，将在本章的课后习题中，请读者自己练习。

10.7.2　随机存取

利用随机存取（Random Access）的方式做数据查找时，通常会有一个公式来计算文件指针要指向哪一条数据，找到符合条件的数据后，再对该数据做存取的操作。

最常见的查找方式，就是二分查找法，一次将所有的数据分一半，和想查找的键值比较，再决定下一次要查找的部分是前半段还是后半段，如此重复将数据分为两半，直到找到数据或者所有的数据已经无法再细分成两个（没有找到）。

值得注意的是，数据要先排序过才能够使用二分查找法，由于本书曾经提到过排序的概念，再加上本节的重点在于如何使用随机存取的方式，因此假设 abc.txt 的文件内容为排序后的数据。

下面的程序即是利用学生的 ID 作为查找的键值，以二分查找法的方式查找数据，直到文件结束或者找到符合条件的 ID。若是找到数据，就将该数据输出。

【例10-19】利用学生的ID作为查找的键值，以二分查找法的方式查找数据，直到文件结束或者找到符合条件的ID，若是找到数据，就将该数据输出。

```
01    /*Exam10-19,随机查找*/
02    #include <stdio.h>
03    #include <io.h>
04    struct mydata                        /*定义结构体*/
05    {
06       int id;
07       char name[12];
08       int score;
09    } buffer;                            /*声明结构体变量*/
10    int main(void)
11    {
12       FILE *fptr;
13       int idkey,low=0,upper,mid,n;
14       printf("Input ID to search:");    /*输入欲查找的ID*/
15       scanf("%d",&idkey);
16       fptr=fopen("c:\\c_Exam\\abc.txt","r");
17       n=filelength(fileno(fptr))/sizeof(buffer);
18       upper=n-1;
19       if(fptr!=NULL)                     /*文件打开成功*/
20       {
21          while((low<=upper) && (idkey!=buffer.id))
```

```
22        {
23            mid=(low+upper)/2;
24            fseek(fptr,mid*sizeof(buffer),SEEK_SET);
25            fread(&buffer,sizeof(buffer),1,fptr);
26            if(idkey>buffer.id)              /*决定上限及下限的值*/
27                low=mid+1;
28            else if(idkey<buffer.id)
29                upper=mid-1;
30        }
31        if(buffer.id==idkey)                 /*找到符合条件的 ID*/
32        {
33            printf("Yes! You got it!\n");
34            printf("Student's ID:%d\n",buffer.id);
35            printf("Student's NAME:%s\n",buffer.name);
36            printf("Student's score:%d\n",buffer.score);
37        }
38        else                                 /*没有找到*/
39            printf("Sorry,no data found!\n");
40        fclose(fptr);                        /*关闭文件*/
41    }
42    else                                     /*文件打开失败*/
43        printf("\nFile Opening Failure!!\n");
44    return 0;
45 }
/*Exam10-19 OUTPUT-----
Input ID to search:891003
Yes! You got it!
Student's ID:891003
Student's NAME:Peter Chang
Student's score:86
-------------------------*/
```

程序解析

（1）程序第 13 行，声明整型变量 idkey，为要查找的学生 ID，low 为查找范围的下限，初始化值为 0，upper 是查找范围的上限，其初始化值为 n−1，而 mid=(low+upper)/2，为文件指针所要指向的第 mid 条数据，n 为文件中的数据数。

（2）程序第 14 行～第 15 行，输入要查找的学生 ID，输入值由 idkey 接收。

（3）程序第 16 行，打开 c:\c_Exam\abc.txt，其打开模式为"r"，为仅供读取数据的已存在文件。指针变量 fptr 代表 c:\c_Exam\abc.txt。

（4）程序第 17 行，计算文件中共有多少条数据。这里使用了新的函数 filelength() 及 fileno() 函数，filelength() 是计算传入的文件代号的文件长度，其返回值是文件所占用的字节，由于程序中所使用的 fopen() 函数其返回值为一个指针变量 fptr 所接收，所以又利用 fileno() 函数找到 fptr 的文件代号。由于想要求得的是文件中有几条数据，因此将求得的文件长度除以结构变量 buffer（数据保存时是以结构变量 buffer 的大小存入）所使用的长度，就可以得到文件中共有多少数据 n。此外，filelength() 的函数原型是定义在 io.h，fileno() 的函数原型是定义在 stdio.h，使用时要将相关的头文件包含到程序中。

（5）程序第 19 行～第 43 行，为 if...else 语句，若是 fptr 不等于 NULL，表示文件打开成功；反之，则打开文件失败，执行程序第 42 行～第 43 行。文件打开成功，则执行程序第 20 行～第 41 行。

（6）当查找范围的低限 low 小于等于上限 upper，且 idkey 不等于 buffer.id，即执行 while 循环中的语句。计算 mid 的值后，利用 fseek()函数，将文件指针移到第 mid*sizeof(buffer)的地址后，再用 fread()函数读取该条数据。

（7）接着再判断 idkey 值是否大于由文件中读取出来的 buffer.id 值，符合条件即将 low 的值重新以 mid+1 计算，否则当 idkey 小于 buffer.id，即将 upper 的值重新以 mid-1 计算，再重复 while 循环判断，直到查找完毕或者 idkey 等于 buffer.id（找到数据）。

假设文件中的数据有 n=20 条（第 0 条～第 19 条），low=0，upper=n-1=19，第一次先将数据分成两半，mid 的值为(low+upper)/2=(0+19)/2=9，也就是第一次先将第 9 条数据取出，和要查找的键值 idkey 相比，若是 idkey 较 buffer.id 大，表示查找的范围在 20 条数据的后半段，此时就要调整查找范围的低限 low 值，即将 low 值设置为 mid+1=9+1=10，缩小查找的范围为第 10 条～第 19 条；若是 idkey 较 buffer.id 小，表示查找的范围在 20 条数据的前半段，此时就要调整查找范围的低限 upper 值，即将 upper 值设置为 mid-1=9-1=8，缩小查找的范围为第 0 条～第 8 条；依此类推，每次都缩小一半的查找范围，直到找到数据或者当 low 大于 upper 时（表示已查找完毕），即离开循环。

此外，来看看可以任意移动文件指针的 fseek()函数，其格式如下：

```
int fseek(FILE *fptr,long offset,int origin);
```

在上面的格式中，FILE *fptr 为文件指针变量，offset 为指定的位置与起始位置 origin 的距离，以字节为单位，origin 为移动指针的起始点，有下列三种模式，如表 10-7 所示。

表 10-7 origin 的使用模式

模 式	常 数 值	意 义
SEEK_SET	0	文件开始处
SEEK_CUR	1	当前指针的位置
SEEK_END	2	文件结尾

在使用 fseek()函数时，可以直接填入 origin 的模式，也可以填入常数值 0、1 或 2 来代表 SEEK_SET、SEEK_CUR 或 SEEK_END。值得注意的是，offset 是以字节为单位，而不是以数据项的条数为单位，因此当要移动文件指针时，也要计算到底需要移动多少个字节才会达到所要指向的数据。

fseek()函数是使用在有缓冲区的文件，若是所使用的是无缓冲区的文件，可以利用 lseek()函数完成随机存取的目的，至于 lseek()函数与 fseek()函数的使用方式很类似，有兴趣的读者可以自己试试。

利用随机存取的方式查找数据似乎比较快，但是这也不是一定的，如果数据在文件前面，利用顺序查找就会比较快，如果数据在文件后面，利用随机查找就会比顺序查找要快得多。同样，可以利用 fseek()函数将文件指针移到想要读取的数据地址，再使用 fread()、fwrite()等函数，对数据做存取，即可达到随机存取的目的。

小 结

本章的主要内容是正确的使用文件进行文件处理。在 C 语言中，对普通数据文件的所有操作都必须依靠文件类型指针来完成。在对文件进行操作以前必须将想要操作的数据文件与文件指针建立联系，然后通过这些文件指针来操作相应的文件。文件的操作顺序是打开文件、读/写和关闭文件。文件的访问是通过 stdio.h 中定义的名为 FILE 的结构类型实现的，它包括文件操作的基本信息。C 语言允许文件读写以字节、数据块或字符串为单位，还可以按指定的格式进行读/写。一个文件被打开时，编译程序自动在内存中建立该文件的 FILE 结构，并返回指向文件起始地址的指针。

实验　文件程序设计

一、实验目的

理解文件与文件指针的概念，掌握使用文件打开、文件关闭、读写文件等基本的文件操作函数。

二、实验内容

1. 程序改错题

（1）由键盘输入两个整数分别赋给变量 x、y，并将 x、y 及其 x+y 按一定格式使用 fprintf() 函数存入磁盘文件 file1.txt 中。程序中有四处错误，请改正并调试程序。

```
#include <stdio.h>
main()
{ int x,y;
  FILE fp;
  printf("input data x、y:");
  scanf("%d %d",&x,&y);
  if((fp=fopen("file1.txt",:"r"))==NULL)
  {  printf("can't open file1!");
     exit(1);
  }
  fprintf("the result :%d+%d=%d",x,y,x+y);
  if(ferror(fp))
  { printf("error occurs!");
    exit(1);
  }
  fclose();
}
```

（2）下列程序的功能为：由终端键盘输入字符，存放到文件中，用"#"结束输入。纠正程序中存在的错误，使程序实现其功能。

```
#include <stdlib.h>
#include <stdio.h>
main()
{ FILE *fp;
  char ch,fname;
  printf("input name of file\n");
  gets(fname);
  if((fp=fopen(fname,"w"))!=NULL)
  { printf("cannot open\n");
    exit(0);
```

```
}
  printf("enter data:\n");
  while((ch=getchar())='#')
  fputs(ch,fp);
  fclose(fp):
}
```

2. 程序填空题

（1）本程序的功能是从键盘输入一些字符，逐个把他们送到磁盘上去，直到输入一个"#"为止。根据提示，请将下述程序补充完整。

```
#include <stdio.h>
main()
{ FILE *fp;
  char ch,filename[10];
  scanf("%s",filename);
  _____     /*写方式打开文件*/
  { printf("cannot open file\n");
  exit(0);
  }
  ch=getchar();
  _____     /*接收输入的第一个字符*/
  while(ch!='#')
  { _____   /*将字符写入到文件*/
    putchar(ch);
  _____     /*输入一个字符*/
  }
  _____     /*关闭文件*/
}
```

（2）本程序的功能是打开文件 abc.txt，然后关闭此文件。根据提示，请将下述程序补充完整。

```
#include <stdio.h>
#include <stdlib.h>
main()
{_____      /* 定义文件指针变量 fp*/
  if((fp=fopen("d:\abc.txt","r"))==NULL)
  {printf("can not open abc.txt\n");
  _____     /*退出*/
  }
  printf("open  abc.txt\n");
  _____     /*关闭文件*/
}
```

3. 程序设计题

（1）利用随机数产生 200 个数值，将它们存入文件后，再将这 200 个数值由小至大排序，排序后的结果再存储到原先所打开的文件中。

（2）试编写一段程序，由键盘输入 10 位同学的姓名、学号、身高及体重，并将数据以文本模式追加的方式存储在指定的文件 mydata.dat 中。

三、实验评价

完成表 10-8 所示的实验评价表的填写。

表 10-8 实验评价表

能力分析	内　容		评价				
	学习目标	评价项目	5	4	3	2	1
职业能力	文件的顺序读/写	熟练掌握文件的打开、读/写和关闭操作函数					
		掌握文件的读/写方式，并正确运用。					
	文件类型指针	能正确定义和使用文件指针					
通用能力	阅读能力						
	设计能力						
	调试能力						
	沟通能力						
	相互合作能力						
	解决问题能力						
	自主学习能力						
	创新能力						
综合评价							

习　　题

一、选择题

1. 设 fp 已定义，执行语句 fp=fopen("file","w");后，以下针对文本文件 file 操作叙述的选项中正确的是（　　）。

A. 写操作结束后可以从头开始读　　　　B. 只能写不能读

C. 可以在原有内容后追加写　　　　　　D. 可以随意读和写

2. 以下程序

```
#include <stdio.h>
main()
{ FILE *fp;char str[10];
  fp=fopen("myfile.dat","w");
  fputs("abc",fp); fclose(fp);
  fp=fopen("myfile.dat","a+");
  fprintf(fp, "%d",28);
  rewind(fp);
  fscanf(fp,"%s",str); puts(str);
  fclose(fp);
}
```

程序运行后的输出结果是（　　）。

A. abc　　　　　　B. 28c　　　　　　C. abc28　　　　　　D. 因类型不一致而出错

3. 下列关于 C 语言文件的徐树中，正确的是（　　　　）。

　　A. 文件由一系列数据依次排列组成，只能构成二进制文件

　　B. 文件由结构序列组成，可以构成二进制文件或文本文件

　　C. 文件由数据序列组成，可以构成二进制文件或文本文件

　　D. 文件由字符序列组成，其类型只能是文本文件

4. 有以下程序

```
#include <stdio.h>
main()
{ FILE *f;
  f=fopen("file a.txt","w");
  fprintf(f,"abc");
  fclose(f);
}
```

若文本文件 filea.txt 中原有内容为:hello,则运行以上程序后,文件 filea.txt 中的内容为(　　　　)。

　　A. Helloabc　　　　　B. abclo　　　　　C. abc　　　　　D. abchello

5. 有以下程序

```
#include <stdio.h>
main()
{ FILE *pf;
  char *s1="China",*s2="Beijing";
  pf=fopen("abc.dat","wb+");
  fwrite(s2,7,1,pf);
  rewind(pf);
  fwrite(s1,5,1,pf);
  fcolse(pf);
}
```

以上程序执行后 abc.dat 文件的内容是（　　　　）。

　　A. China　　　　　B. Chinang　　　　　C. ChinaBeijing　　　　D. BeijingChina

6. 有以下程序

```
#include <stdio.h>
main()
{ FILE *fp; int a[10]={1,2,3},i,n;
  fp=fopen("dl.dat","w");
  for(i=0;i<3;i++)  fprintf(fp,"%d",a[i]);
  fprintf(fp,"\n");
  fclose(fp);
  fp=fopen("dl.dat","r");
  fscanf(fp, "%d",&n);
  fclose(fp);
  printf("%d\n",n);
}
```

程序运行的结果是（　　　　）。

　　A. 12300　　　　　B. 123　　　　　C. 1　　　　　D. 321

7. 读取二进制文件的函数调用形式为：fread(buffer,size.count,pf);,其中 buffer 代表的是（　　　　）。

　　A. 一个文件指针，指向待读取的文件

　　B. 一个整型变量，代表待读取的数据的字节数

　　C. 一个内存的首地址，代表读入数据存放的地址

　　D. 一个内存块的字节数

8. 有以下程序

```c
#include <stdio.h>
main()
{ FILE *fp;int a[10]={1,2,3,0,0};
  fp=fopen("d2.dat","wb");
  fwrite(a,sizeof(int),5,fp);
  fwrite(a,sizeof(int),5,fp);
  fclose(fp);
  fp=fopen("d2.dat","rb");
  fread(a,sizeof(int),10,fp);
  fclose(fp);
  for(i=0;i<0;i++)  printf("%d",a[i]);
}
```

程序的运行结果是（　　　）。

A. 1,2,3,0,0,0,0,0,0,0　　　　　B. 1,2,3,1,2,3,0,0,0,0

C. 1,2,3,0,0,0,01,2,3,0,0,0,0　　D. 1,2,3,0,0,0,0,1,2,3,0,0,0,0

9. 有以下程序

```c
#include <stdio.h>
main()
{ FILE *fp; int i,a[6]={1,2,3,4,5,6};
  fp=fopen("d2.dat","w");
  fprintf(fp,"%%d%d%d\n",a[0],a[1],a[2]);
  fprintf(fp,"%%d%d%d\n",a[3],a[4],a[5]);
  fclose(fp);
  fp=fopen("d2.dat","r");
  fscanf(fp," %d%d\n",&k,&n); printf("%d%d\n",k,n);
  fclose(fp);
}
```

程序运行后的输出结果是（　　　）。

A. 1 2　　　　B. 1 4　　　　C. 123 4　　　　D. 123 456

10. 有以下程序

```c
#include <stdio.h>
main()
{ FILE *fp; int i,a[6]={1,2,3,4,5,6};
  fp=fopen("d3.dat","w+b");
  fwrite(a,size(int),6,fp);
  fseek(fp,sizeof(int)*3,SEEK_SET);
  /*该语句使读文件的位置指针从文件头向后移动三个int型数据*/
  fread(a,sizeof(int),3,fp); fclose(fp);
  for(i=0;i<6;i++)printf("%d,",a[i]);
}
```

程序运行后的输出结果是（　　　）。

A. 4,5,6,4,5,6,　　　　　　　　B. 1,2,3,4,5,6,

C. 4,5,6,1,2,3,　　　　　　　　D. 6,5,4,3,2,1,

二、填空题

1. 以下程序运行后的输出结果是_____。

```c
#include <stdio.h>
main( )
{ FILE *fp;int x[6]={1,2,3,4,5,6},i;
  fp=fopen("test.dat","wb");
  fwrite(x,sizeof(int),3,fp);
  rewind(fp);
  fread(x, sizeof(int),3,fp);
  for(i=0;i<6;i++) printf("%d",x[i]);
  printf("\n");
  fclose(fp);
}
```

2. 以下程序打开新文件 f.txt，并调用字符输出函数将 a 数组中的字符写入其中，请填空。

```c
#include <stdio.h>
main()
{ _____ *fp;
  char a[5]={'1','2','3','4','5'}, i;
  fp=fopen("f.txt","w");
  for(i=0;i<5;i++) fputc(a[i],fp);
  fclose(fp);
}
```

3. 以下程序用来判断指定文件是否能正常打开，请填空。

```c
#include <stdio.h>
main()
{ FILE *fp;
  if(((fp=fopen("test.txt","r"))==_____))
    printf("未能打开文件! \n");
  else
    printf("文件打开成功! \n");
}
```

4. 以下程序从名为 filea.dat 的文本文件中逐个读入字符，并显示在屏幕上，请填空。

```c
#include <stdio.h>
main()
{ FILE *fp;char ch;
  fp=fopen(_____);
  ch=fgetc(fp);
  while(!feof(fp))  { putchar(ch);ch=fgetc(fp);}
  putchar('\n'); fclose(fp);}
```

5. 设有定义：FILE *fw;，请将以下打开文件的语句补充完整，以便可以向文本文件 readme.txt 的最后内容。

```c
fw=fopen("readme.txt","_____");
```

附录A　常用的函数库

一般来说，C 编译程序均附有一个标准的函数库，里面收集了相当完整的函数供人们使用。例如，常用的数学函数 sin、cos 及 sqrt，或者是时间函数 time()、difftime()等均收录在这个标准的函数库里。

要使用标准函数库里的函数时，只要在程序的开头用#include 引入相关的头文件即可。举例来说，程序里使用到数学函数如 sin()、cos()及时间函数 difftime()时，就必须利用#include 预处理命令将 math.h 与 time.h 文件包括到程序中，如下面的语句：

```
#include <math.h>
#include <time.h>
```

将 math.h 与 time.h 包含到程序后，就可以尽情地使用这些头文件内所定义的函数了。若是想要使用其他的函数，只要找出该函数所在的头文件后，将它包含在程序里即可。在本附录中，将 C 语言中常用的函数整理出来，当要使用某个类型的函数时，可以查阅相关的使用方法及其格式。图 A-1 为本附录编排方式的图解。

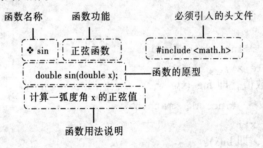

图 A-1　附录编排方式图解

A.1　常用的数学函数

❖ sin　正弦函数　#include <math.h>
double sin(double x);
计算一弧度角 x 的正弦值。

❖ cos　余弦函数　#include <math.h>
double cos(double x);
计算一弧度角 x 的余弦值。

❖ tan　正切函数　#include <math.h>
double tan(double x);
计算一弧度角 x 的正切值。

❖ asin　反正弦函数　#include <math.h>

```
double asin(double x);
```
计算 x 的反正弦值，x 的值介于-1 ~ +1 之间。

❖ acos 反余弦函数 #include <math.h>

```
double acos(double x);
```
计算 x 的反余弦值，x 的值介于-1 ~ +1 之间。

❖ atan 反正切函数 #include <math.h>

```
double atan(double x);
```
计算 x 的反正切值。

❖ sinh 双曲线正弦函数 #include <math.h>

```
double sinh(double x);
```
计算 x 的双曲线正弦值。

❖ cosh 双曲线余弦函数 #include <math.h>

```
double cosh(double x);
```
计算 x 的双曲线余弦值。

❖ tanh 双曲线正切函数 #include <math.h>

```
double tanh(double x);
```
计算 x 的双曲线正切值。

❖ atan2 比值的反正切函数 #include <math.h>

```
double atan2(double y,double x);
```

计算 $\tan^{-1}(y/x)$ 的值，并根据(x,y)所在的象限求出正确的角度值。

❖ exp 指数函数 #include <math.h>

```
double exp(double x);
```
计算 x 的指数值，即 e^x。

❖ log10 对数函数 #include <math.h>

```
double log10(double x);
```
计算以 10 为底的对数值，即 $\log_{10}(x)$。

❖ log 自然对数函数 #include <math.h>

```
double log(double x);
```
计算 x 的自然对数值，即 $\ln(x)$。

❖ abs 整数绝对值函数 #include <stdlib.h>

```
int abs(int n);
```
计算整数 n 的绝对值。

❖ fabs 浮点数绝对值函数 #include <math.h>

```
double fabs(double x);
```
计算浮点数 x 的绝对值。

❖ floor 取最大整数 #include <math.h>

```
double floor(double x);
```
计算小于等于 x 的最大整数值。

❖ max 最大值函数 #include <stdlib.h>

```
<type> max(<type> a,<type> b);
```
返回任意类型的两个数 a、b 中较大的值。

❖ min 最小值函数 #include <stdlib.h>

```
<type> min(<type> a,<type> b);
```
返回任意类型的两个数 a、b 中较小的值。

❖ pow 幂次方值 #include <math.h>

```
double pow(double x,double y);
```
计算 x 的 y 次方值，即 x^y。

❖ sqrt 平方根函数 #include <math.h>

```
double sqrt(double x);
```
计算非负数 x 的平方根值，即 $\sqrt{x}$。

❖ fmod 取余数 #include <math.h>

```
double fmod(double x,double y);
```
计算双精度浮点数 x/y 的余数。

❖ poly 求多项式值 #include <math.h>

```
double poly(double x,int n,double c[]);
```
计算 x 的多项式值。x 为多项式的变量值，n 为多项式包含的项数，c[]为存放多项式中每一项的系数，因此 poly(x,n,c[])可用来求 $c[n]x^n+c[n-1]x^{(n-1)}+\cdots+c[2]x^2+c[1]x+c[0]$的值。

❖ modf 分解浮点数 #include <math.h>

```
double modf(double x,double *intprt);
```
将双精度浮点数 x 分解为整数及小数部分，整数部分存储在指针变量 intptr 中，返回值为小数部分。

❖ rand 取随机数 #include <stdlib.h>

```
int rand(void);
```
产生一个介于 0 ~ RAND_MAX 之间的虚拟随机数（pseudo-random number），而 RAND_MAX 则定义在 stdlib.h，其值为 32767。因 rand()函数所产生的随机数均是用相同起始种子的算法所产生的，因此所产生的数值序列均可预测。如果要产生不可预测的数值序列，可通过 srand()函数来不断改变随机数的种子。

❖ random 取随机数 #include <stdlib.h>

```
int random(int num);
```
random 为一个宏，定义于 stdlib.h 中，用来返回 0 ~ num-1 的随机数值，此宏定义如下：

```
#define random ((num)(rand()%(num)))
```
❖ srand 设定随机数种子 #include <stdlib.h>

```
void srand(unsigned seed);
```
此函数可用来重新设定 rand 函数产生随机数时所使用的种子。

❖ randomize 设定随机数种子 #include <stdlib.h> 或<time.h>

```
void randomize(void);
```
randomize 为一个宏，定义于 stdlib.h，可用来为随机数产生器产生新的随机数种子，其宏定义如下：

```
#define randomize() srand((unsigned)time(NULL))
```

A.2 时间函数

❖ time 现在时间 #include <time.h>

```
time_t time(time_t *timeptr);
```

time_t 为 time.h 里所定义的时间文件类型。事实上，它就是长整型类型，因为在 time.h 里有如下一行定义：

```
typedef long time_t;
```

time()函数会响应从格林尼治时间 1970 年 1 月 1 日 00:00:00 到目前系统时间所经过的秒数，并且会把此秒数存储在指针 timeptr 所指向的地址内。

❖ clock   程序处理时间   #include <time.h>

```
clock_t clock(void);
```

返回从程序启动所经过的时间，开始执行后，此值以"滴答"的数目来表示。在 time.h 中定义了 CLK_TCK 来表示每秒滴答的数目，故 clock 的返回值应除以 CLK_TCK，才能得到所经过的时间秒数。

❖ difftime   时间差   #include <time.h>

```
double difftime(time_t time2,time_t time1);
```

计算 time1-time2 的时间差，返回值为秒数。

A.3　字符串函数库

❖ strcat   字符串的连接   #include <string.h>

```
char *strcat(char *dest,const char *source);
```

将源字符串 source 连接在目标字符串 dest 的后面。

❖ strncat   字符串的连接   #include <string.h>

```
char *strncat(char *dest,const char *source,size_t n);
```

将源字符串 source 的前面 n 个字符连接在目标字符串 dest 的后面。

其中，size_t 为无符号整数，定义如下：

```
typedef unsigned int size_t;
```

❖ strchr   字符的查找   #include <string.h>

```
char *strchr(const char *string,int c);
```

查找字符串 string 中第一个指定的字符，其中 c 为所要查找的字符。

❖ strrchr   字符的查找   #include <string.h>

```
char *strrchr(const char *string,int c);
```

查找字符串 string 中最后一个指定的字符，c 为所要查找的特定字符。

❖ strstr   字符串的查找   #include <string.h>

```
char *strstr(const char *str1, const char *str2);
```

查找字符串 str2 在字符串 str1 中第一次出现的位置。

❖ strcspn   字符串的查找   #include <string.h>

```
size_t strcspn(const char *str1, const char *str2);
```

除了空格符外，查找字符串 str2 在字符串 str1 中第一次出现的位置。

❖ strpbrk   字符串的查找   #include <string.h>

```
char *strpbrk(const char *str1, const char *str2);
```

查找字符串 str2 中之非空格的任意字符在 str1 中第一次出现的位置。

❖ strcpy   字符串的复制   #include <string.h>

```
char *strcpy(char *dest,char *source);
```

将源字符串 source 复制到目标字符串 dest。

❖ stpcpy   字符串的复制   #include <string.h>

char *stpcpy(char *dest,const char *source);
将源字符串 source 复制到目标字符串 dest。

❖ strncpy 字符串的复制 #include <string.h>

char *strncpy(char *dest,const char *source,size_t n);
将源字符串 source 的前面 n 个字符复制到目标字符串 dest 中。

❖ strcmp 字符串的比较 #include <string.h>

char *strcmp(const char *str1,const char *str2);
根据 ASCII 值的大小比较 str1 与 str2，返回值分为：

小于 0：字符串 str1 小于字符串 str2。

等于 0：字符串 str1 等于字符串 str2。

大于 0：字符串 str1 大于字符串 str2。

❖ strcmpi 字符串的比较 #include <string.h>

char *strcmpi(const char *str1,const char *str2);
以不考虑大小写的方式比较 str1 与 str2，返回值分为：

小于 0：字符串 str1 小于字符串 str2。

等于 0：字符串 str1 等于字符串 str2。

大于 0：字符串 str1 大于字符串 str2。

❖ stricmp 字符串的比较 #include <string.h>

char *stricmp(const char *str1,const char *str2);
将 str1 与 str2 先转换为小写后，再开始比较两个字符串，返回值分为：

小于 0：字符串 str1 小于字符串 str2。

等于 0：字符串 str1 等于字符串 str2。

大于 0：字符串 str1 大于字符串 str2。

❖ strncmp 字符串的比较 #include <string.h>

int *strncmp(const char *s1, const char *s2,size_t n);
根据 ASCII 值的大小比较字符串 s1 与 s2 中的前面 n 个字符，返回值分为：

小于 0：字符串 s1 小于字符串 s2。

等于 0：字符串 s1 等于字符串 s2。

大于 0：字符串 s1 大于字符串 s2。

❖ strnicmp 字符串的比较 #include <string.h>
int *strnicmp(const char *s1,const char *s2,size_t n);
以不考虑大小写的方式比较字符串 s1 与 s2 中的前面 n 个字符，返回值分为：

小于 0：字符串 s1 小于字符串 s2。

等于 0：字符串 s1 等于字符串 s2。

大于 0：字符串 s1 大于字符串 s2。

❖ strlen 字符串长度 #include <string.h>

size_t *strlen(const char *string);
计算字符串 string 的长度，其值不包括字符串结束字符。

❖ strlwr 转换小写 #include <string.h>

char *strlwr(char *string);
将字符串中的大写字母转换成小写。

❖ strupr 转换大写 #include <string.h>

char *strupr(char *string);

将字符串中的小写字母转换成大写。

❖ strrev　字符串倒置　　#include <string.h>

char *strrev(char *string);

将字符串中的字符前后顺序倒置，但字符串结束字符不变动。

❖ strset　字符串的赋值　#include <string.h>

char *strset(char *string,int ch);

除了字符串结束字符外，将字符串中的每个字符都赋值为指定字符。

❖ strnset　字符串的赋值　#include <string.h>

char *strnset(char *string,int ch,size_t n);

除了字符串结束字符外，将字符串中的前面 n 个字符都赋值为指定字符。

A.4　字符处理函数

❖ isalnum　是否为英文字母或数字　　#include <ctype.h>

int isalnum(int c);

检查是否为英文字母或者数字母。

❖ isalpha　是否为英文字母　#include <ctype.h>

int isalpha(int c);

检查是否为大、小写的英文字母。

❖ isascii　是否为 ASCII 字符　#include <ctype.h>

int isascii(int c);

检查 c 是否在 ASCII 值 0～127 的有效范围内。

❖ iscntrl　是否为控制字符　#include <ctype.h>

int iscntrl(int c);

检查是否为 ASCII 的控制字符。

❖ isspace　是否为空格符　　#include <ctype.h>

int isspace(int c);

检查是否为空格符。

❖ isgraph　是否为可打印字符　#include <ctype.h>

int isgraph(int c);

检查是否为可打印字符，不包含空格符。

❖ isprint　是否为可打印字符　#include <ctype.h>

int isprint(int c);

检查是否为可打印的 ASCII 字符。

❖ isupper　是否为大写英文字母　#include <ctype.h>

int isupper(int c);

检查是否为大写英文字母。

❖ islower　是否为小写英文字母　#include <ctype.h>

int islower(int c);

检查是否为小写英文字母。

❖ ispunct　是否为标点字符　　#include <ctype.h>

int ispunct(int c);

检查是否为标点符号字符。

❖ isdigit　是否为十进制数　#include <ctype.h>

```
int isdigit(int c);
```
检查是否为十进制数的 ASCII 字符。

❖ isxdigit　是否为十六进制数字　#include <ctype.h>

```
int isxdigit(int c);
```
检查是否为十六进制数字的 ASCII 字符。

❖ toascii　转换为 ASCII 字符　#include <ctype.h>

```
int toascii(int c);
```
将 c 转换为有效的 ASCII 字符。

❖ toupper　转换为大写英文字母　#include <ctype.h>

```
int toupper(int c);
```
将小写英文字母转换为大写英文字母。

❖ tolower　转换为小写英文字母　#include <ctype.h>

```
int tolower(int c);
```
将大写英文字母转换为小写英文字母。

A.5　类型转换函数

❖ atoi　字符串转整数　#include <stdlib.h>

```
int atoi(const char *string);
```
将字符串转换为整数。

❖ atol　字符串转长整数　#include <stdlib.h>

```
long atol(const char *string);
```
将字符串转换为长整数。

❖ atof　字符串转浮点数　#include <math.h>

```
double atof(const char *string);
```
将字符串转换为双精度浮点数。

❖ itoa　整数转字符串　#include <stdlib.h>

```
char itoa(int value,char *string,int radix);
```
将整数转换为以数字系统 radix(2~36)为底的字符串。

❖ ltoa　长整数转字符串　#include <stdlib.h>

```
char ltoa(long value,char *string,int radix);
```
将长整数转换为以数字系统 radix(2~36)为底的字符串。

A.6　内存分配与管理函数

❖ calloc　内存分配　#include <stdlib.h>

```
void *calloc(size_t num_elems,size_t elem_size);
```
分配一块 num_elems × elem_size 大小的内存。

❖ malloc　内存分配　#include <stdlib.h> 或 <malloc.h>

```
void *malloc(size_t num_bytes);
```
分配一块不超过 64 KB 的 num_bytes 内存。

❖ realloc　重新分配内存空间　#include <stdlib.h>

```
void *realloc(void *mem_address,size_t newsize);
```
调整由 calloc 或 malloc 所分配的内存大小。

❖ free 释放内存 #include <stdio.h>

```
void free(void *mem_address);
```

释放 mem_address 所指向的内存。

A.7 程序流程控制函数

❖ abort 异常终止 #include <stdlib.h>

```
void abort(void);
```

以异常的方式终止程序的执行。

❖ exit 结束执行 #include <stdlib.h>

```
void exit(int status);
```

结束程序前会先将文件缓冲区的数据写回文件中，再关闭文件。

❖ system DOS 命令 #include <stdlib.h>

```
int system(const char *string);
```

由程序中执行 DOS 的命令。

函数库里的内置函数很有趣，读者也可以自行编写出类似功能的函数，当做程序设计的一个练习方向。如果读者希望使用来简单、快捷，那么 C 语言所提供的函数就会是非常好用的工具。

附录B   C语言的关键字

C 语言总共有 32 个关键字

序号	关键字	序号	关键字	序号	关键字
1	auto	12	break	23	case
2	char	13	const	24	continue
3	default	14	do	25	double
4	else	15	enum	26	extern
5	flaot	16	for	27	goto
6	if	17	int	28	long
7	register	18	return	29	short
8	signed	19	sizeof	30	static
9	struct	20	switch	31	typedef
10	union	21	unsigned	32	void
11	volatile	22	while		

附录C　ASCII码表

十进制	二进制	八进制	十六进制	ASCII	按键	十进制	二进制	八进制	十六进制	ASCII	按键
0	0000000	00	00	NUL	Ctrl+l	27	0011011	33	1B	ESC	Esc, Escape
1	0000001	01	01	SOH	Ctrl+A	28	0011100	34	1C	FS	Ctrl+\
2	0000010	02	02	STX	Ctrl+B	29	0011101	35	1D	GS	Ctrl+]
3	0000011	03	03	ETX	Ctrl+C	30	0011110	36	1E	RS	Ctrl+=
4	0000100	04	04	EOT	Ctrl+D	31	0011111	37	1F	US	Ctrl+-
5	0000101	05	05	ENQ	Ctrl+E	32	0100000	40	20	SP	Spacebar
6	0000110	06	06	ACK	Ctrl+F	33	0100001	41	21	!	!
7	0000111	07	07	BEL	Ctrl+G	34	0100010	42	22	"	"
8	0001000	10	08	BS	Ctrl+H, Backspace	35	0100011	43	23	#	#
9	0001001	11	09	HT	Ctrl+I, Tab	36	0100100	44	24	$	$
10	0001010	12	0A	LF	Ctrl+J, Line Feed	37	0100101	45	25	%	%
11	0001011	13	0B	VT	Ctrl+K	38	0100110	46	26	&	&
12	0001100	14	0C	FF	Ctrl+L	39	0100111	47	27	'	'
13	0001101	15	0D	CR	Ctrl+M, Return	40	0101000	50	28	(	(
14	0001110	16	0E	SO	Ctrl+N	41	0101001	51	29	)	)
15	0001111	17	0F	SI	Ctrl+O	42	0101010	52	2A	*	*
16	0010000	20	10	DLE	Ctrl+P	43	0101011	53	2B	+	+
17	0010001	21	11	DC1	Ctrl+Q	44	0101100	54	2C	,	,
18	0010010	22	12	DC2	Ctrl+R	45	0101101	55	2D	-	-
19	0010011	23	13	DC3	Ctrl+S	46	0101110	56	2E	.	.
20	0010100	24	14	DC4	Ctrl+T	47	0101111	57	2F	/	/
21	0010101	25	15	NAK	Ctrl+U	48	0110000	60	30	0	0
22	0010110	26	16	SYN	Ctrl+V	49	0110001	61	31	1	1
23	0010111	27	17	ETB	Ctrl+W	50	0110010	62	32	2	2
24	0011000	30	18	CAN	Ctrl+X	51	0110011	63	33	3	3
25	0011001	31	19	EM	Ctrl+Y	52	0110100	64	34	4	4
26	0011010	32	1A	SUB	Ctrl+Z	53	0110101	65	35	5	5

续表

十进制	二进制	八进制	十六进制	ASCII	按键	十进制	二进制	八进制	十六进制	ASCII	按键
54	0110110	66	36	6	6	91	1011011	133	5B	[	[
55	0110111	67	37	7	7	92	1011100	134	5C	\	\
56	0111000	70	38	8	8	93	1011101	135	5D	]	]
57	0111001	71	39	9	9	94	1011110	136	5E	^	^
58	0111010	72	3A	:	:	95	1011111	137	5F	_	_
59	0111011	73	3B	;	;	96	1100000	140	60	`	`
60	0111100	74	3C	<	<	97	1100001	141	61	a	a
61	0111101	75	3D	=	=	98	1100010	142	62	b	b
62	0111110	76	3E	>	>	99	1100011	143	63	c	c
63	0111111	77	3F	?	?	100	1100100	144	64	d	d
64	1000000	100	40	@	@	101	1100101	145	65	e	e
65	1000001	101	41	A	A	102	1100110	146	66	f	f
66	1000010	102	42	B	B	103	1100111	147	67	g	g
67	1000011	103	43	C	C	104	1101000	150	68	h	h
68	1000100	104	44	D	D	105	1101001	151	69	i	i
69	1000101	105	45	E	E	106	1101010	152	6A	j	j
70	1000110	106	46	F	F	107	1101011	153	6B	k	k
71	1000111	107	47	G	G	108	1101100	154	6C	l	l
72	1001000	110	48	H	H	109	1101101	155	6D	m	m
73	1001001	111	49	I	I	110	1101110	156	6E	n	n
74	1001010	112	4A	J	J	111	1101111	157	6F	o	o
75	1001011	113	4B	K	K	112	1110000	160	70	p	p
76	1001100	114	4C	L	L	113	1110001	161	71	q	q
77	1001101	115	4D	M	M	114	1110010	162	72	r	r
78	1001110	116	4E	N	N	115	1110011	163	73	s	s
79	1001111	117	4F	O	O	116	1110100	164	74	t	t
80	1010000	120	50	P	P	117	1110101	165	75	u	u
81	1010001	121	51	Q	Q	118	1110110	166	76	v	v
82	1010010	122	52	R	R	119	1110111	167	77	w	w
83	1010011	123	53	S	S	120	1111000	170	78	x	x
84	1010100	124	54	T	T	121	1111001	171	79	y	y
85	1010101	125	55	U	U	122	1111010	172	7A	z	z
86	1010110	126	56	V	V	123	1111011	173	7B	{	{
87	1010111	127	57	W	W	124	1111100	174	7C	|	|
88	1011000	130	58	X	X	125	1111101	175	7D	}	}
89	1011001	131	59	Y	Y	126	1111110	176	7E	~	~
90	1011010	132	5A	Z	Z	127	1111111	177	7F	Del	Del

附录D 运算符的优先级和结合性

优先级	运算符	含 义	要求运算对象的个数	结合方向
1	() [] -> .	圆括号 下标运算符 指向结构体成员运算符		自左至右
2	! ~ ++ -- - （类型） * & sizeof	逻辑非运算 按位取反运算符 自加运算符 自减运算符 负号运算符 强制类型转换运算符 指针运算符 地址与运算符 长度运算符	1 （单目运算符）	自右至左
3	* / %	乘法运算符 除法运算符 求余运算符	2 （双目运算符）	自左至右
4	+ -	加法运算符 减法运算符	2 （双目运算符）	自左至右
5	<< >>	左移运算符 右移运算符	2 （双目运算符）	自左至右
6	< <= > >=	关系运算符	2 （双目运算符）	自左至右
7	== !=	等于运算符 不等于运算符	2 （双目运算符）	自左至右
8	&	按位与运算符	2 （双目运算符）	自左至右
9	^	按位异或运算符	2 （双目运算符）	自左至右
10	|	按位或运算符	2 （双目运算符）	自左至右
11	&&	逻辑与运算符	2 （双目运算符）	自左至右

续表

优先级	运算符	含　义	要求运算对象的个数	结合方向
12	||	逻辑或运算符	2 （双目运算符）	自左至右
13	?:	条件运算符	3 （三目运算符）	自右至左
14	= += -= *= /= %= >>= <<= &= ^= |=	赋值运算符	2 （双目运算符）	自右至左
15	,	逗号运算符 （顺序求值运算符）		自左至右

参 考 文 献

[1] 许洪军，王巍. C 语言程序设计技能教程[M]. 北京：中国铁道出版社，2011.

[2] 赵凤芝. C 语言程序设计能力教程[M]. 北京：中国铁道出版社，2011.

[3] 林小茶. C 语言程序设计[M]. 3 版. 北京：中国铁道出版社，2010.

[4] 吉顺如，等. C 语言程序设计教程[M]. 北京：机械工业出版社，2010.

[5] 全国计算机等级考试命题研究组. 全国计算机等级考试真题实战、考点串讲与全真模拟：二级 C[M]. 北京：电子工业出版社，2011.

[6] 桂阳. 全真模拟与考前冲刺：二级 C 语言[M]. 北京：电子工业出版社，2011.